服装高等教育"十二五"部委级规划教材（本科）

服装材料学

（第5版）

朱松文　刘静伟　编著

中国纺织出版社

内 容 提 要

本书从服装的要求出发,结合行业标准与国家标准,系统介绍了服装用纤维原料、纱线、织物结构、服装面料印染与整理、织物服用性能与评价方法、织物常规品种与评价、毛皮与皮革的常规品种与评价、服装典型品种的选材、服装及材料保养和标识以及服装材料市场。同时,还介绍了服装衬料、里料、垫料和絮填材料,扣紧材料及其他服装辅料的种类、性能和选用方法,国际服装新材料及其流行趋势,各类服装对材料的要求和选用,并对服装及其材料在加工生产、使用和保管中应注意的事项作了说明。

本书既可作为高等服装院校服装专业的教材,也可供服装技术人员阅读和参考。

图书在版编目(CIP)数据

服装材料学/朱松文,刘静伟编著. —5 版. —北京:中国纺织出版社,2015.1(2024.8重印)
服装高等教育"十二五"部委级规划教材. 本科
ISBN 978 – 7 –5180 –0361 –7

Ⅰ. ①服… Ⅱ. ①朱… ②刘… Ⅲ. ①服装—材料—高等学校—教材 Ⅳ. ①TS941.15

中国版本图书馆 CIP 数据核字(2014)第 230198 号

策划编辑:华长印　　责任编辑:裘　康　　责任校对:余静雯
责任设计:何　建　　责任印制:何　建

中国纺织出版社出版发行
地址:北京市朝阳区百子湾东里 A407 号楼　邮政编码:100124
销售电话:010—67004422　传真:010—87155801
http://www. c-textilep. com
E-mail:faxing @ c-textilep. com
中国纺织出版社天猫旗舰店
官方微博 http://weibo. com/2119887771
三河市宏盛印务有限公司印刷　各地新华书店经销
1994 年 4 月第 1 版　1996 年 11 月第 2 版
2001 年 2 月第 3 版　2010 年 3 月第 4 版
2015 年 1 月第 5 版　2024 年 8 月第 40 次印刷
开本:787 ×1092　1/16　印张:16.5
字数:308 千字　定价:36.00 元

出版者的话

《国家中长期教育改革和发展规划纲要》中提出"全面提高高等教育质量"，"提高人才培养质量"。教育部教高[2007]1号文件"关于实施高等学校本科教学质量与教学改革工程的意见"中，明确了"继续推进国家精品课程建设"，"积极推进网络教育资源开发和共享平台建设，建设面向全国高校的精品课程和立体化教材的数字化资源中心"，对高等教育教材的质量和立体化模式都提出了更高、更具体的要求。

"着力培养信念执著、品德优良、知识丰富、本领过硬的高素质专门人才和拔尖创新人才"，已成为当今本科教育的主题。教材建设作为教学的重要组成部分，如何适应新形势下我国教学改革要求，配合教育部"卓越工程师教育培养计划"的实施，满足应用型人才培养的需要，在人才培养中发挥作用，成为院校和出版人共同努力的目标。中国纺织服装教育学会协同中国纺织出版社，认真组织制订"十二五"部委级教材规划，组织专家对各院校上报的"十二五"规划教材选题进行认真评选，力求使教材出版与教学改革和课程建设发展相适应，充分体现教材的适用性、科学性、系统性和新颖性，使教材内容具有以下三个特点：

(1)围绕一个核心——育人目标。根据教育规律和课程设置特点，从提高学生分析问题、解决问题的能力入手，教材附有课程设置指导，并于章首介绍本章知识点、重点、难点及专业技能，增加相关学科的最新研究理论、研究热点或历史背景，章后附形式多样的思考题等，提高教材的可读性，增加学生学习兴趣和自学能力，提升学生科技素养和人文素养。

(2)突出一个环节——实践环节。教材出版突出应用性学科的特点，注重理论与生产实践的结合，有针对性地设置教材内容，增加实践、实验内容，并通过多媒体等形式，直观反映生产实践的最新成果。

(3)实现一个立体——开发立体化教材体系。充分利用现代教育技术手段，构建数字教育资源平台，开发教学课件、音像制品、素材库、试题库等多种立体化的配套教材，以直观的形式和丰富的表达充分展现教学内容。

教材出版是教育发展中的重要组成部分，为出版高质量的教材，出版社严格甄选作者，组织专家评审，并对出版全过程进行跟踪，及时了解教材编写进度、编写质量，力求做到作者权威、编辑专业、审读严格、精品出版。我们愿与院校一起，共同探讨、完善教材出版，不断推出精品教材，以适应我国高等教育的发展要求。

中国纺织出版社

教材出版中心

前言

随着我国服装专业的成立和发展,1987 年纺织部教育司委托"服装高等教育专业委员会"组织一批在教学一线的教师,通过集体讨论,分工编写了第一批服装专业用统编教材,《服装材料学》即是其中的一本。当时参加编写《服装材料学》第一版的有:西北纺织学院朱松文、北京服装学院吕逸华、中国纺织大学王传铭和陈全伦、浙江丝绸工学院张怀珠、大连轻工业学院耿正玲、天津纺织工学院徐东,参加工作的还有西北纺织学院的刘静伟、范福军,全书由朱松文统稿、王传铭审稿。

随着服装工业高新技术的应用,新标准的推广,以及服装教育的深入,为适应新的需求,我们在《服装材料学》(第 1 版)的基础上进行了修订,并增加了由朱松文编写的服装材料新发展,介绍了近年来出现的各种功能材料,并于 1998 年出版了《服装材料学》第 2 版。

由于服装工业及市场的发展,以及几年来的教学实践,我们在《服装材料学》第 2 版的基础上,对该书的内容和结构作了修改,将原来围绕"纺织品"谈服装材料改为围绕"服装"谈服装材料,使之针对性更强,同时注重了市场与消费者的需求,增加了近年国际流行新材料新内容,以及思考题,对原书部分内容作了删除和修改,增加了插图使之图文并茂。于 2001 年出版了《服装材料学》第 3 版,参加本书编写修订工作的有朱松文、吕逸华、王传铭、茹爱琳、徐东、徐军、刘静伟。全书由朱松文担任统稿、主审。

《服装材料学》自 20 世纪 90 年代初问世以来,对培养服装专业高级人才起到了积极的作用,受到了广大师生及社会读者的好评,也获得了多次奖励,1997 年被新闻出版署信息中心、中国服装研究设计中心、北京服装协会、北京服装资料馆组成的组委会评为第二届全国服装书刊展评会最佳书刊奖,2004 年《服装材料学》(第 3 版)及配套的实验教材获得中国纺织工业协会颁发的科学技术进步三等奖,2006 年《服装材料学》(第 3 版)被中国纺织工业协会评为"十五"部委级优秀教材。

2009 年,为适应科学技术新发展,及服装教育改革的逐步深入,在《服装材料学》(第 3 版)的基础之上,再次对本教材进行了结构的调整,以及对不适应服装教学的内容进行删减,并增加了近年来新型的服装材料,以及相应的国家标准,形成了《服装材料学》(第 4 版)。参加本版修订编写的有朱松文、刘静伟和蒋晓文。由朱松文、刘静伟主编。参与本书工作的还有王庆晋、王莉、魏峰、武婧、王丽梅。

2010 年承蒙大家的厚爱,《服装材料学》列为省部级教材,我们又经过两年的探索与实践,努力将最新成果与大家分享。本次修订在进一步增强服装标准应用的基础之上,对服装材料在服装文化表达方面的方式方法进行了探索,并增加了服装材料市场的信息。由此,本书基本形成了服装材料从认知到应用的教学模式。参加本书编写的有朱松文、刘静伟(绪论、第一章、第四章、第五章、第十一章)、蒋晓文(第二章)、邓咏梅(第三章)、厉谦(第四章、第七章、第十章)、薛媛(第六章)、肖红(第八章)、袁燕(第九章)。由朱松文、刘静伟统稿。参与本书工作的还有:常平平(全书标准的核对)、方芳(第八章图片及其他部分图片)、童佳雯(第十一章部分工作)。

《服装材料学》从诞生至今已近20年,它在不断地改进中成长,并受到了广大读者的支持和欢迎,深表感谢。教材中的不足之处,恳请读者批评指正。

编著者

2013 年 12 月

教学内容及课时安排

章/课时	课程性质/课时	节	课程内容
绪论 （2 课时）			绪论
第一章 （4 课时）			·服装用纤维原料
		一	纤维分类及其特征
		二	纤维鉴别
		三	相关标准
第二章 （2 课时）	服装材料构成的 认知 （14 课时）		·纱线
		一	纱线的分类
		二	纱线品质对服装材料外观和性能的影响
		三	相关标准
第三章 （6 课时）			·织物结构
		一	织物分类
		二	机织物结构及特征
		三	针织物结构及特征
		四	非织造布结构及特征
		五	新型织物
		六	相关标准
第四章 （4 课时）	从服装材料服用 性能与加工性能 出发的服装材料 的认知与实践 （20 课时）		·服装面料印染与整理
		一	服装材料的颜色
		二	服装材料印染
		三	服装材料的整理
		四	相关标准
第五章 （12 课时）			·织物服用性能与评价方法
		一	服装材料外观性能及其评价
		二	服装材料的内在性能
		三	服装材料的加工性能及其评价
		四	服装材料的舒适性及其评价
		五	相关标准
第六章 （4 课时）			·织物常规品种与评价
		一	棉织物
		二	麻织物
		三	毛织物
		四	丝织物
		五	再生纤维素织物
		六	合成纤维织物
		七	相关标准

章/课时	课程性质/课时	节	课程内容
第七章 （4 课时）	毛皮与皮革的认知 （4 课时）		·毛皮与皮革的常规品种与评价
		一	毛皮
		二	皮革
		三	相关标准
第八章 （6 课时）	辅料及其应用 （6 课时）		·服装辅料的品种与评价
		一	服装衬料与垫料
		二	服装里料及絮填材料
		三	服装的紧固材料
		四	缝纫线等线材
		五	其他辅料
		六	相关标准
第九章 （12 课时）	服装选材与 标识实践 （14 课时）		·服装典型品种的选材
		一	外衣
		二	内衣
		三	职业装
		四	礼服
		五	运动服
		六	休闲装
		七	童装
		八	相关标准
第十章 （2 课时）			·服装及材料保养和标识
		一	服装及其材料的洗涤
		二	服装及其材料的熨烫
		三	服装上的标识
		四	相关标准
第十一章 （2 课时）	服装市场分析 （2 课时）		·服装材料市场
		一	市场分析和评价
		二	网络市场
		三	展会市场
		四	实体市场
合计	60 课时		

注　各院校可根据自身的教学特点和教学计划对课程时数进行调整。

目录

绪论

　　我国的服装工业和服装教育,正以前所未有的速度向前发展。服装材料作为服装构成的要素和基础也有着迅速的发展,它和服装一样,既是人类文明进步的象征,也是文化、艺术、科学宝库中的珍品,并在国民经济中和人民生活中占有重要的地位。服装材料能否准确、有效的表达人们的诉求成为关键。因此,服装材料就很自然地成为服装专业教育必修的重要课程之一。

一、服装材料的重要性及其内容

　　服装材料包括服装的面料和辅料。在构成服装的材料中,除面料外其余均为辅料。辅料包括里料、衬料、垫料、填充材料(絮填材料)、缝纫线、纽扣、拉链、钩环、尼龙搭扣、绳带、花边、标识、号型尺码带以及吊牌等。服装材料使用的原料范围广泛,如下表所示。由于材料的分子构成、形态特性等所导致的性能各异,所以也就影响着服装的外观、加工性能、服用性能及保养、经济性能等。

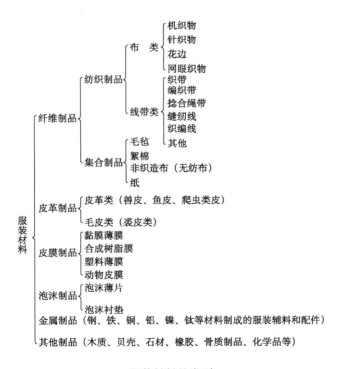

服装材料的类别

众所周知,服装的色彩、款式造型和服装材料是构成服装的三要素。服装在穿着时的风格、品位、品质等都是通过服装材料的颜色、图案、材质等直接体现出来的。服装的款式造型也需要依靠服装材料的厚薄、轻重、柔软、硬挺、悬垂性等因素来保证。

消费者在选购服装时,对服装的评价和要求常从以下几个因素考虑:

1. 服装的审美性

人们在选择服装时表达的或是庄严肃穆;或是酷雅帅气;或是清新可爱;或是淳朴浑厚;或是妖媚动人……这些是人们在审美方面的诉求。

2. 服装的安全舒适性

随着经济的发展,消费者更加追求轻松、舒适的生活方式,于是很在乎服装是否安全、轻便、透气和活动自如。

3. 服装的易保养性

在快节奏的生活中,消费者更青睐那些省时、省力且容易保养的服装,如可机洗、免烫以及防污、防蛀等。

4. 服装的耐用性和经济性

虽然人们的生活有了很大的提高,但是广大的消费者还是喜欢实惠经济的服装。

5. 服装的流行性

近年来,我国的服装市场和消费者日益成熟,自觉或不自觉地受到服装潮流的支配。虽然消费者有先行者与后随者之分,但是新潮的服装好卖,过时的服装滞销是有目共睹的。

以上所有的因素均需要服装材料来保证,面料的纤维种类、颜色、光泽、图案花型、组织纹路、质感等是保证的依据。无论是从服装的要素来看,还是从消费者的要求来看,服装材料起着重要的作用。因此,只有了解和掌握了服装材料的类别、特性及对服装的影响,才能正确地选用服装材料,设计和生产出令消费者满意的服装。

二、服装材料的历史和发展

历史和考古研究告诉我们,兽毛皮和树叶是人类最早采用的服装材料。大约在公元前5000年埃及开始用麻织布,公元前3000年印度开始使用棉花,在公元前2600多年我国开始用蚕丝制衣。公元前1世纪,我国商队通过"丝绸之路"与西方建立了贸易往来。此时,人类也开始对织物进行染色。此后,在历史的长河中,棉、麻、丝、毛等天然纤维成为服装的主要原料。

服装材料的发展与纺织工业的发展紧密联系在一起的。产业革命以后,工业生产及其产品有了长足的进步,纺织品从手工生产到机械生产,化学品染料也开始取代天然染料并不断地更新。

19世纪末20世纪初英国生产出黏胶长丝,1925年又成功地生产了黏胶短纤维。1938年美国宣布了锦纶的诞生,1945年第二次世界大战结束,生产技术再次快速发展。美国1950年开始生产聚丙烯腈纤维(腈纶),1953年聚酯纤维(涤纶)问世,1956年又获得了弹力纤维(氨纶)的专利权。到了20世纪60年代初,本书第一章中所介绍的化学纤维已作为服装材料而被广泛应用。

随着纺织工业发展和化学纤维的应用,人们认识到各种纤维的不足。在利用天然纤维与化学纤维混纺互补的同时,在60年代提出了"天然纤维合成化,合成纤维天然化"的口号,也可以说从60年代起世界各国对化学纤维的改进和研究,已经取得了丰硕的成果。新型材料与纤维在向两极发展,一是用基因工程、化学工程等对纤维进行改进;二是用物理、化学等方法对成品进行后加工,使其具有新的功能,它们表现在下述几方面:

(1)通过改变纤维的断面形状而生产的异形纤维(三角、多角、扁平、中空等),对改善织物光泽、手感、透气、保暖以及抗起球等有较好的效果。

(2)"差别化纤维"广泛应用于服装面料的生产。"差别"是针对传统的合成纤维而言的,它们是易染纤维、超细纤维、高收缩纤维变形丝和复合纤维等。

(3)利用接枝、共聚或在纤维聚合时增加添加剂的方法生产出具有特殊功能的纤维,如阻燃纤维、抗静电纤维、抗菌纤维、防蚊虫纤维等。

(4)20世纪80年代以后又有不少高性能的新纤维出现,如碳纤维、陶瓷纤维、甲壳质纤维、水溶性纤维及可降解纤维等。

(5)天然纤维也有了重大的改进,如彩色棉、无鳞羊毛等。

以上不难看出,服装材料已经是品种繁多,形态及性能各异,它们已随着科学技术的发展进入了高科技的21世纪,并已能从多方面满足消费者的需求。

与此同时,服装辅料无论是在品种、规格和档次上,都有了相应的发展,特别是20世纪80年代以后,我国研制和引进了生产衬布、纽扣、拉链、缝纫线、花边、商标等新设备,采用了新材料、新工艺,设立了专门生产企业,使服装辅料的生产也逐步形成了一个工业体系。

三、服装材料的流行趋势

服装材料已成为服装流行的重要因素。一方面是新材料的出现造成了新的服装流行趋势;另一方面是流行的服装又促进了服装材料的发展。近年来,服装材料的流行有如下特点:

1. 化学纤维更具有表现力

过去人们认为化学纤维是低档品,而且穿着不舒适。但90年代以后,化学纤维经过改性,不仅在外观上可以仿棉、毛、麻、丝、麂皮、皮革等达到以假乱真的程度,而且在性能上也保留了其弹性、抗皱等优点,并克服了吸湿性差、易污染等缺点。特别是那些多种纤维混纺或多组分共聚的复合纤维织物手感好,穿着效果好,能表现出人们的各类需求,舒适(吸湿、透气)、轻薄、柔软、随意,并富有弹性。因此,天然纤维衣料、再生纤维与合成纤维混纺、交织的衣料,以及轻薄并富有弹性的衣料很受欢迎。

2. 服装材料的舒适性

由于经济的发展和生活水平的提高,人们更加追求舒适、轻松、多样的生活方式,无论是表达身份地位,还是表达生活中的情感,服装材料的舒适通过文化的方式进行表达:帅、酷、萌、可爱、威严、幽默、典雅等。感性工学在开发服装材料方面也得到了应用。

3. 服装材料的科技化、功能化和智能化

服装材料向高科技化发展,以高科技服装材料提高服装的附加值,拥有记忆力,帮助人们处理电子信息,随人们心情、环境而变化,协助残疾人等拥有高科技技术的功能化、智能化材料逐渐会被人们接受。

4. 回归自然,重视环保

嘈杂的城市、紧张的工作会使人们越来越接近大自然并崇尚休闲。生态服装材料或环保的服装材料逐渐被人们所喜爱。一方面人们需要轻松、自然的生活,另一方面是减少服装材料在生产加工过程中残留对人体有害的物质。

展望未来,人们生活水平不断提高,生活也将逐步趋于多样化,因此,科学技术的发展会帮助服装面料向多样化、功能化的方向发展。新型服装材料也会层出不穷。

第一章　服装用纤维原料

　　服装材料的广泛性是由着装的目的确定的,纤维是服装材料中用量最多的原料。日常生活中所穿用的服装材料主要以纤维材料为主,如线、织物、衬垫和絮填材料等均用纤维制成。纤维的类别及其含量是影响服装外观、内在品质、保养要求的主要因素。

　　如何充分利用和发挥纤维材料的特性,了解纤维的种类、性能及其对服装的影响,是使服装在设计、生产、使用、保养中符合和保持所希望的外观和性能的关键所在。

第一节　纤维分类及其特征

　　服装面料所用纤维又细又长,是具有一定的强度、韧性、可纺性和服用性的线状材料。由于人们着装目的、着装效果的不同,使用的纤维原料也各不相同。了解与分析现有纤维品种及其特征成为必然。

一、纤维的分类

　　通常,按服用纤维的来源将纤维分为天然纤维和化学纤维两大类,前者来自于自然界的天然物质,即植物纤维(纤维素纤维)、动物纤维(蛋白质纤维)和矿物纤维;后者通过化学方法人工制造而成,根据原料和制造方法的差异区分为再生纤维(以天然高聚物如木材等为原料)和合成纤维(以石油、煤和天然气等为原料)两大类。纤维的主要类别如图 1 - 1 所示。

　　纤维按长度区分,可分为长丝与短纤维两大类。当纤维长度达几十米或上百米时,称为长丝,有天然长丝和化学纤维长丝两种,天然长丝是从蚕茧中获得的,一个蚕茧可缲出 800 ~ 1000m 的长丝,而化学纤维长丝可按需要制成任意长度。天然短纤维除蚕丝外,其余都是短纤维,而化学纤维可以根据需要切割为任意的被称为短纤维的结构。

二、纤维特征

　　服用纤维影响服装的外观、性能和品质。由于服装工作者的任务主要是合理选择与科学应用服装材料。因此,由纤维形态结构与化学结构所引起的服装材料的性能变化是需要了解与掌握的。

(一)纤维形态结构的性能特征

　　纤维影响服用性能的形态结构特征,主要指纤维的长度、细度和在显微镜下可观察到的

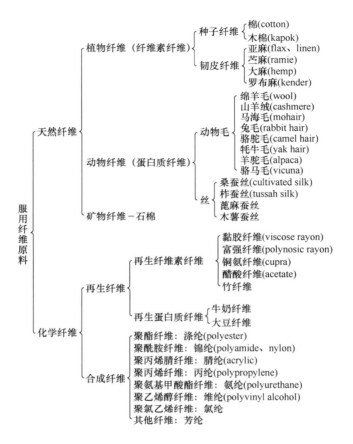

图 1-1　服装常用纤维分类

横断面和纵截面形状、外观以及纤维内部存在的各种缝隙和孔洞。

1. 纤维长度

纤维的长度对织物的外观、纱线质量以及织物手感等有影响。长丝纤维织成的织物表面光滑、轻薄和光洁，而短纤维织物的外观比较丰满和有毛羽。棉花、羊毛和亚麻等天然纤维，其纤维长度越长，在同等线密度下品质越好，纤维长度均匀度也越好。各类纤维的长度如表 1-1 所示。

表 1-1　常见纤维的长度和细度

纤维名称	长度（mm）	直径（μm）	细度（dtex）
海岛棉	28～36	11.5～13	1.6～2
美国棉	16～30	13.5～17	2.2～3.4
亚麻	25～30	15～25	2.7～6.8
苎麻	120～250	20～45	47～75.4
美利努羊毛	55～75	18～27	3.4～7.5
蚕丝	$5*10^5$～$10*10^5$	10～30	1.1～9.8
马海毛	160～240	30～50	9.3～25.9
化学纤维	任意	任意	任意

2. 纤维的细度

纤维细度是衡量纤维品质的重要指标,纤维越细手感越柔软,在同等纱线粗细的情况下,纱线断面内纤维根数越多,其强力品质越好。当然如产品是粗犷的或有长毛的,则所用的纤维是长且粗的。各类纤维的细度见表 1-1。其细度的表示方法与纱线类同。

3. 纤维断面形态

在显微镜下观察纤维的纵向和截面外观,可以发现纤维的差异,如表 1-2、表 1-3所示。

表 1-2 常见纤维纵向、截面外观

纤维	纵向外观特征	截面外观特征
棉	扁平带状,有天然转曲	腰圆形,有中腔
苎麻	有横节、竖纹	腰圆形,有中腔及裂缝
亚麻	有横节、竖纹	多角形,中腔较小
羊毛	表面有鳞片	圆形或接近圆形,有些有毛髓
兔毛	表面有鳞片	哑铃形
桑蚕丝	表面如树干状,粗细不匀	不规则的三角形或半椭圆形
柞蚕丝	表面如树干状,粗细不匀	相当扁平的三角形或半椭圆形
黏胶纤维	纵向有细沟槽	锯齿形,有皮芯结构
醋酯纤维	有 1~2 根沟槽	不规则的带状
大豆纤维	有梭子形条纹	皮芯结构
竹纤维	光滑	不规则三角形
维纶	有 1~2 根沟槽	腰圆形
腈纶	平滑或有 1~2 根沟槽	圆形或哑铃形
氯纶	平滑或有 1~2 根沟槽	接近圆形
涤纶、锦纶、丙纶	平滑	圆形

表 1-3 常见纤维的纵向、截面示意图

纤维名称	纤维侧面	纤维截面	纤维名称	纤维侧面	纤维截面
棉			黏胶纤维		

纤维名称	纤维侧面	纤维截面	纤维名称	纤维侧面	纤维截面
苎麻			醋酯纤维		
亚麻			大豆纤维		
羊毛			竹纤维		
兔毛			涤纶、锦纶、丙纶		
蚕丝			腈纶		
柞蚕丝			复合纤维		

（二）纤维化学结构的性能特征

纤维的化学结构由纤维中分子构成，分子排列与分子的聚合度、结晶及结晶区大小等决定，这些是影响纤维织物的物理性质与化学性质的主要因素。纺织纤维都是由高分子化合物组成，不同的纤维有不同的高分子化合物成分及排列、聚合度。无论哪一种纤维都是高分子化合物，高分子化合物的分子量很大，但其分子并不是很复杂，它们的分子常由简单、特定结构的单位多次重复组成的，在高分子化合物中组成大分子的基本链节是单基。高分子化合物中组成大分子的基本链节数目称为聚合度。高分子化合物的性质与聚合度的大小有关。大分子在纤维内部排列的情况有两种：一种是定向度和整列度较好的部分为微晶区，另一种是杂乱无章的部分为无定形区，在整根纤维的内部是不间断的微晶区和无定形区的混合结构。

1. 棉纤维

棉纤维是服装用主要原料，适用于各类服装。中国、美国、俄罗斯、埃及、巴基斯坦、印度及西欧均为世界主要产棉国。国际棉花咨询委员会、美国棉花公司等是世界上较有影响的贸易与信息发布机构。

由于品种和产地的气候和土壤等种植条件不同，棉花品种有极大的差异，通常分为长绒棉、细绒棉和粗绒棉。长绒棉又被称为海岛棉，主要产于尼罗河流域，其中最著名的是埃及长绒棉。其纤维细、强力好，纤维长度可达 60～70mm，是最优良高级的棉纤维品种，在我国新疆等地已大量种植，常用来纺制精梳棉纱，制织高档棉织物。细绒棉亦称为陆地棉，纤维长度在 25～31mm，是目前主要的棉花品种，其产量占全球的比例最大。亚洲棉和非洲棉统称为粗绒棉，纤维短粗，手感硬。各类棉的截面图如图 1–2 所示。

长绒棉　　　　细绒棉　　　　　粗绒棉

图 1–2　各类棉的截面图

棉纤维的主要化学成分是纤维素，纤维素是天然高分子聚合物，由碳、氢、氧三元素组成，其分子式为 $(C_8H_{10}O_5)_n$ 纤维素大分子中有大量的羟基，纤维素大分子的羟基反应是纤维大分子的主要化学变化。棉纤维具有如下性能：

（1）吸湿性能强，染色性能良好，织物缩水率为 4%～10%。

（2）具有优良的穿着舒适性，光泽柔和，富有自然美感，坚牢耐用，经济实惠。

（3）手感柔软，但弹性较差，经防皱免烫树脂整理可提高其抗皱性和服装保型性。

（4）棉纤维织物耐碱不耐酸，用浓度达 20% 的苛性钠溶液处理棉织物，可使布面光泽增加，起到丝光作用。此时织物强度提高，长度及宽度剧烈收缩。

（5）棉纤维织物可用各种氧化剂进行处理，如漂白粉、双氧水、次氯酸钠等，但并不是越白越好，要防止过白的织物氧化后变黄。

（6）在日晒及大气条件下，棉布可缓慢氧化使其强度下降，100℃温度下长时间处理会造成一定破坏，在125～150℃高温条件下将随时间的延续而炭化，因此在熨烫、染色和保管中应加以注意。

（7）棉织物不易虫蛀，但易受微生物的侵蚀而霉烂变质。在服装及棉布存放、使用和保管中应防湿、防霉。

棉纤维可以纯纺，也可以与其他任何纤维混纺或交织。可用于各类内衣、外衣、袜子和装饰用布等。

围绕棉纤维人们进行了新品种的开发，有天然彩色棉纤维、绿色生态棉纤维等。

天然彩色棉是指不用化工染整工艺而直接获得的具有缤纷的色彩。1972年，美国科学家运用转基因技术培育彩色棉获得成功；20世纪80年代前后，彩色棉花的配置及其制品受到了世界各国的普遍重视；1994年，我国引进此项技术。因为其天然性、环保性，市场反应良好。目前彩色棉制品的缺点是色彩黯淡、单调，品种变化少，所以今后的发展方向就是研究培育出新的色彩类型，并争取在色素稳定性方面有重大突破。

绿色生态棉纤维是指在棉花的生长过程中，用有机肥代替化肥，用生态方法防治病虫害；或用转基因方法培育出抗虫害的绿色生态棉花，不需人工落叶的棉花，具有优良性能的棉纤维等，从而避免了棉花生长过程中的各类污染物对人体造成的损害。

2. 麻纤维

麻纤维是世界上最早被人类所使用的纤维，被誉为凉爽和高贵的纤维。服装用麻主要是亚麻和苎麻，近年来还开发了大麻等其他麻来制作服装。亚麻主要产于俄罗斯、法国、比利时和爱尔兰等地。我国的亚麻主要产区为黑龙江省和吉林省。苎麻起源于中国，被称为"中国草"，中国、菲律宾、巴西是主要产地。我国苎麻产地主要是湖南、湖北、广东、广西和四川等地。麻纤维也属于纤维素纤维，与棉纤维相似，因其产量较少和风格独特，被视为珍贵纤维。

（1）天然纤维中麻的强度最高。湿态强度比干态强度高20%～30%，其中苎麻布的强度最高；亚麻布、各种麻布坚牢耐用。

（2）各种麻布的吸湿性极好。当含水量达自身重量的20%时，人身体并不感到潮湿。其导热性均为优良，因此，麻布衣料在夏季干爽利汗、穿着舒适。

（3）各种麻织物具有较好的防水、耐腐蚀性，不易霉烂且不虫蛀。在洗涤时使用冷水，不要刷洗，不会有起毛现象。

（4）麻织物的染色由于原色麻坯布不易漂白，用手工染的麻布色调灰暗，色牢度较差。但机织麻布在染色前处理较好，故其色泽及色牢度有所改善。各种染色麻布具有独特的色调及外观风格。麻布服装具有自然纯朴的美感。

（5）本白或漂白麻布具有天然乳白或淡黄色，光泽自然柔和明亮。作为衣料有高雅大方之感。

（6）各种麻织物均较棉布挺硬，抗皱及弹性稍好。

（7）各种麻织物均具有较好的耐碱性，但在热酸中易损坏，在浓酸中易膨润溶解。

3. 毛纤维

毛纤维主要为动物的毛，以绵羊毛为主，还有山羊毛、马海毛、兔毛、骆驼毛、牦牛毛、羊驼毛、骆马绒等。

毛纤维为天然蛋白质纤维，是由多种 α - 氨基酸缩聚而成，它不仅具有酸性基（羟基—COOH），又具有碱性基（胺基—NH_2），故纤维对酸性和碱性的化学药剂都不十分的稳定。分子中有胱氨酸中的二硫键，其中硫对提高羊毛的弹性等品质有重要影响。羊毛分子排列较稀疏，结晶度较小，取向度不高。羊毛纤维表面有鳞片，如图 1 - 3 所示，鳞片的状态影响毛的光泽、缩绒性等。

在羊毛纤维中，由于羊的品种、产地和羊毛生长的部位等不同，品质有很大的差异。澳大利亚、俄罗斯、新西兰、阿根廷、南非和中国都是世界上主要产毛国，其中澳大利亚的美利奴羊是世界上品质最为优良的，也是产毛量最高的羊种。我国的新疆、内蒙古、青海、甘肃等地是羊毛的主要产区。国际羊毛局（IWS）是国际上有关羊毛的权威机构，其羊毛标志如图 1 -4（1）所示是羊毛制品品质保证的标识。如图 1 -4（2）所示为新西兰羊毛局的厥叶标志。

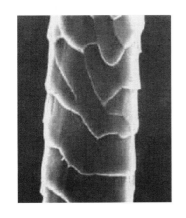

(1)国际羊毛局纯羊毛标志　　　　　(2)新西兰羊毛标志

图 1 - 3　羊毛纤维表面的鳞片　　　　图 1 - 4　羊毛制品的品质保证标识

采用以羊毛为主要原料经粗梳或精梳毛纺系统加工成的各种毛织物，具有以下主要特点。

（1）纯毛纤维织物光泽柔和自然，手感柔软富有弹性，穿着舒适美观，一般为高档或中高档服装用料。

（2）羊毛纤维织物遇水收缩，常称为缩绒性。羊毛纤维织物水中变形的原因是由于羊毛缩绒的产生不是一次完成的，在服装的穿着、使用过程中始终存在。因此，也常常进行去鳞处理。

（3）各种毛纤维织物比棉、麻、丝等天然纤维织物具有较好的弹性、抗折皱性，特别是在服装加工熨烫后有较好的裥褶成型和服装保型性。

（4）羊毛不易导热，吸湿性亦好，因此表面毛茸丰满厚实的粗纺呢绒具有良好的保暖性，是春秋冬各季理想的服装衣料。轻薄滑爽、布面光洁的精纺毛织物又具有较好的吸汗及透气性，夏季穿着干爽舒适，因而，派力司、凡立丁等织物多用于制作夏装；较厚实稍密的华达呢、啥味呢一般多用做春秋装衣料。

（5）合成纤维与毛混纺的织物，可提高其坚牢度和挺括性，黏胶、棉等与羊毛混纺亦可降低成本。因此，混纺及纯毛衣料在服装业中各有所用。

其他纤维情况如下：

（1）山羊绒是紧贴山羊皮生长的浓密的绒毛，柔软、轻盈且保暖性好。由于一只山羊年产羊绒只有 100～200g，所以羊绒有"软黄金"之称。我国是山羊绒生产和出口大国。

（2）马海毛原产于土耳其安哥拉地区，所以又称安哥拉山羊毛。美国、南非、土耳其是三大产地，我国宁夏也有少量生产。马海毛纤维粗长，卷曲少，长度为 200～250mm，光泽强、强度大，不易毡缩，易于洗涤。

（3）兔毛有绒毛和粗毛，具有轻软柔和保暖性好的特点，强度低。由于其鳞片少且光滑，故抱合力差，织物容易掉毛。不同品种中，安哥拉长毛兔的品质最好。

（4）骆驼毛由粗毛和绒毛组成。具有独特的驼色光泽。我国的内蒙古、新疆、宁夏、青海等地是主要产区，其中以宁夏毛较好，粗毛多用制作衬垫。绒毛质地轻盈，保暖性好。

（5）牦牛毛由绒毛和粗毛组成。绒毛细而柔软，光泽柔和，弹性好，保暖性好。

（6）羊驼毛是粗细毛混杂着的，属于骆驼类毛，比马海毛更细、柔软，其色泽为白色、棕色、淡黄褐色或黑色，其强力和保暖性均高于羊毛。主要产于秘鲁、阿根廷等地。

（7）骆马绒毛质细柔，富有光泽，是动物纤维中最细的毛，多为黄褐色。由于产量少，因此价格昂贵。骆马绒主要产于秘鲁山区。

新型羊毛纤维主要是针对羊毛本身采用一定的科技手段达到改良羊毛纤维服用目的的，目前主要有如下品种：

（1）表面变性羊毛。通过氧化/氯化、氯化/酶处理等多种方法，将羊毛的鳞片剥除，使羊毛纤维直径变细为 0.5～1μm，手感变得柔软、细腻，吸湿性、耐磨性、保温性、染色性能等均有提高，光泽变亮。但纤维强力伸长略有下降，缩绒性减少。根据羊毛鳞片剥取的程度不同，又分为丝光羊毛和防缩羊毛。丝光羊毛比防缩羊毛剥取的鳞片更为彻底，两种羊毛生产的毛纺产品均有防缩、机可洗效果，丝光羊毛的产品有丝般光泽，手感更滑糯，被誉为仿羊绒的羊毛。

（2）拉细羊毛。拉细羊毛是澳大利亚联邦工业与科学研究院（CSIRO）研制成功的羊毛拉细技术所获得，1998 年投入工业化生产并在日本推广。经拉细处理的羊毛长度伸长、细度变细约 20％，具有丝光、柔软效果，其价值成倍提高，但断裂伸长率下降。产品轻薄、滑爽、挺括、悬垂性良好、有飘逸感，穿着无刺扎、刺痒感，无粘贴感，可成为新型高档服装面料。

（3）超卷曲羊毛。即经过卷曲加工的羊毛，又称膨化羊毛，其卷曲性能较高，纤维间的抱合力增大，改善了纤维的可纺性，提高羊毛产品的品质档次。膨化羊毛编织成衣在同等规格的情况下可节省羊毛约20%，并提高服装的保暖性，手感更蓬松柔软、服用更舒适，为毛纺产品轻量化及开发休闲服装、运动服装创造了条件。

（4）彩色毛。彩色毛是世界最大产毛国澳大利亚通过配种繁殖的彩色绵羊所获得的，繁殖数代羊毛没有褪色且毛质优良。其他原本带有天然颜色的动物毛，如羊绒类的青绒、紫绒，驼色的骆驼绒，咖啡色的牦牛绒，也得到很好利用。

4. 蚕丝

蚕丝为天然蛋白质纤维，光滑柔软，富有光泽，穿着舒适，被称为纤维皇后。蚕丝最早产于中国，目前我国蚕丝产量仍居世界第一。此外，日本和意大利也生产蚕丝。蚕丝分为家蚕丝和野蚕丝两种。家蚕丝即桑蚕丝，在我国主要产于浙江、江苏、广东和四川等地；野蚕丝即柞蚕丝，主要产于辽宁和山东等地。蚕丝的特点如下所示：

（1）各类纯丝织物的强度均较纯毛织物高，但其抗皱性比毛织物差。

（2）桑蚕丝织物色白细腻、光泽柔和明亮、手感爽滑柔软、高雅华贵，为高级服装衣料。

（3）柞蚕丝织物色黄光暗，外观较粗糙，手感柔而不爽，略带涩滞，坚牢耐用，价格便宜，为中档服装及时装衣料。特别在回潮率为30%时，亦无潮湿感。

（4）丝织物的耐热性较棉、毛织物好，一般熨烫温度可控制在150～180℃。熨烫时垫布方可避免出极光。对柞蚕丝织物应避免喷水，以防造成水渍难以除去，影响织物外观。

（5）绢纺织物表面较为粗糙，有碎蛹屑呈现黑点，手感涩滞柔软，呈乳白本色，别有风格，价格比长丝织物便宜，亦为外用服理想面料。

（6）丝织物耐光性在各类织物中最差，故长期光照服用性差。

（7）丝织物对无机酸较稳定，但浓度大时会造成水解。对碱反应敏感，洗涤时应采用中性皂。

为获得更好的蚕丝服用效果，人们进行了新品种的研究与开发，主要有：

（1）彩色蚕丝。这是利用家蚕基因突变培育出的，制成服装后颜色不褪不掉。目前我国培育的转基因家蚕丝已具有红、黄、绿、粉红、橘黄等颜色，国外也有报道已经培育出红色蚕茧。

（2）改良蚕丝。这是运用生物学、遗传工程学方法，改变蚕的遗传基因，培育出"蛛丝"，其性能优异，断裂强度比蚕丝大10倍，比尼龙丝大5倍，伸缩率达35%。可用来制作防弹背心等功能性服装。

5. 再生纤维

以木材、大豆、牛奶等天然材料为原料，采用化学的方法聚合而成的聚合物。分为再生纤维素纤维（如黏胶纤维、竹纤维、醋酯纤维、天丝纤维、莫代尔纤维等）、再生蛋白质纤维（如大豆纤维、玉米纤维、牛奶纤维、甲壳质纤维等）。

（1）黏胶纤维。黏胶纤维以木材、棉短绒、芦苇等含天然纤维素的材料经化学加工而成。

从性能分,有普通黏胶纤维、高湿模量黏胶纤维等不同品种;从形态分有短纤维和长丝两种形式。黏胶短纤维常被称为人造棉,长丝被称为人造丝。分为有光、无光和半无光三种光泽。黏胶纤维具有天然纤维素纤维的基本性能,染色性能好,色谱全,色泽鲜艳,牢度好。织物柔软,比重大,悬垂性好,但织物弹性差,容易起皱和不易回复,因此服装的保型性差。其吸湿性好,回潮率可达13%~15%,穿着凉爽舒适,不易产生静电、起毛和起球。下水后,黏胶纤维因吸收大量水分,直径变粗,长度收缩,而且变重变硬,强力也几乎下降一半,因此不耐水洗和不宜在湿态下加工。在加工服装之前,应经过预缩处理。加工缝头应留大一些,针脚应稀一些。黏胶纤维耐碱性和酸性低于棉纤维,在高温高湿下容易发霉。熨烫温度低于棉纤维,一般为120~160℃。

高湿模量的黏胶纤维被称为富强纤维或虎木棉,其强度(特别是湿强度)和弹性都优于普通黏胶纤维,在服用性能方面有较大改善。

(2)醋酯纤维。醋酯纤维是由含纤维素的天然材料经化学加工而成。其主要成分是纤维素醋酸酯,在性质上与纤维素纤维相差较大,有二醋酯纤维和三醋酯纤维之分。二醋酯纤维大多具有丝绸风格,多制成光滑柔软的绸缎或挺爽的塔夫绸,但耐高温性差,难以通过热定型形成永久保持的褶裥,其强度低于黏胶纤维,湿态强力也较低,耐用性较差。为避免缩水变形,其宜采用干洗。因其比重小于纤维素纤维,穿着轻便舒适。三醋酯纤维酷似锦纶,具有良好的弹性和弹性回复性能,并且改善了强度和弹性。其熨烫温度应控制在110~130℃。

(3)竹纤维。竹纤维是一种天然纤维,是以竹子为原料,通过一定化学加工技术制成的再生纤维素纤维。竹纤维具有优良的着色性、回弹性、悬垂性、耐磨性、抗菌性,其吸湿、放湿性能、透气性居纤维之首。它又是一种可降解的纤维,在泥土中可完全分解,对环境不造成损害,是一种环保材料。不耐酸碱,耐热性较棉好。

(4)天丝纤维。是一种新型纤维素纤维,20世纪70年代,由荷兰开始研究获得成功,1989年在英国实现了工业化生产,并将其产品注册为Tencel(我国译为天丝),学名为Lyocell(莱赛尔)。与黏胶纤维相同,天丝纤维是以针叶树为主的木质浆粕等天然纤维素为原料。在生产过程中,用有机溶剂NMMO(N-甲基吗啉氧化物)取代黏胶生产中使用的有毒物质二氧化硫,该溶剂可循环利用,利用率可达99.5%以上,因而被称为绿色纤维或环保纤维。Lyocell纤维性能优异,其物理机械性能远远超过普通黏胶纤维,而且可生物降解。

(5)莫代尔(Model)纤维。同样采用天然原材料木浆制成,是一种变化型的高湿模量黏胶纤维,它的干湿强力和缩水率均比黏胶纤维好。用Modal纤维制成的各种织物色泽鲜艳,手感柔软、顺滑,光泽高雅,吸湿性优良。Modal纤维可生物降解,具有环保功能,但它在制造过程中磺化时使用较少的二氧化硫,而二氧化硫为有害物质,因此它是一种部分实现环保化的产品。

(6)大豆纤维。大豆纤维是从大豆中提炼出的蛋白质溶解液经纺丝而成,是一种再生植物蛋白质纤维。其生产过程对环境和人体等无污染,易生物降解。2000年3月,我国在国际上首次成功地进行了大豆蛋白纤维工业化生产。大豆纤维单丝线密度低,密度小,强伸度较高,耐酸耐碱性较好,手感柔软,纤维明亮柔和,光泽亮丽,具有蚕丝般的光泽;具有较好的吸湿和导湿性,类似麻纤维的吸湿、快干特点;柔韧蓬松,具有羊绒的滑糯手感,穿着舒适、保暖。但是大豆纤维耐热性较差。

（7）玉米纤维。玉米纤维也称聚乳酸纤维或 PLA 纤维,商品名为 Lactron。它是以玉米淀粉发酵形成的乳酸为原料,经脱水反应制成的聚乳酸溶液纺丝而成,可生物分解。玉米纤维的初始原料淀粉再生循环周期短,是一种环保产品。玉米纤维具有良好的形态保持性,较好的光泽,丝绸般的手感,良好的芯吸性能,服装与皮肤接触不发黏,使人感觉干爽。

（8）牛奶纤维。牛奶纤维是将牛奶蛋白融入特殊液体喷丝而成,也称为牛奶丝或牛奶绒。20 世纪末,日本首先成功地开发出牛奶纤维,牛奶纤维织物悬垂性、通透性好,吸水率高,制成的内衣裤具有校正身形的功能,牛奶纤维原料中含有的 17 种氨基酸,使面料具有润肌养肤、抗菌消炎的功能。

（9）甲壳质纤维。甲壳质纤维是从虾、蟹、蛹的外壳及菌类、藻类的细胞壁中提炼出的天然生物高聚物,它的分子结构与纤维素的结构非常相似,呈白色或灰白色半透明状固体,具有动物骨胶原组织和植物纤维组织的双重性质,对动、植物细胞均有良好适应性。甲壳素在大自然中每年生物合成量高达数千亿吨,是地球上第二大再生资源。甲壳质纤维耐热、耐碱、耐腐蚀、可生物降解,与人体有极好的生物相融性,可被生物体内的溶菌酶分解而吸收,还具有消炎、止血、镇痛的作用。因此医学上用它制造人造皮肤、止血材料以及外科手术缝合线等,服装方面用来做针织保健内衣、童装和床上用品,以及用作防雨剂、吸湿剂和防霉、抗腐剂等。目前甲壳质纤维作为纺织材料的成本较高,主要通过与其他纤维共混,以降低成本,扩大应用领域。

（10）其他再生纤维。以相关的天然材料为原料制成的再生纤维还有:蜘蛛丝纤维、蛹蛋白纤维、白松纤维、菠萝叶纤维、香蕉茎纤维等天然纤维也在开发研究中。

6. 合成纤维

以石油、煤和天然气等为原料,以化学技术加工而制成的长丝,并可按需要切成所要求的纤维长度。

（1）涤纶。涤纶属于聚酯纤维,是当前合成纤维中发展最快、产量最大的化学纤维。它有许多商品名称,如 Terylene、Dacron、Tetoron 等。涤纶纤维平滑光洁,均匀无条痕;其截面可以有各种形状,以圆形为主。有长丝、短纤维,其粗细与天然纤维接近,也有超细纤维。当前的差别化纤维主要是以涤纶制成的。在外观和性能上模仿毛、麻、丝等天然纤维,已达到以假乱真的程度。

涤纶纤维织物具有较高的强度与弹性恢复能力。它不仅坚牢耐用,而且挺括抗皱,洗后免熨烫。涤纶织物吸湿性较小,在穿着使用过程中易洗快干极为方便。其湿后强度不下降、不变形,有良好的洗可穿服用特性。涤纶织物服用不足之处是透通性差,穿着有闷热感,易产生静电而吸尘沾污,抗熔性较差,在穿着使用中接触烟灰、火星立即形成孔洞。涤纶织物具有良好的耐磨性与热塑性,因而,所做的服装其褶裥、保型性都较好。

（2）锦纶。锦纶为聚酰胺纤维，自从 1938 年美国杜邦（Du Pont）公司把聚酰胺纤维以"尼龙"（Nylon）命名以来，又出现了许多商品名称，如 Caprolan、Anid、Nailon 等，锦纶是我国对这类纤维的命名。有长丝、变形丝和短纤维之分。根据化学成分和聚合情况不同，常用的有锦纶 6、锦纶 66，我国以前者为主，其染色性能优于后者。

锦纶纤维织物的耐磨性能居各种天然纤维与化学纤维织物之首，同类产品比棉和黏胶织物高 10 倍，比纯羊毛织物高 20 倍，比涤纶织物高约 4 倍。其强度也很高，且湿态强度下降极小。因此，锦纶纯纺及混纺织物均具有良好的耐用性。在合成纤维织物中锦纶织物的吸湿性较好，故其穿着舒适感和染色性要比涤纶织物好。除丙纶和腈纶织物外，锦纶织物较轻。因此，作为登山服、运动服等冬季服装衣料颇有轻装之感。锦纶织物的弹性及弹性恢复性能极好，但在小外力下易变形。因此，服装褶裥定型较难，穿用过程受力易变皱，故锦纶织物服装适用性能不如涤纶衣料。锦纶织物耐热性和耐光性均差，在阳光下易泛黄和强力下降。在使用过程要注意洗涤、熨烫和服用条件，以免损坏。

（3）腈纶。腈纶为聚丙烯腈纤维，酷似羊毛，被称为"人造羊毛"。商品名称很多，如"Orlon、Exlon、Acrilan"等。腈纶以短纤维为主，用来纯纺或与羊毛等其他纤维混纺。

腈纶的弹性与蓬松度可与天然羊毛媲美。腈纶织物不仅挺括抗皱，而且保暖性较好。在同体积的织物中含有较多的静止空气层。保温测定结果证明，腈纶织物保暖性比同类羊毛织物高 15% 左右。腈纶织物的耐光性居各种纤维之首，在日光下曝晒一年的蚕丝、锦纶、黏胶纤维及羊毛织物等已基本破坏，而腈纶织物强度仅下降 20% 左右。因此，腈纶织物为户外服装、运动服等理想衣料。腈纶织物色泽艳丽，与羊毛适当比例混纺可改善外观光泽且不影响手感。腈纶织物有较好的耐热性，它居合成纤维第二位，且有耐酸、耐氯化剂作用，故适用范围较广。在合成纤维织物中，腈纶织物比较轻，因此，亦为轻便服装衣料之一。腈纶织物吸湿性较差，穿着有闷气感，舒适性较差。腈纶纤维结构决定其织物耐磨性不好，是化学纤维织物中耐磨性最差的产品。

（4）丙纶。丙纶为聚丙烯纤维，也有的称作 Herculan、Hostalen 等。有长丝和短纤维。丙纶与棉同类织物相比，仅为其重量的 3/5，纤维体积质量也仅为 0.91g/cm³，是最轻的原料品种。因此，丙纶织物也属于轻质面料之一。丙纶织物强度及耐磨性好，坚牢耐用。丙纶织物吸湿性极小（回潮率 0%），基本不缩水，故用料省，但舒适性差。丙纶织物耐热性差，不宜高温熨烫，洗涤水温小于 80℃，否则会收缩硬化。耐腐蚀，但不耐光，洗后不宜曝晒。

（5）氨纶。氨纶纤维是以聚氨基甲酸酯为主要成分的，故也称作聚氨酯纤维，俗称弹性纤维，最著名的商品名称是美国杜邦公司生产的"莱卡"（Lycra），此外还有 Estane、Spanzelle、Opelon 等。它以单丝、复丝或包芯纱、包缠纱形式与其他纤维混合。尽管在织物中含量很少，但能大大改善织物的弹性，使服装具有良好的尺寸稳定性，改善合体度，且紧贴人体又能伸缩自如，便于活动。氨纶的回潮率在 1.5% 以下。对多数酸比较稳定，但对碱尤其是热碱易被溶解；对其他化学剂也比较稳定。长期在日光下，强度会逐渐下降，颜色也会发生变化。

（6）维纶。维纶的化学名称叫聚乙烯醇缩甲醛纤维，简称聚乙烯醇纤维。其商品名称有

Vinylon、Kuralon 等。其织物的外观与手感似棉织物。维纶纤维织物吸湿性在合成纤维织物中较好(回潮率为 4.5% ~5%,高时可达 10% 左右),而且坚牢,耐磨性能均好,质轻舒适。染色性与耐热性差,织物色泽不鲜艳,抗皱挺括性也差,故维纶织物的缝纫及服用性能欠佳。耐腐蚀、耐酸碱,价格低廉,一般多用做工作服或帆布。

(7)其他新型合成纤维。随着科学技术的发展及人们生活中各类活动的需要,新型合成纤维也在不断地涌现。已见的有:

①PBT 纤维。PBT 纤维即聚对苯二甲酸丁二酯纤维,一种新型的聚酯纤维。PBT 纤维手感柔软,耐化学药品性、耐光性、耐热性好,拉伸弹性、压缩弹性极好,弹性回复率优于涤纶,上染率高,色牢度好,并仍具有普通聚酯纤维所具有的洗可穿、挺括、尺寸稳定等优良性能。PBT 纤维的弹性与氨纶相同,但价格比氨纶便宜。近年来在弹力织物中得到广泛应用,用于制作游泳衣、体操服、弹力牛仔服、连裤袜、医疗上应用的绷带等。PBT 纤维可与其他纤维混纺,也可用于纺制复合纤维。

②PEN 纤维。PEN 纤维即聚对苯二甲酸乙二酯纤维,一种新型的聚酯纤维,由美国首先研制成功。PEN 纤维高模量、高强度,抗拉伸性能好,尺寸稳定性好,耐热性好,化学稳定性和抗水解性能优异。与常规的涤纶相比,在力学性能和热学性能等方面都比较突出。PEN 纤维不仅是一种理想的服用纺织新原料,在产业用纺织品方面也有着广阔的发展前景。

③PTT 纤维。PTT 纤维即聚对苯二甲酸丙二酯纤维,一种新型的聚酯纤维。它与 PEN 纤维、PBT 纤维一样,由同类聚合物纺丝而成。PTT 纤维的各项物理指标和性能都优于 PEN 纤维,兼有涤纶和锦纶的特性,防污性能好,易于染色,手感柔软,弹性回复性好,具有优良的抗折皱性和尺寸稳定性。可用于开发高档服装和功能性服装。

④新型复合合成纤维。复合纤维是由两种或两种以上的聚合物或者是性能不同的同种聚合物复合而成的纤维,其复合的方式各有不同,常见的双组分复合纤维的截面结构有并列型、皮芯型、海岛型以及多层型、放射型等,如图 1 -5 所示。

两种或两种以上纤维复合可扬长避短,优势互补。已有的产品有:高吸水性合成纤维 Hygra、热塑性纤维(ES 纤维)等。前者是日本开发的,它是以网络构造的吸水聚合物为芯、聚酰胺为皮的皮芯结构复合纤维。其吸收水分能力可达自重的 3.5 倍。因此,吸汗性能特别好且无发黏的感觉。后者也叫热黏纤维,是用聚乙烯和聚丙烯复合而成,外层为聚乙烯(熔点为 110 ~130℃),内层为聚丙烯(熔点

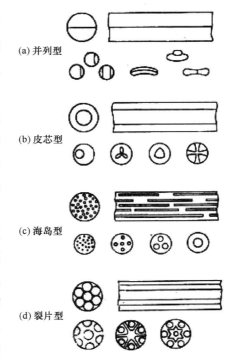

(a)并列型

(b)皮芯型

(c)海岛型

(d)裂片型

图 1 -5　复合纤维的截面结构图

为 160～170℃）这种热塑性纤维经热处理后,外层部分熔融而起黏接作用,内层仍保留纤维状态。它已广泛用于服装的非织造布、热熔衬、填充材料以及仿绗缝材料等。

⑤异形纤维。常规合成纤维的截面一般为圆形,相对于圆形而言生产出来的合成纤维被人们称为异形纤维。纤维的截面变形后,其手感、外观光泽等发生变化,如图 1－6 所示。

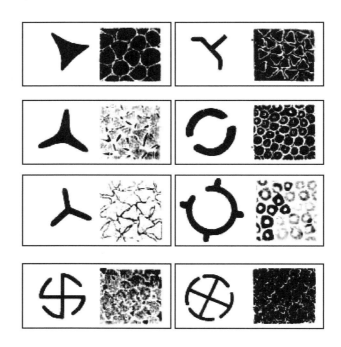

图 1－6　异形纤维截面和喷丝孔板形

第二节　纤维鉴别

由于服装工作者的任务主要是合理选择与科学应用服装材料,因此,对形态结构与化学结构的识别是为了对纤维进行认知。形态结构的识别一般是用眼、显微镜或电子显微镜等观看,化学结构的识别一般是通过化学反应与物理反应进行。在市场上人们常常查看服装上的标识,这是大家共同使用的方法。

正确鉴别材料的原料是正确使用材料的前提,分析织物的原料一般分为定性分析与定量分析。

纤维原料定性分析的目的是分析织物由什么纤维原料组成的,即分析织物是纯纺织物、混纺织物还是交织物;是天然纤维还是化学纤维;常用的方法有:手感目测法、燃烧法、显微镜法、化学溶解法等。

纤维原料定量分析的目的是分析混纺织物中各纤维的含量,一般采用溶解法。选用适当的溶剂,使混纺织物中的一种纤维溶解,将织物总的重量减去剩余织物重量,从而也知道溶解纤维的重量,以百分计各纤维所占比例。纤维原料的鉴别方法有以下几种。

一、手感目测法(感观鉴别法)

这是依靠人眼看(颜色、质地、光泽等)、手摸(质感、厚薄等)、耳听(摩擦声等)来鉴别纤维种类的一种方法。

手感即用手摸、抓捏纤维织物的手触之感,是评定材料的方法之一。手感目测法往往是人的主观判断,需实践与反复对比体味,很难作恰如其分的表达。用手来摸往往还因人而异、因地而异。实际上手感是一个包含物理、心理和生理因素的复杂概念,其主要内容包括触摸或紧握纤维织物时,人的主观上判断纤维织物是否舒适、是否富于弹性、光滑、柔软、冷暖、含水程度等。

织物的手感与纤维原料、纱线品种、织物厚薄、重量、组织结构、染整工艺都有密切关系,其中树脂整理的影响尤其明显。当你面对一块织物时,首先是看其颜色、光泽,再看其布面的状态:平滑、粗糙等;第二摸其身骨:柔软、挺括、硬挺等;第三捏紧放松感觉材料对你手的弹力与反应;第四拆其纱线:长丝、短纤、粗、细、整齐程度。

二、燃烧鉴别法

燃烧鉴别法也是一种简单的鉴别方法。此方法适用于纯纺织物与交织物的原料鉴别,对混纺织物的鉴别要特别仔细。

鉴别时,先从织物中拆出几根纱线,使其呈散状纤维,为预防被烧伤,用镊子夹住纤维或纱线慢慢接近燃烧的火焰,仔细观察纤维在燃烧时所发生的变化,观察纤维接近火焰时是否有收缩;燃烧时火焰的颜色、纤维的状态;离开火焰后纤维是否续燃、纤维散发出来的气味;燃烧后灰烬的颜色、形状及灰烬的软硬程度。对照表1-4中纤维燃烧特征,就可粗略地鉴别属于哪类纤维。

表1-4　几种常见纤维燃烧特征表

纤维名称	接近火焰	在火焰中	离开火焰后	燃烧后残渣形态	燃烧时气味
棉、黏胶纤维	不熔不缩	迅速燃烧	继续燃烧	小量灰白色的灰	烧纸味
麻、富强纤维	不熔不缩	迅速燃烧	继续燃烧	小量灰白色的灰	烧纸味
羊毛、蚕丝	收缩	渐渐燃烧	不易延燃	松脆黑灰	烧毛发味
涤纶	收缩、熔融	先熔后燃烧,且有熔液滴下	能延燃	玻璃状黑褐色硬球	特殊芳香味
锦纶	收缩、熔融	先熔后燃烧,且有熔液滴下	能延燃	玻璃状黑褐色硬球	氨臭味
腈纶	收缩、微发焦	熔融燃烧,有发光小火花	继续燃烧	松脆黑色硬块	有辣味
维纶	收缩、熔融	燃烧	继续燃烧	松脆黑色硬块	特殊的甜味
丙纶	缓慢收缩	熔融燃烧	继续燃烧	硬黄褐色球松	轻微沥青味
氯纶	收缩	熔融燃烧,有大量黑烟	不能延烧	脆黑色硬块	氯化氢臭味

三、显微镜鉴别法

将纤维纵向与横截面放置在显微镜下,观察其外观形态、纵向形态及横断面形态,可判断不同品种的纤维,使用普通生物显微镜即可。此法可用于判断纯纺、混纺、交织物的纤维。但对化学纤维的鉴别比较困难。几种纤维纵横向形态图如表1-3所示。

四、化学鉴别法

利用化学药剂或某些特种着色剂来鉴别分析纤维原料的方法。此类方法准确性较高,甚至还可测定混纺的组分比例。此方法包括溶解法和着色法。

1. 溶解法

针对不同的纤维对不同的溶剂在不同的浓度下有不同的溶解度而进行的鉴别。此方法适用于各种织物。鉴别时,把拆散的纱线与纤维放入试管中,取一定浓度的溶剂注入试管,然后观察溶解情况(溶解、部分溶解、微溶、不溶),记录其溶解温度(常温溶解、加热溶解、煮沸溶解)。由于溶剂的浓度与温度对纤维的溶解状态有较明显的影响,因此在用溶解法鉴别纤维时应严格控制溶剂的浓度与温度。

2. 着色法

根据不同的纤维对不同的染料有不同的着色差异对纤维进行鉴别。由于此法只适用于未染色织物,故在进行鉴别前先除去织物上的染料和助剂,以免影响鉴别结果。常用的着色剂分通用和专用的两种。通用着色剂是由各种染料混合而成的,可对各种纤维着色,再根据所着的颜色来鉴别纤维;专用着色剂是一种或几种专门用来鉴别纤维类别的,其与不同纤维相遇呈现不同的颜色。

五、其他

除以上的鉴别方法外还有熔点法、比重法、红外光谱法、双折射法、X射线衍射法等。

1. 熔点法

主要针对各合成纤维在不同的温度下有不同的熔融特性来鉴别纤维原料的类别,通常使用化纤熔点仪,或在附有热台和测温装置的偏光显微镜下,观察纤维消光时的温度从而测定纤维的熔点。此种方法对不发生熔融的纤维素纤维和蛋白质纤维不适用,因此常用此法作为验证的辅助手段。

2. 比重法

根据不同的纤维有不同的比重,将纤维放置于配好的比重液中,便可知该纤维的比重,从而知道是何种纤维。

3. 红外光谱法

是根据纤维材料的结构基团不同,对入射光的吸收率亦不相同,对可见的入射光会显示出不同的颜色,用不可见的红外光和紫外光来鉴别纤维类别。

其他一些方法在服装方面应用更少,在此不作介绍。

第三节　相关标准

一、基础标准

GB/T 5705—1985　纺织名词术语(棉部分)

GB/T 5706—1985　纺织名词术语(毛部分)

GB/T 5707—1985　纺织名词术语(麻部分)

GB/T 4146.1—2009　纺织品　化学纤维　第1部分:属名

GB 1103—2007　棉花　细绒棉

GB 19635—2005　棉花　长绒棉

GB/T 20223—2006　棉短绒

GB/T 9998—2006　西宁毛

GB/T 12945—2003　熟黄麻

GB/T 12946—2003　熟红麻

GB/T 15031—2009　剑麻纤维

SB/T 10407—2007　丝素与丝胶

GB/T 14463—2008　黏胶短纤维

GB/T 13758—2008　黏胶长丝

FZ/T 21002—2009　国产细羊毛及其改良毛洗净毛

GB/T 13832—2009　安哥拉兔(长毛兔)兔毛

GB/T 16254—2008　马海毛

GB/T 21977—2008　骆驼绒

GB/T 12412—2007　牦牛绒

GB 1103.3—2005　棉花　天然彩色细绒棉

FZ/T 52006—2006　竹材黏胶短纤维

FZ/T 54012—2007　竹浆黏胶长丝

LY/T 1792—2008　纺织用竹纤维

FZ/T 42005—2005　桑蚕双宫丝

二、测试标准

GB/T 6529—2008　纺织品　调湿和试验用标准大气

GB 9994—2008　纺织材料　公定回潮率

GB/T 6503—2008　化学纤维　回潮率试验方法

GB/T 6097—2006　棉纤维试验取样方法

GB/T 14269—2008　羊毛试验取样方法

GB/T 1798—2008　生丝试验方法

GB/T 12411—2006　黄、红麻纤维试验方法

FZ/T 01057.1—2007　纺织纤维鉴别试验方法　第1部分:通用说明

FZ/T 01057.2—2007　纺织纤维鉴别试验方法　第2部分:燃烧法

FZ/T 01057.3—2007　纺织纤维鉴别试验方法　第3部分:显微镜法

FZ/T 01057.4—2007　纺织纤维鉴别试验方法　第4部分:溶解法

FZ/T 01057.5—2007　纺织纤维鉴别试验方法　第5部分:含氯含氮呈色反应法

FZ/T 01057.6—2007　纺织纤维鉴别试验方法　第6部分:熔点法

FZ/T 01057.7—2007　纺织纤维鉴别试验方法　第7部分:密度梯度法

GB/T 9996.1—2008　棉及化纤纯纺、混纺纱线外观质量黑板检验方法　第1部分:综合评定法

GB/T 9996.2—2008　棉及化纤纯纺、混纺纱线外观质量黑板检验方法　第2部分:分别评定法

FZ/T 01101—2008　纺织品　纤维含量的测定　物理法

GB/T 2910.1—2009　纺织品　定量化学分析　第1部分:试验通则

GB/T 2910.2—2009　纺织品　定量化学分析　第2部分:三组分纤维混合物

GB/T 2910.3—2009　纺织品　定量化学分析　第3部分:醋酯纤维与某些其他纤维的混合物(丙酮法)

GB/T 2910.4—2009　纺织品　定量化学分析　第4部分:某些蛋白质纤维与某些其他纤维的混合物(次氯酸盐法)

GB/T 2910.5—2009　纺织品　定量化学分析　第5部分:黏胶纤维、铜氨纤维或莫代尔纤维与棉的混合物(锌酸钠法)

GB/T 2910.6—2009　纺织品　定量化学分析　第6部分:黏胶纤维、某些铜氨纤维、莫代尔纤维或莱赛尔纤维与棉的混合物(甲酸/氯化锌法)

GB/T 2910.7—2009　纺织品　定量化学分析　第7部分:聚酰胺纤维与某些其他纤维混合物(甲酸法)

GB/T 2910.8—2009　纺织品　定量化学分析　第8部分:醋酯纤维与三醋酯纤维混合物(丙酮法)

GB/T 2910.9—2009　纺织品　定量化学分析　第9部分:醋酯纤维与三醋酯纤维混合物(苯甲醇法)

GB/T 2910.10—2009　纺织品　定量化学分析　第10部分:三醋酯纤维或聚乳酸纤维与某些其他纤维的混合物(二氯甲烷法)

GB/T 2910.11—2009　纺织品　定量化学分析　第11部分:纤维素纤维与聚酯纤维的

混合物(硫酸法)

GB/T 2910.12—2009　纺织品　定量化学分析　第12部分:聚丙烯腈纤维、某些改性聚丙烯腈纤维、某些含氯纤维或某些弹性纤维与某些其他纤维的混合物(二甲基甲酰胺法)

GB/T 2910.13—2009　纺织品　定量化学分析　第13部分:某些含氯纤维与某些其他纤维的混合物(二硫化碳/丙酮法)

GB/T 2910.14—2009　纺织品　定量化学分析　第14部分:醋酯纤维与某些含氯纤维的混合物(冰乙酸法)

GB/T 2910.15—2009　纺织品　定量化学分析　第15部分:黄麻与某些动物纤维的混合物(含氮量法)

GB/T 2910.16—2009　纺织品　定量化学分析　第16部分:聚丙烯纤维与某些其他纤维的混合物(二甲苯法)

GB/T 2910.17—2009　纺织品　定量化学分析　第17部分:含氯纤维(氯乙烯均聚物)与某些其他纤维的混合物(硫酸法)

GB/T 2910.18—2009　纺织品　定量化学分析　第18部分:蚕丝与羊毛或其他动物毛纤维的混合物(硫酸法)

GB/T 2910.19—2009　纺织品　定量化学分析　第19部分:纤维素纤维与石棉的混合物(加热法)

GB/T 2910.20—2009　纺织品　定量化学分析　第20部分:聚氨酯弹性纤维与某些其他纤维的混合物(二甲基乙酰胺法)

GB/T 2910.21—2009　纺织品　定量化学分析　第21部分:含氯纤维、某些改性聚丙烯腈纤维、某些弹性纤维、醋酯纤维、三醋酯纤维与某些其他纤维的混合物(环己酮法)

GB/T 2910.22—2009　纺织品　定量化学分析　第22部分:黏胶纤维、某些铜氨纤维、莫代尔纤维或莱赛尔纤维与亚麻、苎麻的混合物(甲酸/氯化锌法)

GB/T 2910.23—2009　纺织品　定量化学分析　第23部分:聚乙烯纤维与聚丙烯纤维的混合物(环己酮法)

GB/T 2910.24—2009　纺织品　定量化学分析　第24部分:聚酯纤维与某些其他纤维的混合物(苯酚/四氯乙烷法)

FZ/T 01095—2002　纺织品　氨纶产品纤维含量的试验方法

FZ/T 30003—2009　麻棉混纺产品定量分析方法、显微投影方法

GB/T 14270—2008　毛绒纤维类型含量试验方法

GB/T 14593—2008　山羊绒、绵羊毛及其混合纤维定量分析方法　扫描电镜法

FZ/T 01095—2002　纺织品　氨纶产品纤维含量的试验方法

FZ/T 40005—2009　桑/柞产品中桑蚕丝含量的测定　化学法

GB/T 22100—2008　异形纤维形态试验方法　定量法

FZ/T 01101—2008　纺织品　纤维含量的测定物理法

GB/T 2910. 101—2009　纺织品　定量化学分析　第 101 部分:大豆蛋白复合纤维与某些其他纤维的混合物

SN/T 1507—2005　Lyocell 与羊毛、桑蚕丝、锦纶、腈轮、涤纶、丙纶二组分纤维混纺纺织品定量化学分析方法

DB13/T 814.1—2006　莫代尔纤维、莱赛尔纤维、大豆蛋白/聚乙烯醇复合纤维鉴别试验方法　总则

DB13/T 814.2—2006　莫代尔纤维、莱赛尔纤维、大豆蛋白/聚乙烯醇复合纤维鉴别试验方法　燃烧试验

DB13/T 814.3—2006　莫代尔纤维、莱赛尔纤维、大豆蛋白/聚乙烯醇复合纤维鉴别试验方法　显微镜观察

DB13/T 814.4—2006　莫代尔纤维、莱赛尔纤维、大豆蛋白/聚乙烯醇复合纤维鉴别试验方法　溶解性试验

DB13/T 815—2006　莱赛尔/聚酯纤维混纺产品　纤维含量的测定

DB13/T 816—2006　莱赛尔/锦纶纤维混纺产品　纤维含量的测定

DB13/T 817—2006　莱赛尔/腈纶纤维混纺产品　纤维含量的测定

DB13/T 818—2006　莱赛尔/羊绒(羊毛)纤维混纺产品　纤维含量的测定

DB13/T 819—2006　莱赛尔/蚕丝纤维混纺产品　纤维含量的测定

DB13/T 820—2006　莱赛尔/氨纶纤维混纺产品　纤维含量的测定

DB13/T 821—2006　莫代尔/聚酯纤维混纺产品　纤维含量的测定

DB13/T 822—2006　莫代尔/蚕丝纤维混纺产品　纤维含量的测定

DB13/T 823—2006　莫代尔/羊绒(羊毛)纤维混纺产品　纤维含量的测定

DB13/T 824—2006　莫代尔/腈纶纤维混纺产品　纤维含量的测定

DB13/T 825—2006　莫代尔/锦纶纤维混纺产品　纤维含量的测定

DB13/T 826—2006　莫代尔/氨纶纤维混纺产品　纤维含量的测定

FZ/T 01102—2009　纺织品　大豆蛋白复合纤维混纺产品定量化学分析方法

FZ/T 01103—2009　纺织品　牛奶蛋白改性聚丙烯腈纤维混纺产品定量化学分析方法

SN/T 1567—2005　Modal 纤维/腈纶纤维混纺产品和牛奶纤维成分分析方法

SN/T 1648—2005　纺织品　水溶性纤维混纺产品定量分析方法

SN/T 1690.1—2005　新型纺织纤维成分分析方法　第 1 部分:大豆蛋白纤维

三、标识标准

FZ/T 01053—2007　纺织品　纤维含量的标识

GB/T 8685—2008　纺织品　维护标签规范　符号法

思考题

1. 服装用纤维有哪些特征?
2. 服装用纤维主有的类别是什么?
3. 鉴别服装纤维的方法有哪些? 各有什么利弊?
4. 举例说明某服装的标识及方法。

第二章　纱线

第一节　纱线的分类

由于构成纱线的纤维原料和加工方法不同,纱线的种类繁多,形态和性能各不相同。

一、纱线分类

纱线分类方法有多种,常见的有如下几种,如图 2-1 所示。

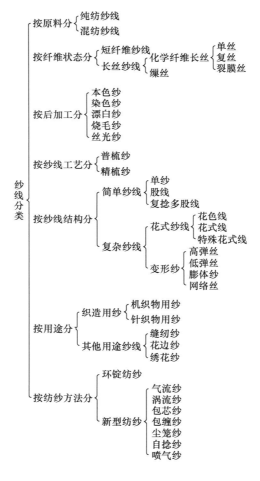

图 2-1　纱线分类

（一）按纱线的原料分

1. 纯纺纱线

是由一种纤维原料构成的纱线，包括天然纤维中的纯棉纱线、纯毛纱线、纯麻纱线以及纯化学纤维纱线。

2. 混纺纱线

是由两种或两种以上的纤维混合所纺成的纱线，如涤纶与棉的混纺纱线，涤纶、黏胶与氨纶的混纺纱线等。

（二）按纱线中的纤维状态分

1. 短纤维纱线

一定长度的纤维经过各种纺纱系统捻合纺制而成的纱线。根据纤维长度和纺纱系统不同还可分为长纤维纺制的纱（如亚麻或苎麻纱、绢纺纱）、短纤维纺制的纱（如棉纱和毛纱）、中长纤维纺制的纱（如化学纤维仿毛型纱）、化学纤维牵切纺制的纱（如直接纺纱、直接成条纱）等。其特点是结构较疏松，光泽柔和，手感丰满，可制成各种缝纫线、针织纱和针织绒线，也可制成各类棉织物、毛织物、麻织物、绢纺织物，以及各种混纺织物和化学纤维织物。

2. 长丝纱线

直接由高聚物溶液喷丝而成的长丝。根据其结构又可分为单丝、复丝和复合捻丝三种。单丝由一根长丝组成，织成的织物有限，只用于丝袜、头巾、夏装和泳装等轻薄而透明的织物；复丝是由若干根单丝组成的，广泛用于礼服、里料和内衣等各种服装；复合捻丝由复丝捻合而成，可制成各种绉织物或工业用丝等。长丝纱的特点是：强度和均匀度好，可制成较细的纱线，手感光滑、凉爽、光泽亮，但覆盖性较差，吸湿性差，易起静电。

3. 缫出丝

从蚕茧上缫出的生丝，是具有一定细度的双根长丝。桑丝的特点是光泽柔和、手感滑爽、细腻柔软，可制成各种高档衣料，但耐光性差。

4. 裂膜丝

聚丙烯薄膜片，经过切、划、打孔等步骤分裂成所需要的宽度，再经过强拉伸制成的片丝，常用于地毯和起绒织物底布。

各种纱线的形态如图2－2所示。

（三）按纱线的后加工分

1. 本色纱

又称原色纱，是未经漂白处理保持纤维原有色泽的纱线。

2. 染色纱

原色纱经煮练、染色制成的色纱。

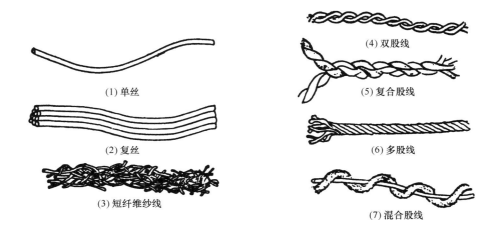

(1) 单丝

(2) 复丝

(3) 短纤维纱线

(4) 双股线

(5) 复合股线

(6) 多股线

(7) 混合股线

图 2-2　各种纱线示意图

3. 漂白纱

原色纱经煮练、漂白制成的纱。

4. 烧毛纱

通过烧掉纱线表面茸毛,获得光洁表面的纱线。

5. 丝光纱

通过氢氧化钠强碱处理,并施加张力,使光洁度和强力获得改善的棉纱。

(四)按纱线工艺分

1. 普梳纱

指按一般的纺纱系统进行梳理纺成的纱,包括普梳棉纱和粗梳毛纱。普梳纱中短纤维含量较多,纤维平行伸直度差,结构松散,毛茸多,纱支较低,品质较差。普梳棉纱用于中特以上的棉织物等,粗梳毛纱用于大衣呢、法兰绒和地毯等。

2. 精梳纱

指通过精梳工序纺成的纱,包括精梳棉纱和精梳毛纱。纱中纤维平行伸直度高,条干均匀、光洁,纱支较高,但成本较高。主要用于高级织物及针织品的原料,如细纺、高档府绸、华达呢、凡立丁、派力司、羊毛衫等。

普梳纱线和精梳纱线如图 2-3 所示。

(五)按纱线结构分

1. 简单纱线

(1)单纱。指只有一股纤维束捻合的纱。

(2)股线。由两根或两根以上的单纱捻合而成的线。其强力、耐磨好于单纱,常用的织造用线、绣花线和针织用线等。

（1）普梳纱线

（2）精梳纱线

图 2-3 环锭纺的普梳纱线和精梳纱线

（3）复捻多股线。股线按一定方式进行并合加捻而成的线,如双股线、三股线和多股线。

2. 复杂纱线

具有复杂结构和独特外观的纱线,如花式纱线、变形纱、包芯纱和包缠纱等。可通过独特的设计、先进的科学技术、新型纺纱设备和方法来实现。这里主要介绍花式纱线和变形纱。

（1）花式纱线。花式纱线是指通过各种加工方法而获得特殊的外观、手感、结构和质地的纱线。近年来较为流行,广泛应用于各种服装用机织物和针织物、编结线、围巾和帽子等服饰配件,以及装饰织物中。花式纱线的基本结构由三部分组成:芯纱、饰纱和固纱,如图2-4所示。

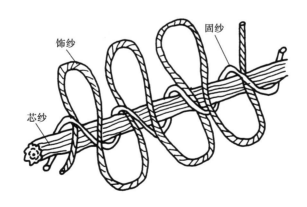

图 2-4 花式纱线的结构

①芯纱——位于纱的中心,是构成纱线强力的主要部分。一般采用强力好的涤纶、锦纶、丙纶长丝或短纤维纱。

②饰纱——决定花式线的色彩、花型和手感,起装饰作用。一般选用手感、弹性和色泽鲜艳的毛纱或化学纤维纱。

③固纱——用于固定饰纱所形成的花型,通常采用强力好的细纱。

花式纱线在外观效果方面优于普通纱线,但强力、耐磨性较差,易起毛起球和钩丝。

花式纱线种类繁多,如图2-5所示,按其结构特征和形成方法,主要分为三类:

①花色线:按一定比例将彩色纤维混入基纱的纤维中,使纱上呈现鲜明的大小不一的彩段彩点的纱线,如彩点线、彩虹线等。

②花式线:指利用超喂原理得到的具有各种外观特征的纱线,如圈圈线、竹节线、螺旋线、结子线等。此类纱线织成的织物手感蓬松、柔软、保暖性好,外观风格别致,立体感强。

③特殊花式线:具有特殊特征的花式线,如表面呈现丝点光泽的金银丝,状如瓶刷、手感柔软的雪尼尔线,绒毛感强、手感丰满柔软的拉毛线等。

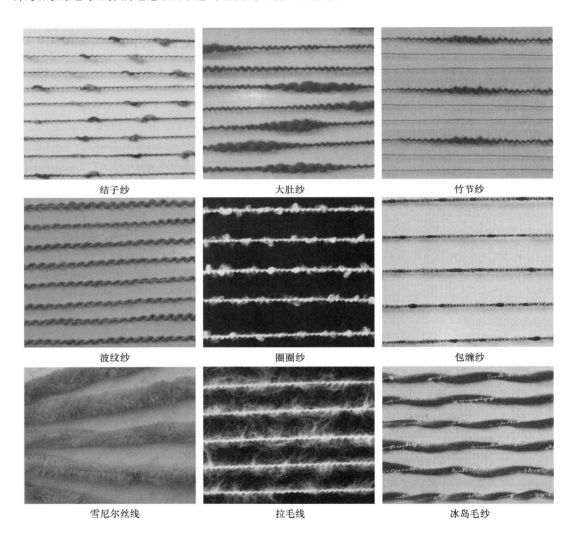

结子纱	大肚纱	竹节纱
波纹纱	圈圈纱	包缠纱
雪尼尔丝线	拉毛线	冰岛毛纱

图2-5 各种花式纱线

(2)变形纱。对合成纤维长丝进行变形处理,使其卷曲得到的纱线,也称为变形丝。变形纱虽在结构上与普通纱线无异,但却大大改善了纱线及服装材料的吸湿性、透气性、柔软性、弹性和保暖等性能,与普通纱线相比扩大了使用范围。变形纱包括高弹丝、低弹丝、膨体纱和网络丝等,如图2-6所示。

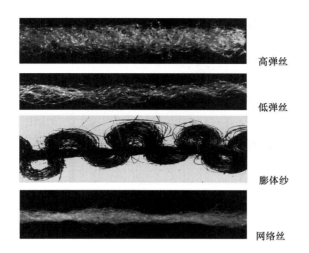

高弹丝

低弹丝

膨体纱

网络丝

图2-6 变形纱

①高弹丝。具有优良的弹性变形和回复能力,膨体性能一般,以锦纶变形纱为主,主要用于运动衣和弹力袜等。

②低弹丝。具有一定的弹性和蓬松性,多为涤纶、丙纶或锦纶变形丝,制成织物后尺寸稳定,主要用于内衣和毛衣等。

③膨体纱。具有一定的弹性和很高的膨松性。其典型代表是腈纶膨体纱,也称开司米,也有锦纶和涤纶膨体变形纱。主要用于保暖性要求较高的毛衣、袜子以及装饰织物等。

④网络丝。手感柔软、蓬松、仿毛效果好,弹性好,用于弹性面料及织锦带等。

(六)按用途分

1. 织造用纱

包括机织物用纱和针织物用纱。机织用纱中,经纱强力要求较高,通常为股线;纬纱一般要求手感柔软,强力可稍低。针织用纱通常为两合股,编结用线常用三合股和四合股。

2. 其他用途纱线

包括缝纫线、花边线和绣花线等。

(七)按纺纱方法分

1. 环锭纺纱

在环锭细纱机上,用传统的纺纱方法加捻纺制的纱线,其结构紧密,强力高,品质优于其他纱线,适用于缝纫线以及机织和针织等各种产品,目前市场上使用最多。

2. 新型纺纱

通过各种新型纺纱方法纺制的纱线,其外观和品质与传统纱线不同,也常用于各种衣着织物,如图2-7所示。

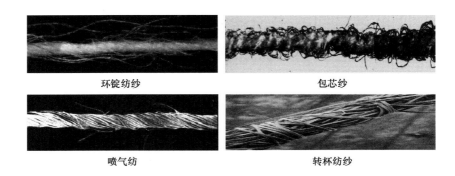

环锭纺纱　　　　　　　　　　　　包芯纱

喷气纺　　　　　　　　　　　　转杯纺纱

图2-7　各种新型纺纱

（1）气流纱。利用气流将纤维在高速回转的纺纱杯内凝聚加捻输出成纱。纱线结构比环锭纱蓬松、耐磨、条干均匀、染色较鲜艳，但强力较低。此类纱线主要用于机织物中膨松厚实的平布；手感良好的绒布；绒条圆滑的灯芯绒；针织物中的棉毛衫、内衣、睡衣、衬衫、裙子、外衣等。

（2）涡流纱。用固定不动的涡流纺纱管，代替高速回转的纺纱杯所纺制的纱。纱上弯曲纤维较多，染色性、透气性和耐磨性能较好，但强力低，条干均匀度较差。多用于绒衣和运动衣等起绒织物。

（3）包芯纱。包芯纱是一种以长丝为纱芯，外包短纤维而纺成的纱线。长丝构成单纱强力的主要部分，短纤维包缠在外，使成纱具有短纤维的风格特征，纱线兼有纱芯长丝和外包短纤维的优点，性能超过单一纤维。常用的纱芯长丝有涤纶丝、锦纶丝、氨纶丝，外包短纤维常用棉、涤/棉、腈纶、羊毛等。

（4）包缠纱。由平行的短纤维或长纤维作为纱芯，用另一种纤维的长丝或短纤纱包缠在外而成。根据所用纱芯和外缠纱的种类不同，可分为普通包缠纱、结构包缠纱和弹性包缠纱等。包缠纱蓬松性好，制成的织物表面丰满、手感蓬松，广泛用于机织物、针织物、簇绒毯及丝绒织物等各种产品中。

（5）尘笼纱。又称摩擦纺纱，成纱时纤维是逐渐添加到纱条上的，因此形成纱芯和外层的分层结构，纱芯坚硬，外层松软，纺制的纱较粗，可用于织制工作服、外衣和装饰织物等。

（6）自捻纱。通过往复运动的罗拉给两根纱条施以假捻，当纱条平行贴紧时，靠其退捻回转的力，互相扭缠成纱。因纱线线密度和捻度的不匀，适宜于花式织物和绒面织物。

（7）喷气纱。采用棉条直接喂入超大牵伸装置，通过旋转气流对纱条进行假捻并包缠成纱。喷气纱蓬松，抗起球性、耐磨性、透气性好，但手感粗糙，适宜织制上衣、运动衣和工作服等。喷气包芯纱手感柔软，弹性和耐磨性较好，可织制府绸和烂花布等。

二、针织绒线

用于机器或手编纯毛及毛混纺针织衫的纱线，通常为两股、三股和四股单纱捻合而成，偶尔也有单纱或多达九股纱。针织衫加工效率高,花色品种多,穿着舒适,深受现代人喜爱,因此,针织绒线的品种也越来越丰富多彩。

(一)分类

针织绒线的分类方法很多,通常有以下几种。

1. 按纱的粗细分

可分为粗绒线、细绒线和针织线。

(1)粗绒线。成品单纱在100tex(10公支)以上,一般为四股或三股。普通粗绒线,指成品单纱在154tex(6.5公支)以下的产品;中级粗绒线,指成品单纱在154~133tex(6.5~7.5公支)之间的产品;高级粗绒线,指成品单纱在133~100tex(7.5~10公支)的产品。

(2)细绒线。成品单纱在50~100tex(10~20公支),四合股或三合股的产品。

(3)针织绒线。也称开司米,成品单纱在50tex(20公支)以下,单股或二合股的产品。

2. 按原料分

主要分为纯毛、混纺和纯化纤三类。也有棉、麻、丝以及其混纺而成的编结纱线。还有用不同色彩的丝带、丝线与其他线合股而成的编结纱线。

3. 按用途分

(1)编结绒线。指两股以上的绒线,或股数为两股,但合股后在167tex(6公支)以上的绒线。

(2)针织线。又称开司米,指合股后167tex(6公支)以下的单股或双股绒线。

4. 按纺纱系统分

(1)粗梳绒线。用粗梳纺纱系统加工的绒线,因含短毛、杂质,纱条不够光洁、耐用,目前已不多见。

(2)精梳绒线。用精梳纺纱系统加工的绒线,现在市场上的绒线多属于此类绒线。

(3)半精梳绒线。加工过程介于粗梳纺纱和精梳纺纱之间。

(4)花式绒线。用花式捻线机加工而成的花式纱线,如圈圈线、结子线及拉毛线,或用特殊染色方法加工而成的间隔染色线,以及特殊方法加工而成的雪尼尔线等。

(二)针织绒线的品号

针织绒线的品号表示绒线的特征和规格,品号由四位阿拉伯数字组成。第一位数字表示产品按纺纱系统而分的类别,精梳绒线为0,粗梳绒线为1,精梳针织绒线为2,粗梳针织绒线为3。第二位数字代表原料,如山羊绒及山羊绒混纺绒线为0,国产羊毛为1,外国羊毛和同质国产毛为2,混纺为3,纯腈纶为8等。品号的第三、第四位数字代表单纱公制支数,如0236,表示精梳优质羊毛纺制的28tex(36公支)单纱;868表示纯腈纶147tex(6.8公支)单纱合股的粗绒线。

三、纱线的捻度、捻向和细度

(一)捻度和捻向

加捻是影响纱线结构的最重要因素,从而进一步影响纱线的外观和性能,如手感、光泽、强度和弹性等。纱线单位长度上的捻回数,称为捻度。棉纱通常以 10cm 内的捻回数来表示捻度,精纺毛纱通常以每米内的捻回数表示。捻向是纱线加捻时旋转的方向,有 S 捻和 Z 捻两种,如图 2 - 8 所示。加捻后纤维自左上方向右下方倾斜的,称为 S 捻,又称为"顺手捻"、"右手捻";自右上方向左下方倾斜的,称为 Z 捻,又称为"反手捻"、"左手捻"。对于股线,第一个字母表示单纱捻向,第二个字母表示股线捻向。经过两次加捻的股线,第三个字母表示复捻捻向。例如单纱捻向为 S 捻,初捻为 Z 捻,复捻为 S 捻。则加捻后的股线捻向以 SZS 表示。

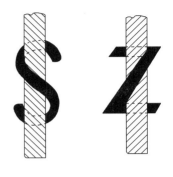

图 2 - 8　纱线的捻向

(二)细度

纱线一般是以细度来度量的,细度是纱线最重要的指标。纱线越细,对纤维质量的要求越高,织出的织物也就越光洁细腻,质量也越好。纱线的细度影响织物的结构、外观和服用性能,如织物的厚度、刚硬度、覆盖性和耐磨性等。在我国法定计量单位中,表示纱线粗细的指标常采用线密度,即单位长度纱线的重量。通常表示纱线粗细的方法有定长制和定重制两种,前者数值越大,表示纱线越粗,如线密度和旦数;后者数值越大,表示纱线越细,如公制支数和英制支数。线密度的计算公式如下:

1. 线密度(Tt)

指 1000m 长的纱线在公定回潮率时的重量克数。线密度的法定单位为特[克斯],符号为 tex,故线密度也称特数,计算公式为:

$$Tt = G/L \times 1000$$

式中:Tt——纱线的线密度(tex);

　　　L——纱线试样的长度(m);

　　　G——纱线在公定回潮率时的重量(g)。

特数越大,纱线越粗。分特(dtex)为特的 1/10。股线的特数,以组成股线的单纱特数乘以股数来表示,如单纱为 14 特的二合股股线,则股线特数用 14tex×2 表示;当股线中两根单纱的特数不同时,则以单纱的特数相加来表示,如单纱分别为 14 特和 16 特的二合股股线,则股线特数用(14 + 16)tex 表示。

2. 纤度（N_d）

指 9000m 长的纱线在公定回潮率时的重量克数，单位为旦尼尔，简称旦，通常用来表示化学纤维和蚕丝的粗细。其计算公式为：

$$N_d = G/L \times 9000$$

式中：N_d——纱线的纤度（旦）；

L——纱线试样的长度（m）；

G——纱线在公定回潮率时的重量（g）。

纤数越大，表示丝越粗。复合丝和股线的纤度表示方法常把单丝数和股数写到前面，如二股 70 旦的长丝线，其纤度为 2×70 旦。如先由两根 150 旦的长丝合股成线，再将三根这样的股线复捻而成的复合股线，其纤度为 $3 \times 2 \times 150$ 旦。

3. 公制支数（N_m）

指公定回潮率时，1g 中的纱线所具有的长度（m）。单位为公支。其计算公式如下：

$$N_m = L/G$$

式中：N_m——纱线的公制支数（公支）；

L——纱线试样的长度（m）；

G——纱线在公定回潮率时的重量（g）。

公支的数值越大，纱线越细。股线的公制支数，以组成股线的单纱支数除以股数来表示，如 50/2 公支表示单纱为 50 公支的二合股股线。组成股线的单纱支数不同，则各单纱支数用分号隔开表示，如 21/22/23 公支表示单纱支数分别为 21、22、23 公支的三合股股线。在我国棉、麻纤维和毛纱、毛型化学纤维纯纺、混纺纱线以及绢纺纱线和苎麻纱线的粗细采用公制支数表示。

4. 英制支数（N_e）

指公定回潮率时，一磅重的纱线所具有的长度，其标准长度视纱线种类而不同，如棉型纱和棉型混纺纱长 840 码为 1 英支，精梳毛纱 560 码为 1 英支，粗梳毛纱 256 码为 1 英支，麻纱线则是 300 码为 1 英支等。棉型纱和棉型混纺纱的英制支数计算公式如下：

$$N_e = L/(840 \times G)$$

式中：N_e——纱线的英制支数（英支）；

L——纱线试样的长度（m）；

G——纱线在公定回潮率时的重量（磅）。

英制支数的数值越大，纱线越细。股线英制支数的表示方法与股线公制支数的表示方法相同。英制支数现在用得较少。

5. 细度指标的换算

纤维或纱线的各种细度指标可换算如下：

（1）特数与公制支数的换算：

$$Tt = 1000/N_m$$

（2）特数与旦数的换算：

$$Tt = N_d/9$$

（3）公制支数与旦数的换算：

$$N_m = 9000/N_d$$

（4）英制支数与特数的换算：

$$N_e = C/Tt$$

式中 C 为换算常数，随纱线的公定回潮率而异，其数值见表 2 - 1。

对于纯棉纱来说，其英制支数与特数的换算式为：

$$N_e = 583/Tt$$

对于纯化学纤维纱线或化学纤维与化学纤维混纺纱线来说，其英制支数与特数的换算式为：

$$N_e = 590.5/Tt$$

各细度指标的比较见表 2 - 2。

表 2 - 1　换算常数 C

纱线种类	干量混比	英制公定回潮率（%）	公制公定回潮率（%）	换算常数 C
棉	100	9.89	8.5	583
纯化学纤维	100	公/英制公定回潮率相同		590.5
涤/棉	65/35	3.70	3.20	588
维/棉	50/50	7.45	6.80	587
腈/棉	50/50	5.95	5.25	587
丙/棉	50/50	4.95	4.30	587

表 2 - 2　细度指标比较

线密度（tex）	纤度（旦）	棉纱英制支数（英支）	精梳毛纱英制支数（英支）	公制支数（公支）
1	9			1000
5	45			200
7	63	84		143
10	90	59	89	100
15	135	39	59	67
20	180	30	44	50
40	360	15	22	25
80	720	7.5	11	13
100	900	6	9	10
200	1800	3	4.4	5
500	4500	1.2	1.8	2

第二节　纱线品质对服装材料外观和性能的影响

纱线是形成服装材料的重要环节,其结构和品质,影响服装材料的外观和性能,进而影响服装的外观、舒适性、耐用性和保养性等。

一、外观

纱线的结构特征影响服装材料的外观和表面特征。纱线的长短和捻度,影响织物的光泽。长丝纱织物表面光滑、发亮、均匀。短纤维纱有毛茸,它对光线的反射随捻度的大小而异。如图2－9所示,精梳棉纱在无捻时,因光线从各根纤维表面反射,纱的表面显得较暗,无光泽,如图2－9(2)所示;而当精梳棉纱捻度达到一定值时,光线从比较光滑的表面反射,反射量达到了最大值,如图2－9(3)所示;一般,强捻纱捻度越大,纱线表面的颗粒越细微,反光也随之减弱,如图2－9(4)所示。而弱捻纱表面的颗粒较大,能产生一种特殊的外观效果。

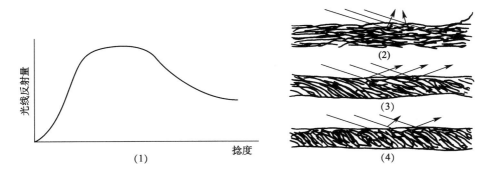

图2－9　捻度与光泽的关系

纱线的捻向,也影响织物的光泽。平纹织物中,经纬纱捻向不同,织物表面反光一致,光泽较好。华达呢等斜纹织物,当经纱采用S捻、纬纱采用Z捻时,经纬纱捻向与斜纹方向相垂直,因而纹路清晰。当若干根S捻、Z捻纱线相间排列时,织物表面将产生隐条、隐格效应。当S捻、Z捻纱线捻合在一起时,或捻度大小不等的纱线捻合在一起构成织物时,表面呈现波纹效应。

当单纱的捻向与股线相同时,纱中纤维倾斜程度大,光泽较差,捻回不稳定,股线结构不平衡,易产生扭结。当单纱与股线的捻向相反时,股线柔软,光泽好,捻回稳定,股线结构均匀、平衡,如图2－10所示。多数织物中的股线与组成的单纱捻向相反,如单纱为Z捻,股线为S捻,这样股线的结构均衡紧密,强度也较大。

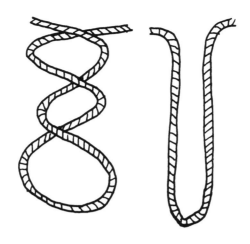

图2－10　捻向与捻回稳定

二、舒适性

纱线的结构特征与织物的保暖性有一定关系,因为纱线的结构决定了纱线的蓬松性,即纤维之间是否能形成静止空气层,而静止空气层对于服装材料的保暖性有直接影响。无风时,纱线内的静止空气层,可以起到身体和大气之间的绝热层作用,有利于服装的保暖;但有风时,空气可以顺利地通过松散的纱线之间,空气流动促进了衣服和身体之间空气的交换,会有凉爽的感觉。因此,蓬松的羊毛衫,在无风时可以作为外套,有风时,穿在外套内,能起到很好的保暖作用。由此可见,捻度大的低特纱,其绝热性比蓬松的高特纱差,纱线的热传导性随纤维原料的特性和纱线结构状态的不同而不同。

纱线的结构和手感影响服装的手感、穿着性能。纱线细、捻度高的精梳棉纱或亚麻纱,或者光滑的黏胶长丝织物,具有光亮耀目的外观,滑爽的手感,适合做夏装材料。蓬松的羊毛纱或变形纱手感丰满,有毛茸,适合做秋冬服装材料。表面光滑、无毛羽的长丝纱或纱线细、捻度大的精梳纱才可以用作表面光滑、便于穿脱的服装衬里。

纱线的吸湿性是影响服装舒适性的重要因素。纱线的吸湿性取决于纤维特性和纱线结构对纤维密度和含气性、吸水性的影响,与纱线的绝热性相似。长丝纱光滑,织成的织物易贴在身上,如果织物的质地又比较紧密的话,身上的湿气就很难渗透过织物,令人感到闷热,身上发黏而不舒服。短纤维纱因为纤维的毛茸伸出在织物表面,减少了织物与身体皮肤的接触,便于湿气的蒸发,改善了透气性,从而穿着舒适。合成纤维长丝经过变形纱处理,可以改善穿着舒适性。

三、耐用性能

纱线的拉伸强度、弹性和耐磨性等与服装的耐用性能密切相关。纱线的耐用性能取决于纤维的强伸度、长度、线密度以及纱线的结构等因素。

　　长丝纱的强力和耐磨性优于短纤维纱。因为长丝纱中纤维的长度相同,可以同时承受外力拉伸,纱中纤维受力均衡,结构紧密,单根纤维不易断裂,所以长丝纱拉伸强力较大。长丝纱的强力近似等于所组成纤维的强度之和。短纤维纱除了与本身纤维强度有关外,还受纤维在纱线中的排列及纱线捻度强弱影响,一般短纤维纱的强度仅是单纤维强度乘以纤维根数的 $1/4 \sim 1/5$。

　　混纺纱的强度比其组成纤维中性能好的那种纤维的纯纺纱强度低,这是因为断裂伸长能力小的纤维分担较多的拉伸力,在拉伸中首先断裂,从而降低了混纺纱的断裂强度。而膨体纱的拉伸断裂强度较小,是因为纱线中两组分纤维的结构状态不同造成的,首先承受外力的轴向纤维根数较少,纤维强力不均匀,导致膨体纱的强度降低。

　　纱线的结构和性能也影响织物的弹性。当纱中的纤维可以移动,就表现为织物的弹性。反之,纤维被紧紧固定在纱中,织物就比较板硬,其弹性仅由纤维性质决定。

　　短纤维纱受外力拉伸时,纱中的纤维从卷曲状态被拉伸,一旦放松张力,又恢复到原来的卷曲状态,这就表现为纱的弹性,从而影响到织物的弹性。当纱的张力过大,纤维在纱线中发生了滑脱,即便放松张力,也回不到拉伸前的状态,纱线就失去了弹性。纱线在失去弹性前所能承受的拉力,与纤维性能和纱线结构有关。纱线捻度越大,纤维之间摩擦力大,不易被拉伸;反之,捻度减少,拉伸值增加,但拉伸恢复性降低,影响服装的保型性。

　　未经处理的化学纤维长丝纱拉伸性仅由纤维原本的拉伸性决定,因为纱中纤维一般不卷曲,所以化学纤维长丝纱织物的服装尺寸比较稳定,延伸性较小。

　　长丝纱织物容易钩丝和起球。因为长丝纱中,单根纤维断裂后,松弛的一端仍附着在纱上,纤维就会卷曲或与其他纤维纠缠成球,加上纤维强伸度较高,不易脱落,就保留在织物表面,影响服装外观。

　　短纤维纱的捻度,明显地影响纱线在织物中的耐用性。捻度太低,纱线容易松解,强度低;捻度过大,纱中内应力增加,纱线强力减低,且纱线易产生扭结,影响纱的外观和强力。所以,中等捻度的短纤维纱耐用性最好。

四、保型性能

　　纱线的结构也影响服装的保型性能。结构松散、捻度较小的纱线,防沾污能力比强捻纱差,织成的织物在洗涤过程中易受机械作用影响而产生较大的收缩和变形。

　　纱的捻度小或经纬纱的密度不平衡时,在服装穿着和洗涤过程中也容易造成纱和缝线的滑脱以及织物的变形。

　　对热敏感的纱线,在洗涤和烘干等热处理过程中,因为纤维本身弹性较小,在热处理中收缩过多,会发生明显的收缩。一些变形纱织成的织物,在服装穿着中,膝部和肘部等处易发生伸长变形。

第三节　相关标准

一、基础标准

GB/T 398—2008　棉本色纱线

GB/T 2696—2008　黄麻纱线

GB/T 5324—2009　精梳涤棉混纺本色纱线

GB/T 24125—2009　不锈钢纤维与棉混纺本色纱线

FZ/T 12002—2006　精梳棉本色缝纫专用纱线

FZ/T 12003—2006　黏胶纤维本色纱线

FZ/T 12004—2006　涤黏混纺本色纱线

FZ/T 12005—2011　普梳涤与棉混纺本色纱线

FZ/T 12006—2011　精梳棉涤混纺本色纱线

FZ/T 12007—2011　棉维混纺本色纱线

FZ/T 12008—2011　维纶本色纱线

FZ/T 12013—2005/XG1—2006　莱赛尔纤维本色纱线

FZ/T 12015—2006　精梳天然彩色棉纱线

FZ/T 12018—2009　精梳棉本色紧密纺纱线

FZ/T 12019—2009　涤纶本色纱线

FZ/T 12020—2009　竹浆黏胶纤维本色纱线

FZ/T 12021—2009　莫代尔纤维本色纱线

FZ/T 12022—2009　涤纶与黏纤混纺色纺纱线

FZ/T 12023—2011　芳纶 1313 本色纱线

FZ/T 12024—2011　靛蓝染色棉纱线

FZ/T 22003—2006　机织雪尼尔本色线

FZ/T 22004—2006　环锭纺及空芯锭圈圈线

FZ/T 22005—2008　半精纺毛机织纱线

FZ/T 32004—2009　亚麻棉混纺本色纱线

FZ/T 32005—2006　苎麻棉混纺本色纱线

FZ/T 32012—2010　气流纺亚麻棉混纺本色纱线

FZ/T 63001—2006　涤纶本色缝纫用纱线

FZ/T 71008—2008　半精纺毛针织纱线

FZ/T 71009—2011　精梳丝光棉纱线

二、测试标准

GB/T 2543.1—2001　纺织品　纱线捻度的测定　第1部分:直接计数法

GB/T 2543.2—2001　纺织品　纱线捻度的测定　第2部分:退捻加捻法

GB/T 4743—2009　纺织品　卷装纱　绞纱法线密度的测定

GB/T 3292.1—2008　纺织品　纱线条干不匀试验方法　第1部分:电容法

GB/T 3292.2—2009　纺织品　纱线条干不匀试验方法　第2部分:光电法

GB/T 9996.1—2008　棉及化纤纯纺、混纺纱线外观质量黑板检验方法　第1部分:综合评定法

GB/T 9996.2—2008　棉及化纤纯纺、混纺纱线外观质量黑板检验方法　第1部分:分别评定法

FZ/T 01086—2000　纺织品　纱线毛羽测定方法　投影计数法

FZ/T 01091—2008　机织物结构分析方法　织物中纱线织缩的测定

FZ/T 01092—2008　机织物结构分析方法　织物中拆下纱线捻度的测定

FZ/T 01093—2008　机织物结构分析方法　织物中拆下纱线线密度的测定

FZ/T 01094—2008　机织物结构分析方法　织物单位面积经纬纱线质量的测定

FZ/T 10007—2008　棉及化纤纯纺、混纺本色纱线检验规则

三、纱线标识

GB/T 8693—2008　纺织品　纱线的标示

FZ/T 10008—2009　棉及化纤纯纺、混纺本色纱线标志与包装

思考题

1. 解释下列名词术语,并说明它们的表示方法,以及与服装的关系。

(1)纱线线密度

(2)纱线旦数

(3)纱线公制支数

(4)纱线英制支数

(5)纱线捻度与捻向

(6)公定回潮率

2. 调查市场上本季流行的绒线有哪些?它们的原料、粗细及外观特征怎么样?

3. 观察市场上的服装,哪些是用花式纱线、变形纱、芯纱及其他纱线织成的织物做成的,其外观特征和效果如何?

第三章 织物结构

织物形成一般要经过两个环节：一是纤维经过纺纱工艺形成纱线；二是纱线经过织造工艺形成织物。部分织物也可由纤维直接形成织物。因此，在纤维和纱线特性的基础上，织物结构对服装的外观性能、耐用性能、舒适性能和保养性起着重要影响作用。

第一节 织物分类

根据织物生产加工方式、材料、染整工艺等的不同，服装用织物可分为如下种类。

一、按织物的生产加工方式分类

服装用织物按其生产加工方式可分为机织物、针织物和非织造织物三大类。

1. 机织物

是指以经纬两系统的纱线在织机上按一定的规律相互交织而成的织物，如图3-1所示。机织物的主要特点是布面有明显的经向和纬向，其经向与纬向垂直交织。当织物的经纬向原料、纱线粗细和排列密度不同时，织物呈现各向异性。不同的交织规律及后整理可形成不同的外观风格。机织物的优点在于结构稳定、布面平整、悬垂时无松弛现象，适合各种裁剪方法。虽然机织物的弹性不如针织物，但整理不当也会出现歪斜等缺点。

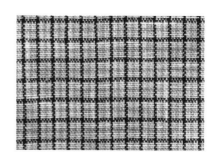

图3-1　机织物

2. 针织物

指用一根或一组纱线为原料，以纬编机或经编机加工形成线圈，再把线圈相互串套形成的织物，如图3-2所示。针织物按生产方法可分为纬编针织物与经编针织物。纬编针织物为每根纱线在一个线圈横列中形成线圈，一根纱线所形成的线圈沿织物的纬向配置。经编针织物为每根纱线在每一线圈横列中只形成一个或两个线圈，然后按一定规律转移到下一横列再形成线圈，一根纱线形成的线圈沿织物经向配置。针织物质地松软，有较大的延伸性和弹性，以及良好的抗皱性和透气性，穿着舒适，能适合人体各部位的外形。缺点是容易勾丝，尺寸较难控制。针织物适宜制作内衣、童装、运动服和休闲服。

3. 非织造织物

是以纺织纤维为原料,经过黏合、熔合或其他化学、机械方法加工而成的制品,如图 3 - 3 所示。毡类织物是早期的非织造织物,是将羊毛和其他动物毛发交错叠放,经压制与整理而成的。由于生产流程短,非织造织物具有产量高和成本低的特点,使用范围广泛且发展迅速。根据不同的产品特性,在服装上,可用来制作工业服装、医用服装及一次性卫生服装用品等,并大量用在服装衬料和垫料方面,如非织造黏合衬与絮填材料等。

图 3 - 2　针织物　　　　　　　　　　图 3 - 3　非织造布

二、按织物的组成材料分类

服装用织物按其组成材料可分为纯纺织物、混纺织物和交织物三大类。

1. 纯纺织物

由单一的纤维材料构成的织物。所使用的纤维材料性能在该织物中有充分体现。在纺织服装行业中,纯纺织物常以其使用的纤维材料来称呼,如棉织物、麻织物、丝织物、毛织物、黏胶织物、涤纶织物等。其主要特点是体现了其组成纤维的基本性能。

2. 混纺织物

由两种或两种以上纤维混纺成纱而制成的织物。混纺织物的不同纤维材料的配置可使各种纤维材料的性能优势互补,如棉与毛混纺织物、棉与涤混纺织物和涤与锦混纺织物等。

3. 交织物

是指织物经纱和纬纱原料不同,或者经纬纱中一组为长丝纱、一组为短纤维纱交织而成的织物。交织物的基本性能由不同种类的纱线决定,具有明显的经纬各向异性。其品种有丝毛交织物(经为真丝、纬为毛纱)、丝棉交织物(如线绨,经为再生纤维丝、纬为棉纱)等。

三、按染整加工工艺分

1. 原色织物

是指未经过任何染整加工,呈现纤维原色的织物。

2. 漂白织物

是以原色织物进行练漂加工而得的织物。

3. 染色织物

是指以匹染加工而得的有色织物,主要以单色为主。

4. 色织物

是指先进行纱线染色然后制成的织物。

5. 印花织物

是指在色织物或漂白布上进行印花加工的织物。由于印花方法的不同,印花织物有多种。

6. 烂花织物

以涤纶为芯,用棉、醋酸、黏胶、麻等纤维分别进行包覆的纱线织成织物,然后根据它们对酸稳定性不同的性质,上酸浆腐蚀炭化棉、醋酸、黏胶、麻等纤维,保留耐酸的涤纶,这样就成了富有立体感,透明美观的花纹。

7. 其他

除上述的染整织物外,还有轧花、发泡起花等印染方法以及树脂整理等功能性整理的织物。

此外,还有一些根据价格质地、季节、使用对象等通俗习惯分类方法。如分为高档织物、中档织物与低档织物;春夏季织物、秋冬季织物;童装用织物、女装用织物及男装用织物等。

第二节　机织物结构及特征

一、机织物组织的基本概念

机织物经纬纱线相互上下沉浮的规律称为织物组织。机织物的组织结构通常用实线图和组织图(又称意匠图)来表示。图3-4(1)为实线图,实线图是用图形描绘出经纱和纬纱在织物中的实际交织状况。组织图是把机织物结构单元的组合规律用指定的符号在小方格上表示的一种方法,如图3-4(2)所示。组织图具有概括和绘制简便的优点,利于织物组织规律的表达,方便组织的绘制以及新组织的设计。通常情况下,组织图由若干纵行和横列交叠形成的方格集合构成。纵行代表经纱系统而横列代表纬纱系统,各纵行和横列交叠形成的每个方格代表一根经纱和一根纬纱的交织状况。绘制意匠图时,以最下角第一根经纱和第一根纬纱相交的方格为起始点,经纱的排列顺序一般为从下至上,纬纱的排列顺序一般为从左至右。

1. 经(纬)组织点

在经纬纱相交处,凡经纱浮于纬纱之上称为经组织点(或经浮点),凡纬纱浮于经纱之上

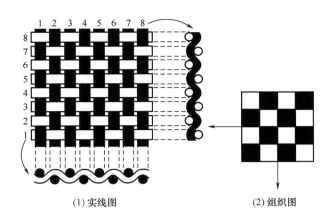

(1)实线图　　　　　　　　(2)组织图

图 3 - 4　织物结构表示方法

称为纬组织点(或纬浮点)。一般,经组织点由"▨"、"⊠"、"◉"、"■"等图形表示,纬组织点由图形"□"表示。

2. 组织循环

当经组织点和纬组织点的排列规律在织物中重复出现为一个组成单元时,该组成单元称为一个组织循环或一个完全组织。以一个组织循环为单位进行上下和左右延展,可形成整匹织物。构成一个组织循环的经纱数称为完全经纱数,用 R_j 表示。构成一个组织循环的纬纱数称为完全纬纱数,用 R_w 表示。一个组织循环的大小由组成该组织的完全经纱数和完全纬纱数决定。

3. 经面组织、纬面组织和同面组织

一个组织循环中经组织点多于纬组织点时为经面组织;纬组织点多于经组织点时为纬面组织。当经组织点和纬组织点数相等时为同面组织。

4. 浮长

凡连续浮在另一系统纱线上的纱线长度称为浮长。分为经浮长和纬浮长。

5. 飞数

在组织循环中,同一系统纱线(经纱或纬纱)中相邻两根纱线上相应的经(纬)组织点在纵向(或横向)所相差的纬(经)纱根数称为飞数。S_j 表示经向飞数,S_w 表示纬向飞数。如图 3 - 5 所示,经组织点 B 相应于经组织点 A 的飞数是 $S_j = 3$,经组织点 C 相应于经组织点 A 的纬向飞数是 $S_w = 2$。在组织循环中,飞数为常数的织物组织称为规则组织,飞数为变数的织物组织称为变则组织。

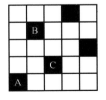

图 3 - 5　飞数示意图

二、基本组织

在组织循环中,满足下列条件的组织为基本组织:

(1)完全经纱数与完全纬纱数相等,即 $R_j = R_w$;

（2）其飞数为常数，即 S_j、S_w 为常数；

（3）每根经纱或纬纱上，只有一个经（纬）组织点，其他为纬（经）组织点。

基本组织又常称为三原组织，包括平纹组织、斜纹组织和缎纹组织，它们是各种组织的基础。

1. 平纹组织

它是所有织物组织中最简单的一种，如图 3-6 所示，其组织参数为：

（1）$R_j = R_w = 2$；

（2）$S_j = S_w = 1$。

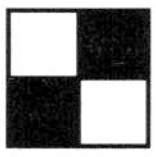

平纹

图 3-6　平纹组织

平纹组织常用分式 $\dfrac{1}{1}$ 表示，分子表示经组织点，分母表示纬组织点，称为一上一下。平纹组织的经、纬组织点数相同，为同面组织。平纹组织的经纬纱每间隔一根经纱就交织一次，故纱线上下屈曲的次数最多，任何两根相邻的经（纬）纱由于交错的纬（经）纱存在都不能靠近。平纹组织织物具有挺括、坚牢、布面平整和结构稳定的特点，平纹组织通过纱线的粗细、捻度、结构和色彩等和经纬密度的变化配置，来体现织物的不同外观效应。平纹组织在服用织物中应用极其广泛，其典型品种包括平布、府绸、帆布、派力司、凡立丁、法兰绒、纺、绉、纱、绢、薄花呢、夏布等。

2. 斜纹组织

它的特点是由经（或纬）浮长线在布面构成斜向织纹，斜纹组织的组织参数为：

（1）$R_j = R_w \geqslant 3$；

（2）$S_j = S_w = \pm 1$。

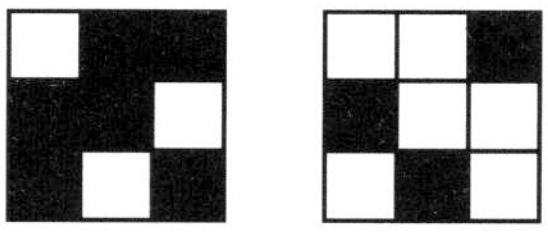

（1）$\dfrac{2}{1}$ 右斜纹　（2）$\dfrac{1}{2}$ 左斜纹

图 3-7　斜纹组织

当 $S_j = S_w = 1$ 时，斜纹为右斜纹；当 $S_j = S_w = -1$ 时，斜纹为左斜纹。斜纹倾斜角 α 定义为斜纹线与纬纱的夹角。调整经纬纱线的密度或粗细，可控制 α 的大小，当 $\alpha > 45°$ 时称为急斜纹；当 $\alpha < 45°$ 时称为缓斜纹。斜纹组织常用分式 $\dfrac{a}{b}$ 表示，称为 a 上 b 下，其中 a 为经组织点数，b 为纬组织点数，$a + b$ 为组织循环数 R。图 3-7（1）所示为二上一下右斜纹，图 3-7（2）所示为一上二下左斜纹。

斜纹组织的浮线长于平纹组织。因不交错的经（纬）纱较容易靠拢，斜纹织物较为柔软，光泽较好，但在纱线细度和密度相同的情况下，斜纹织物的强力和身骨比平纹差，为弥补强力的降低可采用增加织物密度的方法。斜纹组织在服用织物中的应用非常广泛，如：牛仔布、卡其、华达呢、哔叽、羽纱等。

3. 缎纹组织

它是使经（纬）纱在一个组织循环中尽量长而用单独的组织点将长浮线固定在织物中。各根经（纬）纱的单独组织点分布均匀，并为其两边的长浮线所"遮盖"。缎纹组织的组织参数为：

（1）$R_\mathrm{j} = R_\mathrm{w} \geqslant 5$（但不能为6）；

（2）$1 < S < R - 1$，飞数 S 为常数；

（3）R 与 S 互为质数。

缎纹组织常称为 a 枚 b 飞经（纬）面缎纹。有时也用分式 $\dfrac{a}{b}$ 表示，其中 a 为完全循环数，b 为飞数。经面缎纹是指织物正面呈现的经浮长多，而纬面缎纹是指织物正面呈现的纬浮长多。在意匠图的绘制上，经面缎纹采用经向飞数（沿经向从下往上计数），而纬面缎纹采用纬向飞数（沿纬向从左往右计数）。图3-8为五枚二飞经面缎纹的组织图。

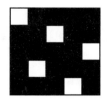

五枚二飞经面缎纹

图3-8 缎纹组织

在其他条件不变的情况下，缎纹组织循环越大，浮线越长，织物越柔软。缎纹织物平滑、光亮，但坚牢度降低。由于棉织物和毛织物的纱线较粗，常采用五枚缎纹，如棉织物的直贡采用五枚经面缎纹。横贡一般为仿丝绸的织物风格，要求织物不显斜纹，有较好的光泽和细软质地，因此多采用较细纱线和五枚纬面缎纹组织。丝织物中多用八枚缎纹，因丝织物纱线细、密度大、浮线长一些，可使织物更富有光泽，更加柔软。为使缎纹织物的光泽好，质地柔软，一般经纬纱不加强捻，但也可利用缎纹织物经面与纬面的差异，采用轻捻或无捻的经纱与强捻的纬纱（二左二右）进行织制，使织物的一面呈无光的绉纹效应，另一面呈有光的缎纹效应，如丝织物的绉缎。

三、变化组织

变化组织是在基本组织的基础上加以变化（如改变组织点的浮长、飞数、斜纹线的方向等）而派生的组织。变化组织仍保留着原组织的一些基本特征，但经过变化后已形成新的组织和织物。

1. 平纹变化组织

平纹变化组织包括经重平组织、纬重平组织、方平组织、变化经重平组织、变化纬重平组织和变化方平组织等。

（1）重平组织。是以平纹为基础，用沿着一个方向延长组织点（即连续同一种组织点）的方法而形成。沿经纱方向延长组织点所形成的组织称经重平组织。沿纬纱方向延长组织点所形成的组织称纬重平组织。经重平织物表面呈现横凸条纹，纬重平织物呈现纵凸条纹，并可借经纬纱的粗细搭配而使凸纹更为明显。当重平组织中的浮长长短不同时称变化重平组织，常用的麻纱织物即采用这种组织，如图3-9所示。$\dfrac{2}{1}$ 变化纬重平组织、$\dfrac{2}{2}$ 经重平组织和 $\dfrac{2}{1}$ 变化经重平组织为毛巾织物的地组织。

（2）方平组织。是在平纹组织上，沿着经纬方向同时延长其组织点，并把组织点填成小方块而成，如图3-10所示。方平组织的织物外观平整，质地松软。如以不同色纱和纱线原

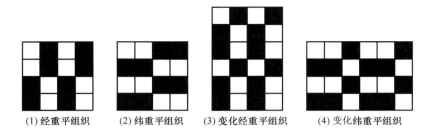

(1) 经重平组织　　(2) 纬重平组织　　(3) 变化经重平组织　　(4) 变化纬重平组织

图 3 – 9　重平组织

料,则织物表面可呈现色彩美丽、式样新颖的小方块花纹。中厚花呢中的板司呢采用方平组织,其他花呢和女式呢通常采用变化方组织。方平组织常用作各种织物的边组织。

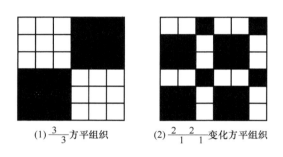

(1) $\dfrac{3}{3}$ 方平组织　　　　(2) $\dfrac{2}{1}\dfrac{2}{1}$ 变化方平组织

图 3 – 10　方平组织

2. 斜纹变化组织

斜纹变化组织在斜纹组织基础上,采用延长组织点浮长、改变组织点飞数的值或方向、或兼用几种变化方法所得到的。这种组织应用很广泛。

(1)加强斜纹组织。加强斜纹组织是在斜纹组织的组织点旁沿经向或纬向增加其组织点而成。其参数为:$R_j = R_w \geqslant 4$,飞数 $S = \pm 1$,分经面、纬面和双面斜纹三种,如图 3 – 11 所示。广泛用于棉、毛以及合成纤维等各种织物中,如哔叽、啥味呢、华达呢、卡其、麦尔登、花呢、法兰绒、大众呢、冲服呢、海军呢、女式呢等。

(2)复合斜纹组织。复合斜纹组织是联合简单斜纹和加强斜纹而成的复合斜纹,是在一个完全组织中具有两条或两条以上不同宽度的斜纹线。其参数为:$R_j = R_w \geqslant 5$,$S = 1$。图 3 – 12所示为 $\dfrac{2}{1}\dfrac{2}{3}$ 复合右斜纹组织。

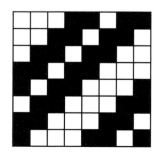

图 3 – 11　$\dfrac{2}{2}$ 加强斜纹　　　　图 3 – 12　$\dfrac{2}{1}\dfrac{2}{3}$ 复合右斜纹

此外,还有山形斜纹如图 3-13(1)、角度斜纹如图 3-13(2)、曲线斜纹如图 3-13(3)、菱形斜纹如图 3-13(4)、破斜纹如图 3-13(5)、锯齿斜纹、芦席斜纹等,其广泛应用于棉、毛、丝、化纤等织物。

(1) 山形斜纹

(2) 角度斜纹

(3) 曲线斜纹

(4) 菱形斜纹

(5) 破斜纹

图 3-13 不同的斜纹变化组织

3. 缎纹变化组织

缎纹变化组织多采用增加经(或纬)组合点、变化组织点飞数或延长组织点的方法而形成。

(1)加点缎纹组织。以缎纹组织为基础,在其单个经(或纬)组织点四周添加单个或多个经(或纬)组织点而形成,图3-14所示为十一枚七飞纬面加点缎纹。织物若配以较大经密,就可得到正面呈斜纹而反面呈经面缎纹的外观,即"缎背",如缎背华达呢、驼丝锦等。

(2)变则缎纹组织。原组织中飞数不变的缎纹组织称为正则缎纹;飞数为变数(即有两个以上的飞数),但仍保持缎纹外观的缎纹组织称为变则缎纹。这就可以不受$R \geqslant 5$、$R \neq 6$等限制条件,但在配置组织点时要均匀分布,避免出斜条。图3-15所示为六枚变则经面缎纹,飞数S_i为4、3、2、2、3。变则缎纹组织一般用于顺毛大衣呢或女式呢、花呢等,但不如加点缎纹应用广泛。

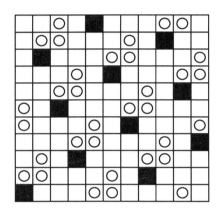

图3-14　加强缎纹

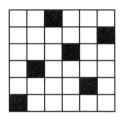

图3-15　变则缎纹

四、联合组织

联合组织是将两种或两种以上的组织(原组织或变化组织)用不同的方法联合而成的新组织。在织物表面可呈现几何图案或小花纹效应。按照不同的联合方式可获得多种不同的联合组织,其中有特定外观并应用较广泛的有如下几种组织。

1. 条格组织

是用两种或两种以上的组织沿织物的纵向(构成纵条纹)或横向(构成横条纹)并列配置而成,能使织物表面呈现清晰的条纹外观。纵条纹组织在棉、毛、丝织物中应用较多,横条纹组织较少单独应用。把纵条纹和横条纹结合起来,则构成格组织,如图3-16所示。

2. 绉组织

是使织物表面形成绉效果的织物组织,如图3-17所示。利用织物组织中不同长度的经、纬浮长(一般不超过3),沿纵横方向随机交错排列,结构较松的长浮点分布在结构较紧的短浮点之间,在织物表面形成分散性的细小颗粒花纹,形成起绉效果。如采用强捻纱线织制,可加强织物的起绉效果。各种绉组织多以一个或多个简单的组织为基础,然后将这些组织应用旋转、重叠、加组织点或重新调整组织中的经、纬纱线的次序等方法构成。绉组织织物表面不能有明显的斜纹、条子或其他规律的纹路,浮长不能过长和过于集中。不同的浮长配置得越错综复杂,起绉效应越好。

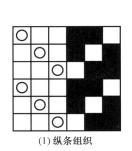

(1) 纵条组织

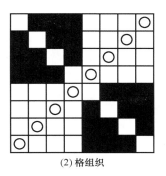

(2) 格组织

图 3 - 16　条格组织

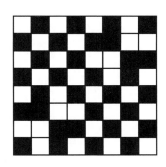

图 3 - 17　绉组织

3. 蜂巢组织

其主要风格特征是经纬纱的浮长均较长,从而在布面呈现菱形的凹凸立体,形似蜂巢形状,如图 3 - 18 所示。蜂巢组织织物质地松软,吸水性好,丰厚柔润,但穿着中易勾丝。蜂巢组织织物以漂白、色织为多,亦有印花产品,适用于做女外衣、童装等。

4. 凸条组织

又称灯芯条组织,如图 3 - 19 所示。凸条表面呈现平纹或斜纹组织,由于反面的纬浮长线互相靠拢、紧缩,而使平纹组织拱起形成纵向凸条。凸条之间有细的凹槽,使织物外观具有经向的、纬向的或倾斜的凸条效果。浮长一般不少于 4 个组织点,否则凸条纹不明显;而浮长太长则质地松软,缩水率也太大。这种组织常用于棉灯芯布、色织女线呢、低弹长丝和中长仿毛织物、凸条毛花呢等。

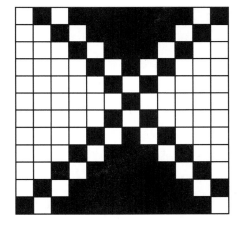

图 3 - 18　蜂巢组织

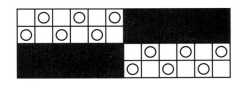

图 3 - 19　灯芯条组织

5. 透孔组织

透孔组织与复杂组织中的纱罗组织类似,故又称“假纱罗组织”或“模纱组织”,图 3 - 20 所示的透孔组织是以平纹与 $\frac{2}{3}$ 重平组织联合而成,其中经纱 3 与 4、6 与 1,由于经纬组织点相反,不易互相靠拢。而在第二与第五根纬纱浮线的作用下,第1、第3根经纱向第2根靠拢,第4、第6根经纱向第5根靠拢。由此在第3与第4根经纱及第6与第1根经纱之间形成纵向的缝隙。同理,在第三与第四根纬纱及第六与第一根纬纱之间形成横向缝隙。这样就使织物表面出现了孔眼。透孔组织织物适用于制作夏令服装,如涤纶长丝的安源绸、似纱绸、薄花呢等。

此外,联合组织还有网目组织、平纹地小提花组织等。

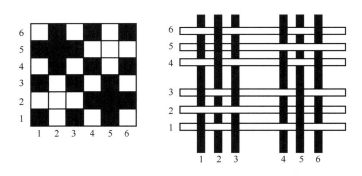

图3-20　透孔组织

五、复杂组织

复杂组织是由一组经纱与两组纬纱或两组经纱和一组纬纱构成,或由两组及两组以上经纱与两组及两组以上纬纱构成。复杂组织种类繁多,各种原组织、变化组织和联合组织都可成为复杂组织的基础组织。复杂组织主要有:双层组织(包括管状组织、双幅织物组织或多幅织物组织、表里换层组织、使用各种不同接结法的双层组织)(图3-21)、经(纬)二重组织(图3-22)、经(纬)起毛组织、毛巾组织和纱罗组织等。这种组织结构能增加织物的厚度而表面密致,改善织物的透气性并且结构稳定,织物表面致密、质地柔软,耐磨性好。

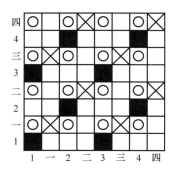

■ 表经经组织点

□ 里经经组织点

⊠ 织里纬时表经提起的组织点

图3-21　双层组织

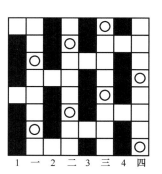

■ 表经经组织点

□ 里经经组织点

图3-22　二重组织

第三节 针织物结构及特征

一、针织物组织概述

(一)针织物组织的基本概念

针织物内纱线被弯成线圈,按一定的规律,一行行的线圈相互套串,形成各种针织物组织。针织物根据生产方式不同,可分为纬编和经编两种方式。按线圈结构形态及其相互间的排列方式可分为基本组织、变化组织和花色组织。

针织物的基本单元是线圈,如图3-23(1)所示,纬编针织物的线圈为开口线圈;图3-23(2)所示经编针织物的线圈为开口线圈和闭口线圈两种。在针织物中,线圈按横向连接的行列称为线圈横列,线圈沿纵向串套的行列称为线圈纵行。按线圈横列方向,两个左右相邻线圈对应点间的距离A称为圈距;按线圈纵行方向,两个上下相邻线圈对应点间的距离B称圈高。

每个线圈由圈柱和圈弧两部分组成。如图3-23(1)所示,1→2和4→5表示为线圈圈柱;2→3→4和5→6→7表示为线圈圈弧。由线圈圈柱覆盖圈弧的一面称为针织物的正面;由线圈圈弧覆盖圈柱的一面称为针织物的反面。一面为正面线圈而另一面为反面线圈的针织物称为单面线圈;正面和反面线圈混合分部在同一面的针织物称为双面针织物。

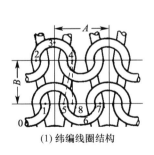
(1) 纬编线圈结构

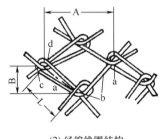
(2) 经编线圈结构

图3-23 线圈结构

(二)纬编针织物组织的表示方法

1. 线圈图

用图形描绘出线圈在织物内的形态为线圈图,如图3-23所示。线圈图可直观地看出针织物结构单元的形态及其在织物内的连接与分布情况。有利于研究织物的结构和编织方法,但仅适用于较为简单的组织,较复杂和大型花纹绘制较难。

☒ 成圈
□ 浮线

图 3 - 24　针织物意匠图

2. 意匠图

意匠图是把针织物结构单元的组合规律用指定的符号在小方格上表示的一种方法,如图 3 - 24 所示。

3. 编织图

编织图是将针织物的横断面形态按编织顺序和织针的情况用图形表示,如图 3 - 25 所示。

(三)经编针织物组织的表示方法

1. 线圈图

线圈图又叫线圈结构图。可以清晰直观地反映经编针织物的线圈结构和导纱针的运动情况,但表示与使用不方便。

2. 垫纱运动图

垫纱运动图是在点纹纸上根据导纱针的垫

编织方法	下针	上针
成圈		
集圈		

图 3 - 25　针织物编织图

纱运动规律自下而上逐个横列画出其垫纱运动轨迹,如图 3 - 26 所示,点纹纸上每个小点代表一枚针的针头,小点的上方代表针前,小点的下方代表针后。横向的一排点代表经编针织物的一个线圈横列,纵向的一排点代表经编针织物的一个线圈纵行。

3. 垫纱数码

垫纱数码又称垫纱数字记录或组织记录,以数字顺序标注针间间隙的方法来表示经编组织。数字排列的方向与导纱梳栉横移机构的位置有关,如图 3 - 27 所示,GB1 代表一把梳栉,横线连接的一组数字表示横列导纱针在针前的横移方向和距离,在相邻的两组数字中,第一组的最后一个数字与第二组的起始数字表示梳栉在针背的横移情况。

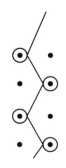

图 3 - 26　垫纱运动图

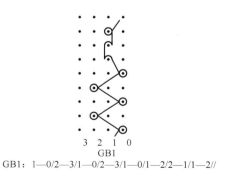

3 2 1 0
GB1
GB1: 1—0/2—3/1—0/2—3/1—0/1—2/2—1/1—2//

图 3 - 27　垫纱数码

二、基本组织

基本组织是由线圈以最简单的方式组合而成,包括纬编的平针、罗纹和双反面组织以及经编的编链、经平和经缎组织等。

1. 纬平针组织

它是由连续的单元线圈单向相互串套而成的单面纬编针织物。如图 3 - 28 所示,纬平针织物的两面具有不同外观,正面呈圈柱构成的"V"形外观,反面呈圈弧横向连接的波纹状外观。纬平针组织结构简单,表面平整;纵横向有较好的延伸性,且横向比纵向更好;手感柔软,透气性好。但可沿织物横列和纵行方向脱散;有时还会产生线圈歪斜;织物两面受力不平衡导致较严重的卷边性,纬平针组织在服装上的应用非常广泛,如内衣、毛衫等。

2. 纬编罗纹组织

是由正面线圈和反面线圈纵行以一定组合(如 1 + 1,2 + 2,3 + 2 等)相间配制而成的双面纬编针织物。如图 3 - 29 所示,纬编罗纹组织的横向具有较大的弹性和延伸性,顺编织方向不能脱散,无卷边性。常用于要求较高弹性的内外衣,以及袖口、领口和裤口等部位。由罗纹组织派生的变化组织和复合组织广泛应用于毛衫、针织内衣和针织外衣。

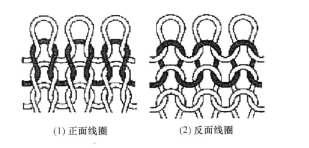

(1) 正面线圈　　　　(2) 反面线圈

图 3 - 28　纬平针组织

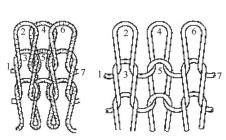

图 3 - 29　纬编罗纹组织

3. 双反面组织

是由正面线圈横列和反面线圈横列以一定的组合(1 + 1,2 + 2,2 + 3 等)相互交替配制而成的双面针织物。如图 3 - 30 所示,当线圈处于松弛平衡状态时,该组织的正反面都呈现反面横列的外观,将正面线圈都覆盖着。双反面组织的针织物比较厚实,具有纵、横向弹性与延伸性相近的特点,因而适用于婴儿服装、袜子、手套、毛衫、头巾等成形针织品。卷边,但都能脱散。它上、下边不同组合的反面组织会产生卷边和横凸条效应。

4. 编链组织

每根纱线始终在同一枚针上垫纱成圈的组织。如图 3 - 31 所示。编链组织每根经纱单独形成一个线圈纵行,纵向延伸性小,一般用它与其他组织复合织成针织物,可以限制纵向延伸性和提高尺寸稳定性,常用于外衣和衬衫类针织物。

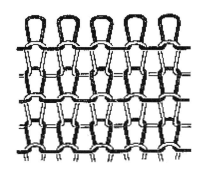

图 3 - 30　双反面组织

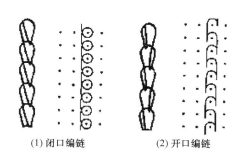

(1) 闭口编链　　　(2) 开口编链

图 3 - 31　编链组织

5. 经平组织

每根经纱在相邻两枚织针上交替垫纱成圈的组织。由两个横列组成一个完全组织。如图 3 - 32 所示，线圈呈倾斜状，具有一定的纵、横向延伸性。线圈平衡时垂直于针织物的平面内，因而坯布两面的外观相似。它卷边性不显著，逆编织方向可以脱散。经平组织常与其他组织复合，广泛用于内、外衣、衬衫等针织物中。

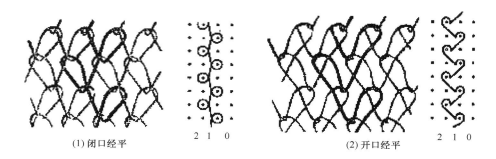

(1) 闭口经平　　2 1 0　　　　　　(2) 开口经平　　2 1 0

图 3 - 32　经平组织

6. 经缎组织

每根经纱顺序地在 3 枚或 3 枚以上的织针上垫纱成圈，然后再顺序地返回原过程中逐针垫纱成圈而成的组织。如图 3 - 33 所示，由于不同方向倾斜的线圈横列对光线反射不同，织物表面形成横向条纹。经缎组织线圈形态接近于纬平针组织，因此其卷边性及其他一些性能类似于纬平组织。由于不同方向倾斜的线圈横列对光线反射不同，因而在织物表面形成横向条纹。断纱时，它会逆编织方向脱散。经缎组织与其他组织复合，可得到一定的花纹效果。它常用于外衣织物。

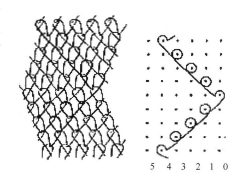

5 4 3 2 1 0

图 3 - 33　经缎组织

三、变化组织

1. 双罗纹组织

它是由两个罗纹组织交叉复合而成,如图3-34所示,即在一个罗纹组织的反面线圈纵行上配置另一个罗纹组织的正面线圈纵行,故织物正反面都显示为正面线圈。双罗纹组织俗称棉毛布,具有厚实、柔软、保暖性好、无卷边、抗脱散性较好,并有一定弹性等特点,广泛用于内衣和运动衫裤。当采用涤纶低弹变形丝时,双罗纹组织的针织物既挺括又有一定的悬垂性、抗勾丝性,且结构稳定,适用于外衣面料。它广泛用于复合组织的地组织。

2. 经绒组织

它是由每根经纱轮流在相隔两枚针的织针上垫纱成圈而成。如图3-35所示,由于线圈纵行相互挤住,其线圈形态较平整;卷边性类似纬平针组织,横向延伸性较小,逆编织方向脱散,抗脱散性较优于经平组织。经绒组织广泛用于内衣、外衣、衬衫等。

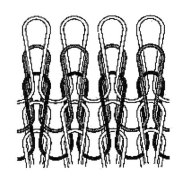
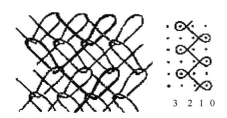

图3-34　双罗纹组织　　　　　　图3-35　经绒组织

3. 经斜组织

由每根纱线轮流在相隔3枚针的织针上垫纱成圈而成。如图3-36所示,其延展线长,横向延伸性小。经斜组织是由每根经纱轮流在相隔3枚针的织针上垫纱成圈而成。经斜组织除具有3针经平组织的特点之外,且其延展线外观有如纬平针织物的线圈圈柱,因此常将其反面朝外使用。经斜组织与其他组织织成的2梳、3梳或4梳经编织物,广泛用于外衣面料。

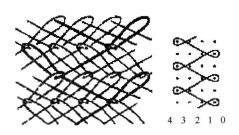

图3-36　经斜组织

四、花色组织

花色组织是以基本组织或变化组织为基础,利用线圈结构的改变,或另外编入一些辅助纱线和其他纺织原料而成。花色组织包括提花组织、集圈组织、添纱组织、衬垫组织、衬纬组织、毛圈组织、长毛绒组织、波纹组织、网眼组织、衬经衬纬组织等,如图 3 - 37 所示。这些组织都广泛用于服装面料和衬料。

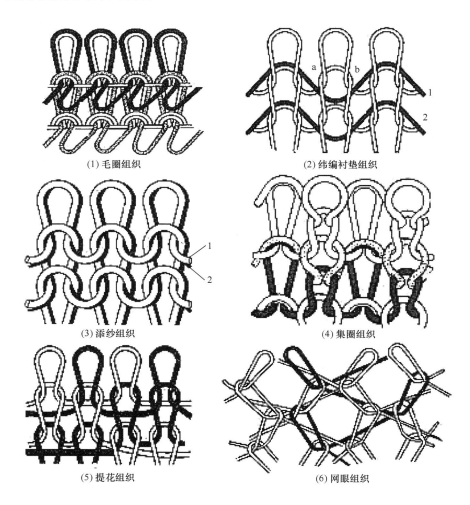

(1) 毛圈组织　　　　　　　　(2) 纬编衬垫组织

(3) 添纱组织　　　　　　　　(4) 集圈组织

(5) 提花组织　　　　　　　　(6) 网眼组织

图 3 - 37　各种花色组织

五、复合组织

复合组织是由两种或两种以上纬编组织复合而成。它可以由不同的基本组织、变化组织、花色组织复合而成。常用的复合组织包括双层组织、空气层组织和点纹组织等。

1. 双层组织

是指针织物的正反面两层分别织以平针组织,中间采用集圈线圈做连线。双层组织的正反面可由两种原料织成,分别发挥其优点。如用途较广泛的涤盖棉针织物,涤纶织在正面,使针织物具有强度高、挺括、耐磨、色泽鲜艳、保形性好等优点;棉纱织在反面,具有平整柔软、吸湿性好等优点。双层组织广泛应用于运动服装。

2. 空气层组织

是指在罗纹或双罗纹组织基础上每隔一定横列数织以平针组织的夹层结构。典型的罗纹空气层组织为米拉洛罗纹组织。广泛用于毛衫下摆边组织。空气层组织具有挺括、厚实、紧密、平整、横向延伸性小、尺寸稳定性好等特点,在内衣、毛衫、童装中广泛应用。

3. 点纹组织

它是由不完全罗纹组织与平针组织复合而成。根据成圈顺序不同可分为瑞士点纹和法式点纹。一个完全组织由四路成圈系统编织而成。瑞士点纹组织结构紧密,横密大,纵密小,延伸小,表面平整;法式点纹组织横密变小,纵密增大,表面丰满,用于生产 T 恤衫、休闲服等。

第四节　非织造布结构及特征

一、非织造布概述

1. 基本结构特点

非织造布也叫无纺布或不织布,是指定向或随机排列的纤维通过摩擦、抱合、黏合或这些方法的组合而制成的片状物、纤网或絮垫。非织造布所用的纤维可以是天然纤维或化学纤维,可以是短纤、长丝或即时形成的纤维状物。非织造布的真正内涵是不织,也就是说它是不经过纺纱和织造而制成的布状产品。从结构特点上讲,非织造布是以纤维的形式存在于布中的,而不同于纺织品是以纱线的形态存在于布中,这是非织造布区别于纺织品的主要特点。

2. 非织造布的分类

非织造布按不同的分类方法分为很多种类:按厚薄分为厚型非织造布和薄型非织造布;按使用强度分为耐久型非织造布和用即弃非织造布(即使用一次或几次就抛弃);按应用领域分为服装制鞋用非织造布、医用卫生保健非织造布、装饰用非织造布和其他非织造布;按加工方法分为干法非织造布、湿法非织造布和聚合物直接成网法(也称螺杆挤压法)非织造布。非织造布分类如图 3-38 所示。

二、非织造布的生产工艺

非织造布的生产工艺一般由四个环节组成:纤维准备、纤维成网、纤维网结合和后处理。纤维准备由开松、除杂、混合、成卷和气流输送等工序组成;纤维成网根据产品性质和定重要求选定,有干法、湿法、纺丝、喷熔等成网方法;纤维网结合有黏合、缝编、针刺等主要工艺方

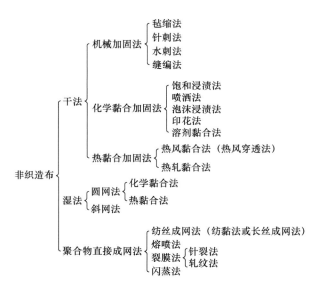

图 3 – 38 非织造布的分类

法;后处理是指烘燥、定型、后加工、染色、印花、扎花、涂层等。图 3 – 39 所示,为非织造布的生产工艺流程。

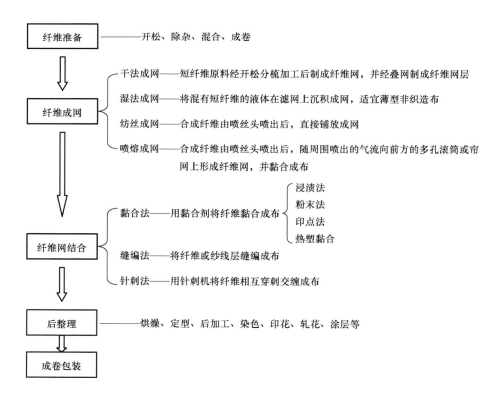

图 3 – 39 非织造布生产工艺流程

三、非织造布的服装应用

非织造布的制造工艺流程较传统织物简单,产量高,成本低,随着非织造布的生产技术不断发展与完善,非织造布在服装方面应用越来越广泛主要有以下几方面:

(1)"用即弃"衣裤料。手术服、内裤等。

(2)外衣面料。有缝编衬衫料、缝编儿童裤料、针刺呢等。

(3)仿皮革料。缝编仿毛皮、仿山羊皮、仿麂皮、合成面革、合成绒面里子革。

(4)絮片。热熔絮棉、喷浆絮棉。

(5)衬里料。热熔衬、肩衬、胸衬、鞋衬、帽衬等。

目前使用的非织造布,外观缺少艺术感,没有机织物和针织物那种吸引人的织纹,而且在悬垂性、弹性、强伸性、不透明度、质感等方面,也同服装用布的要求有一定距离。所以非织造布尚不能完全取代传统纺织品。

第五节　新型织物

一、三线新型织物

美国杜邦公司应用交替变换加工技术制造既不是针织,也不是机织的三线新型织物。这种织物改变了服装结构,多种款式与莱卡的活动自如性相结合。并且改革了加工技术,例如超声熔接合毛边。各种厚薄不同的产品可制作从外衣到泳装等的男装、女装和童装等。

二、新型经编间隔结构织物

经编间隔织物是由双针床拉舍尔经编机生产的一种三维立体织物。由两个系统的表层纱线或单丝和一个系统的间隔纱线或单丝,即三个系统的纱线或单丝编织而成。间隔系统通常使用合成纤维单丝,也可使用纱线,称为间隔丝(纱)。间隔丝(纱)贯穿于两个表层之间,在其间形成一个间隔层,因此,该织物具有表层结构和间隔层结构,而间隔层结构是该织物的特殊之处,与泡沫材料中的微小孔隙不同,经编间隔织物的间隔空间是由众多单丝或纱线在沿垂直织物的方向上按一定规律支撑起来的空间。经编间隔织物的多层结构也不同于普通的用黏合剂黏合在一起的层合织物,经编间隔织物的层与层之间是用单丝或纱线连接在一起的。这种特殊的空间结构赋予了该织物很多特殊的性能,因而被广泛应用于各个领域。经编间隔织物的表层结构可根据织物的不同用途、不同性能要求编织成各种不同的结构。

间隔层起连接织物两个表层并间隔一定距离的作用,决定了经编间隔织物的特殊性能,所以它必须具有一定的硬挺性和稳定性,避免间隔纱在两表层间倒伏。因此,间隔纱应具有一定的刚度,一般要采用单丝编织,其细度视间隔层的厚度而定。为了使间隔层更趋稳定,可在间隔层中引入衬经纱和衬纬纱,充实间隔层中的空隙。引入的衬经纱和衬纬纱还可与间隔纱互相交织,使结构更加稳定。其次可以根据不同的用途及性能要求,灵活选择不同性能、种类、结构的纱线或单丝做间隔层。

经编间隔结构织物具有抗压弹性、透气性、透湿性、吸音隔音性、环保和结构整体性等特性,广泛用文胸罩杯、运动服、安全防护服等。

三、经向联合组织织物

所谓"经向联合组织",是指多个经纱循环数相同或成整数倍的独立组织沿经向进行组合所形成的联合组织。它是通过改变织物的纹板图(即提综顺序)来改变织物的组织结构,这比沿纬向进行多个组织的组合优点更多,由于经向联合组织是沿经向进行多个组织的组合,因此其织物图案沿经向叠加,一个独立组织即是一个横向条纹带。也可根据需要将横向条纹带改成竖向条纹带,具有结构新颖奇特的特点。

四、3D 立体机织物

3D 立体机织物由三组相互垂直的纱线组成,三组纱线分别是经纱、纬纱和接经纱。各纱线在立体织物中始终保持近似直线状态,经向和纬向分别是织物的长度和宽度方向。经纱根据在织物中的屈曲程度可分为接经纱、填经纱和面纱。接经纱屈曲程度比边纱高,在厚度方向以90°分布在经纱和纬纱之间(纬纱紧密排列),在织物表面转向;填经纱呈直线状;面纱呈波浪状如平纹交织经线状(在织物上下层表面)。3D 立体机织物是整体化连续纤维的集合体,由于织物层间有纱线连接,增强了层间的强度和刚度,从而使厚度方向上的性能得到了很大改善。3D 机织复合材料的另一个重要优点是其具有很好的防弹、抗冲击性能和低速耐冲击性能。

第六节　相关标准

一、基础标准与产品标准

GB/T 8683—2009　纺织品　机织物　一般术语和基本组织的定义

GB/T 24251—2009　针织　基本概念　术语

GB/T 22860—2009　丝绸(机织物)的分类、命名及编号

GB/T 406—2008　棉本色布

GB/T 5325—2009　精梳涤棉混纺本色布

GB/T 14310—2008　棉本色灯芯绒

GB/T 14311—2008　棉印染灯芯绒

GB/T 20039—2005 涤与棉混纺色织布

FZ/T 13002—2005 棉本色帆布

FZ/T 13004—2006 黏纤纤维本色布

FZ/T 13005—2009 大提花棉本色布

FZ/T 13006—2006 涤黏混纺本色布

FZ/T 13007—2008 色织棉布

FZ/T 13008—2009 棉经本色平绒

FZ/T 13012—2006 普梳涤与棉混纺本色布

FZ/T 13014—2005 棉维混纺本色布

FZ/T 13018—2005 莱赛尔纤维本色布

FZ/T 13019—2007 色织氨纶弹力布

FZ/T 13021—2009 棉氨纶弹力本色布

FZ/T 33002—2003 苎麻本色布

FZ/T 33004—2006 亚麻色织布

FZ/T 33005—2009 亚麻棉混纺本色布

FZ/T 33006—2006 苎麻棉混纺本色布

FZ/T 33011—2006 亚麻黏胶混纺本色布

FZ/T 33012—2009 大麻本色布

GB/T 22847—2009 针织坯布

GB/T 22848—2009 针织成品布

GB/T 23326—2009 不锈钢纤维与棉涤混纺电磁波屏蔽本色布

二、测试标准

FZ/T 01090—2008 机织物结构分析方法 织物组织图与穿综穿筘及提综图的表示方法

FZ/T 01091—2008 机织物结构分析方法 织物中纱线织缩的测定

FZ/T 01093—2008 机织物结构分析方法 织物中拆下纱线线密度的测定

FZ/T 10004—2008 棉及化纤纯纺、混纺本色布检验规则

三、标识标准

FZ/T 10009—2009 棉及化纤纯纺、混纺本色布标志与包装

思考题

1. 解释织物组织与服装的关系。

2. 试说明下列各组织物的区别：

（1）纯棉织物、纯化纤织物、混纺织物和交织物

（2）机织物、针织物和非织造织物

3. 市场调查并收集 10 个中外名牌服装的示明标注，并分析它们的面料结构特点及其与外观、手感、风格的关系。

第四章 服装面料印染与整理

　　我们的着装多姿多彩,颜色主要来源于大自然的馈赠。它体现了人们各种各样的思想、情感、趣味等诉求。服装材料经过织造后主要产品是坯布,它需要经过染色、印花及其他一些相关的特殊加工,如防护整理、光泽整理等才能成为服装用的面料。服装面料的外观、风格与性能,除受纤维原料种类、纱线、织物结构的影响外,织物的印染和后整理也起着非常重要的作用。

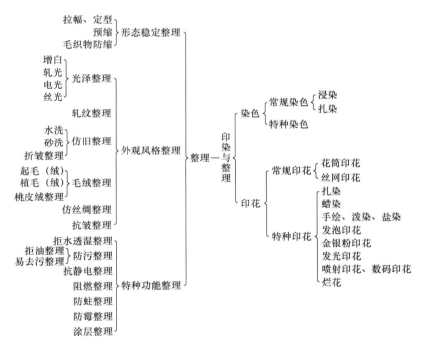

图 4 - 1　服装材料常见的印染与整理

第一节　服装材料的颜色

一、色彩的寓意

　　颜色是服装构成的要素,是人们着装时的重要表达内容。人们在与大自然的接触过程中,接受自然的馈赠:颜色。人们用颜色与图案表示着生活中的喜怒哀乐,颜色成为诉说生活的趣味与审美,表4-1列出了色彩的寓意。

表4-1　色彩的关联物及其寓意

颜色	关联物	寓意
红色	太阳、火焰、鲜血、辣椒、红旗	热情、革命、爱情、喜悦、幼稚、青春、朝气、积极、活力、新鲜、温暖、鲜艳、兴奋、活泼、冲动、愤怒、喜悦、幸福、热心、热辣、跳跃、张扬、燥热、喜庆、激烈、炫丽、奔放、热烈、奔放、朝气、欢庆、健康、愤怒、鲜艳、世俗、妖媚
黄色	柠檬、银杏、向日葵、星星、灯光	希望、光明、快活、轻快、明快、鲜明、鲜艳、朝气、喜悦、富贵、轻薄、高贵、威严、刺激、醒目、发展、欢喜、和平、愉悦、安全、温馨、阳光、热情、温暖、隆重、华丽、典雅、高贵、成熟、灿烂、荣耀、财富、权利、朝气、希望、快乐、喜悦、富贵、轻薄、未成熟
绿色	初春、草原、嫩叶	成长、永久、自然、青春、健康、新鲜、安静、凉爽、清新、安慰、平静、稳健、公平、纯情、和平、开朗、活力、年轻、环保、春天、畅想、神秘、亲切、希望、自然、成长、凉爽
黑色	夜色、乌鸦、煤炭	沉默、严肃、悲哀、昂贵、冷峻、沉着、厚重、陈旧、古典、理性、坚实、精密、豪华、含蓄、沉稳、神秘、稳重、冷静、深邃、端庄、老年、古典、不吉利、悲哀、绝望、空洞
白色	云、雪、天鹅、护士、奶油、冰山	纯真、神圣、冷清、纯洁、天真、纯粹、清净、明快、神圣、轻薄、整洁、舒适、永恒、欢喜、明快、朴素、清楚、干净、清新、淡雅、轻扬、优雅脱俗、冬季、神圣、虔诚
灰色	水泥、石头、老鼠	平凡、谦恭、谦逊、低调、中性、高级、和平、中庸、温顺、温和、谦让、理性、含蓄、沉稳、亲切感、不自信、多愁善感、吝啬、内向
紫色	葡萄、薰衣草、傍晚的夜空	高贵、优雅、高贵、细腻、神秘、浪漫、孤独、魔力、时尚、奇特、傲慢、梦幻、幻想、优雅、不安定、吸引力
蓝色	天空、海洋、水、青山	沉着、沉静、深邃、平静、理智、青年、寂寞、冷淡、阴郁、诚实、真实、遥远、高深、磊落、真实、理智、冷静、纯洁、宽广、开朗、清新、凉爽、文静、清澈、淡雅

表4-1是以我国人群为样本进行测试所获得的,不同的民族对颜色会有不同的表达意义,也会有不同的颜色禁忌。

二、颜色的名称

色彩的种类繁多,正常人眼可分辨的颜色种类可达几十万种以上,而用测色器则可以分辨出一百万种以上的颜色。为了正确的表达和应用色彩,每种色彩都用一个名称来表示,这种方法叫色名法,色名法有自然色名法和系统化色名法两种。

1. 自然色名法

用自然界景物色彩命名的方法称为自然色名法。使用自然景色、植物、动物、矿物色彩,例如:海蓝色,宝石蓝,栗色,橘黄色,象牙白,蛋青色等。

2. 系统色名法

系统化色名法是在色相加修饰语的基础上,再加上明度和纯度的修饰语。通过色调的倾向以及明度和纯度的修饰。国际颜色协会(ISCC)和美国国家标准局共同确定并颁布了267个适用于非发光物质的标准颜色名称(简称ISCC-NBS色名)。

第二节　服装材料印染

印染是将染料或色浆与纤维发生物理或化学结合,使服装面料上色的加工过程,使纺织品或服装成为有色物体。印花实际上只是一种局部的染色过程,它们的基本原理是一样的。印染产品除要求色泽均匀外,还要求具有良好的色牢度,如耐皂洗、耐日晒、耐摩擦等,染色牢度主要取决于染料本身的化学结构,其次是染色方法和工艺条件。

一、染料与浆料

(一)染料

染料一般是有色的有机化合物,大多能溶于水,或通过一定化学试剂处理能转变成可溶于水的物质。服装材料染色的染料根据来源可分为天然染料和合成染料两种。

1. 天然染料

天然染料来自于自然界的有色物质,是从植物的根、茎、叶及果实中提取出来的,如靛青、茜红、苏木黑等,称为植物性染料;从动物躯体内提取的胭脂等,为动物性染料;从矿物中提取的铬黄、群青等,叫做矿物性染料。天然染料虽然发现很早,但由于色谱不全,染色牢度不够理想等缺点,所以现在使用的范围在逐步缩小。近几年,由于人们越来越重视生态环境,回归自然,所以现又重视对天然染料的研究。

2. 合成化学染料

合成化学染料是以碳素分子为中心的化合物。合成染料品种很多,不同染料适用于不同纤维的染色,不同染料又具有不同的染色牢度与染色工艺。各类染料的性能及其应用范围见表4-2。

表4-2　各类染料的性能及其应用范围

染料名称	染色性能	应用范围
直接染料	应用方便、易于掌握、价格低廉、色谱齐全、色泽鲜艳,但染色牢度不够理想	纤维素纤维、羊毛、蚕丝、皮革
酸性染料	易溶于水,色泽鲜艳,色谱齐全,工艺简便。但水洗牢度和日晒牢度较差	强酸性染料主要用毛类染色;弱酸性主要用于染蚕丝、皮革
活性染料	牢度好,色谱多,色泽鲜艳,匀染性好,使用方便,成本低廉	纤维素、蛋白质纤维和皮革的染色

续表

染料名称	染色性能	应用范围
还原染料	此类染料不溶于水,染色时需加烧碱和还原剂(保险粉)使其溶解成隐色体后,才能上染纤维,然后经过氧化才显出真实的色泽。色牢度好,耐洗又耐晒,但价格较贵,工艺繁琐	纤维素纤维(如传统的牛仔裤及云南的蜡染布即用此类染料)
酸性媒介染料	此类染料染色时必须通过媒染剂才能完成染色过程,可得到较好的皂洗及日晒牢度,但颜色不如酸性染料鲜艳,适合深色的染色	羊毛或皮革
中性染料	色谱齐全,色泽特点同酸性媒染染料,耐高温性好,色牢度较好,但颜色不够鲜艳,适合于染中、深色	全毛产品,也适用于毛/锦、毛/涤等混纺产品
碱性染料 (阳离子染料)	着色能力强,色泽鲜艳,牢度好	腈纶
分散染料	基本不溶于水,染色时依赖分散剂的作用,使染料在染浴中分散成细小的悬浮颗粒状态,并借高温或载体的作用,使染料渗入纤维	涤纶、醋纤维、锦纶和维纶等
不溶性偶氮染料 (冰染料)	色泽鲜艳,色谱齐全,水洗牢度和日晒牢度很好。染淡色时色泽不够丰满、染色工艺较复杂	浓艳的深色棉织物

(二)色浆

色浆是使织物产生印花效果的浆料。色浆由染料、原糊、化学药剂及水组成。印花所用的染料基本上与染色相同,有些面积较小的图案可用涂料(颜料)。此外还有印花专用的快色素、快胺素、快磺素等染料。在同一织物上可以选用不同类型的染料从而印出各色图案。

(三)颜料

另一类上色的物品是颜料,它是不溶于水的有机或无机色料,其对纤维的上染必须依靠黏合剂,将颜料机械地黏在纤维制品的表面。颜料加黏合剂或添加其他助剂调制成的上色剂称为涂料色浆,如在美术用品商店出售的织物手绘颜料即属此类。涂料染色近年来应用日趋广泛,因为它适用于各种纤维的上色,且色谱齐全,色泽鲜艳,工艺简单,污染小等。

二、印染方式

根据染色加工的对象不同,染色方式可分为织物染色、纱线染色、散纤维染色及织物印花和特种印花。其中织物染色和印花应用最广,纱线染色多用于色织物和针织物,散纤维染色则主要用于混纺或厚密织物的生产,以毛纺织物为主。

三、印染

(一)染色

染色是借助于染料与纤维发生物理化学或化学反应,使纺织品成为有色物体的过程。在此过程中,染浴中的染料被纤维吸附,并逐渐扩散进入纤维内部,使染料从染浴向纤维转移,故又称上染。染色是在一定的温度、时间、pH 值及所需染色助剂等工艺条件下进行的。纤维不同,其适用的染料和适应的工艺条件也不同。

服装材料是纤维构成的,所以影响染色性能的主要因素是纤维,由于各类纤维的组成和结构各不相同,对染料的适应性也不相同。即使是同类纤维制品,由于所需的染色色泽、染色牢度和染色成本不同,可选用的染料类别也是不同的。见表 4 – 3。

表 4 – 3　染料对纤维制品的适应性

纤维类别	可选用染料类别
纤维素纤维及其制品	直接染料、活性染料、还原染料、不溶性偶氮染料
羊毛及其制品	酸性染料、酸性媒介染料
蚕丝及其制品	酸性染料、酸性媒介染料、直接染料、活性染料
醋酸纤维及其制品	分散染料
涤纶纤维及其制品	分散染料
锦纶纤维及其制品	酸性染料、酸性媒介染料、分散染料
腈纶及其制品	碱性染料(阳离子染料)
维纶及其制品	还原染料、酸性媒介染料、直接染料、分散染料

1. 染色前处理

织物和被染品在染色前,一般先经预处理去除杂质方有良好的润湿性,使染液均匀进入纤维间,染色匀透。涤纶等塑性织物有时还要经过热定型,以减少染色过程中的收缩变形。

2. 染色方法

按使用的设备和着染方式,染色方法主要分浸染和轧染两种。浸染是将被染品反复浸渍在染液中,使纤维和染液不断相互接触,经一定时间后,致使织物染上颜色的染色方法。它适用于散纤维、纱线和小批量织物和被染品的染色。轧染是先把织物浸渍染液,然后使织物通过轧辊的压力,把染液均匀轧入织物内部,再经过汽蒸或热溶等处理的染色方法,它适用于大批量织物的染色。

3. 各类纤维材料的染色性能

(1)棉类材料的染色性。棉纤维的染色性很好,适应染料较多,对纯度较高的染色、印花加工均较适应,通常采用浸染的轧蒸连续染色法与滚筒直印的加工方法。由于棉织物是由短纤维加工而成,用纱相对较粗,织物表面的短绒对色光有一定的影响,故染色物不及长丝织物鲜艳和明亮。

（2）麻类材料的染色性。麻纤维与棉纤维一样，属于纤维素纤维。所以，麻织物的染色性能与棉织物相似。但由于麻纤维的取向度和结晶度较高，故染料的上染率和上染速度都不如棉纤维，染色相对较难。

（3）蚕丝类材料的染色性。蚕丝属蛋白质纤维，适合酸性染料、酸性媒介染料、直接染料、活性染料染色。但由于其耐酸性不是很强，一般多选用弱酸性和中酸性染料，其染色工艺简单，色泽鲜艳，但色牢度较差。活性染料色牢度较好，色泽鲜艳，其色泽重演性较差，色光较难控制，易造成色差，故不多使用。

（4）毛类材料的染色性。毛纤维与蚕丝纤维一样，均属蛋白质纤维，故染色性也与蚕丝纤维相似。由于毛纤维的鳞片层结构和油脂的存在，使其初染速率比蚕丝慢。一般选用强酸性染料（羊毛的耐酸性较好），以取得较高的上染率。

（5）黏胶、铜氨类材料的染色性。黏胶、铜氨可以用任何棉纤维用染料染色。由于其对染料的亲和力比棉纤维大，因此，在相同的染料及染浴比下，其染色物可比棉织物染色深而艳。但由于其亲和力过大，上色太快，染色时易产生不匀，故染色多在较低温度下进行，并宜在染浴中加入适当的匀染剂和缓染剂。部分直接染料在黏胶和铜氨纤维上的染色牢度比棉纤维高。

（6）醋酸酯类材料的染色性。醋酸酯纤维虽然也属人造纤维，由于其疏水性，一般不能采用常用的亲水性染料，而是选用疏水性染料（分散染料）。染色工艺简单，一般可在常温常压下进行。由于醋酸酯纤维本身的优良光泽，其染色物色泽鲜艳，色光十分漂亮，色牢度较好。

（7）涤纶类材料的染色性。由于涤纶分子结构紧密，抗水性强，故需选择疏水性染料，如分散性染料，并需在高温高压（湿热 130℃ 左右）或热熔（干热 180℃～200℃）条件下进行。织物的鲜艳度和色牢度都较好。

（8）锦纶类材料的染色性。可选用的染料较多，染色方便。除可选用适应蚕丝染色的酸性、中性、活性以及部分直接染料之外，还可采用分散染料并在常温常压下染色。在染色过程中易产生竞染现象，色泽较难控制，染料的配伍要求较高，最好选择染色性能相似的染料（尤其是上染速率）。

（9）腈纶类材料的染色性。由于腈纶分子上有阴离子染色基团的存在，故可选用阳离子染料染色。色泽非常鲜艳，色牢度很好，工艺简单，但也存在竞染问题，染料配伍要求比锦纶更高。

（二）印花

印花是在纺织品上通过特定的机械和化学方法，局部施以染料或涂料，从而获得有色图案的加工过程。印花是一种综合性的加工技术，生产过程通常包括：图案设计、花纹雕刻、色浆配制、印花、蒸化、水洗处理等几个工序，在生产过程中只有各工序间良好协调、相互配合才能生产出合格的印花产品。

1. 印花前处理

与染色工艺类似,织物、被染品在印花前必须经过预处理,以获得良好的润湿性,以使色浆匀透地进入纤维。涤纶等可塑性织物有时还需经热定型,以减少印花过程中的收缩变形。

2. 印花方法及其特点

织物的印花方法,按印花工艺分有直接印花、防染印花和拔染印花;按印花设备分则主要有滚筒印花、筛网印花和转移印花、喷墨印花等。

3. 印花工艺流程

传统的印花工艺流程一般包括图案设计、花筒雕刻(或筛网制版、圆网制作)、色浆调制和印制花纹、后处理等四个工序。

4. 后整理(蒸化、退浆、水洗)

印花、烘干后,通常要进行蒸化、显色或固色处理,然后再进行退浆、水洗,充分去除色浆中的糊料、化学药剂和浮色。

(三)特种印染

1. 扎染

扎染是我国传统染印方法,利用缝扎、捆扎、包扎和夹扎等方法,使部分面料压紧,染料不易渗透进去,起到防染效果,而未被压紧部分可以染色,形成不同图案色彩。扎染服装是手工独件操作完成,可随时变换图案,即使用同一方法,所得同一花型也有一定差异,给人以新奇之感,扎染产品图案活泼自然,能获得各种风格及独特效果。可以应用在丝绸、纯毛、纯棉、纯麻、黏胶、锦纶纤维织物等(图4-2)不同面料上,目前,市场上扎染的服装、头巾、包等,作为工艺品颇受国内外人士欢迎。

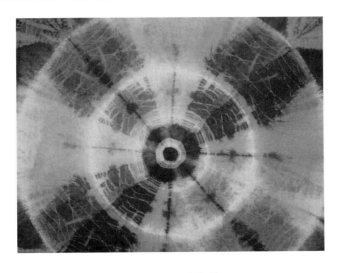

图4-2 扎染织物

2. 蜡染

蜡染也是我国民间流传的一种印染方法,在贵州、云南一带尤为普遍,当地很多服装、饰物都是蜡染产品。蜡染是利用蜡进行防染的染印方法。染色前将蜡熔化,然后在面料上用蘸蜡笔或特殊器具描绘图案,待蜡冷却产生龟裂,再进行染色。有蜡处不上染,无蜡及龟裂处上染颜色,形成一种既有规则图案,又有不规则裂纹的特殊风格(图4-3)。蜡染有浸染法和刷染法。

图4-3 蜡染织物

3. 手绘、泼染、盐染

手绘是将染料或颜料直接按照所需要的图案在布面上进行绘制而得到花色效果的方法。手绘纺织品具有"独一无二"的特点,符合现代社会追求个性的审美心理。手绘图案的表达方式越来越丰富,如水彩画的效果、装饰画的风格、国画工笔的神韵、写意画的意境等,都可以通过不同的手绘方式表达出来。手绘可直接将创作者的艺术思维和理念表达出来,也可将制作者的艺术技巧更充分地表现出来,手绘更强调艺术表现,色彩的运用可以随心所欲,可表达丰富的色彩效果。

泼染应归类于手绘,是将染液通过泼洒或涂刷于织物上的染色方法,能达到图案抽象随意,色彩具有神奇莫测,并有水滴状的效果。

盐染是泼染的进一步创新,在进行泼染尚未干的面料上有目的地撒盐(食盐),就能得到奇妙的肌理效果。

4. 特种印花

(1)发泡印花。发泡印花是指在印花色浆中添加发泡剂和热塑性树脂,经高温焙烘后,发泡剂分解,释放出气体,使印花色浆膨胀而形成立体花型,并借树脂浆涂料固着,获得着色。经发泡印花的织物能经受一般洗涤和耐磨牢度要求,但不耐干洗。

(2)金银粉印花。金粉印花是将铜锌合金粉末与涂料印花黏合剂等助剂混合调配成金粉印花浆,印在织物上,使织物呈现光彩夺目的印花图案。一般使用结膜性能好的自交联黏合剂,色浆中加入抗氧化剂(如苯并三氮唑)能防止铜粉在空气中氧化,保证金粉光泽持久。渗透机有助于提高金粉的光亮度,常用的渗透剂有 NNO、JFC 等。印浆中若加入少量的金黄色涂料,可提高仿金效果。

银粉(印花中的银粉)实际是 99.5% 纯铝粉,通过加入抗氧化剂,以达到抗氧化的目的,但铝粉的性能更为活泼,表面易形成氧化膜,与水作用易释放出氢,因此印浆的稳定性很差,故在实用中不及金粉印花普遍。

(3)发光印花。将发光体制成涂料用黏合剂黏着于织物或服装上的印花称之为发光印花。发光体有荧光、夜光、磷光和珠光等。

(4)喷射印花。喷射印花是利用计算机辅助系统快速产生分色图案,经喷嘴泵直接喷射到纺织品上。它具有设计灵活,不需要制网,不受图案中颜色套数限制,可印出高质量的色调效果。这种方法更换品种的速度和效率很高,只需将新图案或色位的数字信息送到喷墨印花机即可,故也被称为数码印花。它只需使用恒定的基本色油墨(黄、品红、青、黑色)就可得到所需的各种颜色,操作过程容易控制和效率高,可以极大地减少浪费。

(5)烂花。织物中纱线由两种以上的原料构成,且两种纤维原料的化学性能不一样。其中某一种纤维原料能溶解,便可得到烂花面料。利用这一原理制成薄似蝉翼、似透非透的织物。

第三节　服装材料的整理

服装材料的整理是采用一定的机械设备,通过物理、化学或物理化学的加工方法,改善服装材料的外观和内在质量,提高服用性能或赋予某种特殊功能。按照整理目的以及产生的效果,可分为形态稳定整理、外观风格整理和特种功能整理。

一、形态稳定整理

(一)拉幅、定型

拉幅整理是利用纤维在湿或热的条件下所具有的可塑性,将织物幅宽逐渐拉阔至规定的尺寸并进行烘干,使织物形态得以稳定的工艺过程,也称定幅整理。为了使织物具有整齐划一的稳定门幅,同时又能改善织物在服用过程中的变形,一般织物在染整加工基本完成后,都需经拉幅整理。

热定型是对热塑性纤维及其混纺、交织物进行形态稳定处理的工艺,主要利用纤维受热后收缩变形、冷却后固定其形的原理。服装中的熨烫原理也是如此。

经过热定型的织物,除了提高尺寸稳定性外,其他性能也有相应变化,如湿回弹性能和起毛起球性能均有改善,手感较为硬挺;热塑性纤维的断裂延伸度随热定型张力的加大而降低,而强度变化不大。

(二)预缩

预缩是用物理方法减少织物浸水后的收缩以降低缩水率的工艺过程。织物在织造、染整过程中,经向受到张力,经向的屈曲波高减小,因而会出现伸长现象。而亲水性纤维织物浸水湿透时,纤维发生溶胀,经纬纱线的直径增加,从而使经纱屈曲波高增大,织物长度缩短,形成缩水。当织物干燥后,溶胀消失,但纱线之间的摩擦牵制仍使织物保持收缩状态。机械预缩是将织物先经喷蒸汽或喷雾给湿,再施以经向机械挤压,使屈曲波高增大,然后经松式干燥。预缩后的棉布缩水率可降低到1%以下,由于纤维、纱线之间的相互挤压和搓动,织物手感的柔软性也会得到改善。毛织物可采用松弛预缩处理,织物经温水浸轧或喷蒸汽后,在松弛状态下缓缓烘干,使织物经、纬向都发生收缩。织物缩水还与其组织有关。织物的缩水程度常用缩水率来考核。预缩处理后的织物其形态稳定性得到提高。

(三)毛织物防缩

羊毛纤维制品在水中能吸收大量的水分并且膨润,干燥后与棉织物相比不仅会发生更大量的缩水,而且每次洗涤都会继续缩水,这种现象出现是因羊毛纤维表面具有鳞片结构和独特的内部结构(双侧结构)所致。羊毛纤维的缩水问题到目前为止还没有能够完全解决。毛织物的防缩加工整理方法有去除表面的鳞片、用树脂加工防止缩绒和冷热压缩处理等。

第一种为氯化法,主要利用氯化物把羊毛表面的鳞片溶掉一部分,达到防缩绒目的;第二种是将羊毛表面的鳞片用树脂进行处理,达到防止羊毛缩水的目的;第三种是冷热压缩法,是将毛织物在热水中处理后,用麻布包起来放置24小时,然后使其慢慢干燥,达到防缩目的。

二、外观风格整理

(一)光泽整理

1. 增白

利用光的补色原理增加纺织品白度的工艺过程称为增白整理。经过漂白的纺织品仍含有微黄色的物质,加强漂白会损伤纤维。运用增白剂能使蓝色和黄色相补,在对纤维无损伤时可提高纺织品的白度。增白方法有上蓝和荧光两种,前者在漂白的织物上施以很淡的蓝色染料或颜料,借以抵消黄色;而荧光增白剂是接近无色的有机化合物,上染于织物后,受紫外线的激发而产生蓝、紫色荧光,与反射的黄光相补,增加织物的白度和亮度,效果优于上蓝。

2. 轧光

纤维在湿热条件下具有可塑性,织物通过轧光机轧压后,纱线被压扁,耸立的纤毛被压伏在织物的表面,使织物变得比较平滑,从而光泽增加,手感柔软。轧光整理使织物获得柔和的光泽外,还可使织物具有柔软的手感和清晰的纹路。毛织物经轧光可以获得呢面平整、身骨挺括、手感滑润并具有良好的光泽;棉、麻织物大多要经轧光整理,使它获得强烈的光泽和薄而硬的手感。

3. 电光

电光整理同样是利用纤维在湿热状态下的可塑性而实现的。在一定条件下,织物通过刻有斜线的钢辊与软辊组成的轧点,使织物表面轧压后形成与主要纱线捻向一致的平行斜线,对光线呈规则反射,可获得很好的光泽。棉纤维织物经电光整理后,织物表面被压成很多相互平行的斜线,对光线呈规则的反射,如丝绸般的外观。

4. 丝光

丝光是针对棉织物的一种处理方法。棉织物或纱线在湿的条件下,加入氢氧化钠,使得棉纤维的横截面膨胀,从原来的腰圆形成为近似圆形(图 4-4),从而获得像丝一样的光泽,此处理称为丝光。

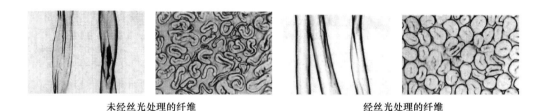

未经丝光处理的纤维　　　　　　　　　经丝光处理的纤维

图 4-4　棉纤维丝光处理前后情况

(二)轧纹整理

轧纹整理也是利用纤维在湿热状态下的可塑性而实现的,只是设备有所不同,是通过一对表面刻有花纹的轧辊的轧压,形成立体花纹,使织物更加美观。

轧光、电光和轧纹整理均属改善织物外观的机械整理,前两种以增进织物的光泽为主,后者使织物具有凹凸不平的立体花纹,但是均不耐洗。这些整理的使用历史已相当久长,但随着树脂整理的发展又有了新的活力,如与高分子树脂结合整理,则可获得耐洗的整理效果,如耐久电光拒水整理。

(三)仿旧整理

1. 水洗

水洗是把面料或缝制好的服装放在洗衣机中,并加一些柔软剂、酶等化学药品以及水进行洗涤,在机械滚动下,达到局部磨白褪色的效果,产生一种自然旧的外观风格,而且不再缩水,手感柔软、舒适。这种服装外观风格自然、不呆板,符合人们追求自然美的需求。目前加工对象也已从纯棉布发展到各类纤维。

2. 砂洗

砂洗服装的追求目标和开发目的与水洗加工相似,起初是因为丝绸服装不易用浮石水洗而采用细纱磨洗丝绸面料和服装。织物经砂洗后,外表有一层均匀细短的绒毛,绒毛细度小于其纤维的细度,使织物质地浑厚、柔软,且具有腻和糯的手感,悬垂性好,弹性增加,洗可穿性改善。如今,砂洗不仅限于真丝,其他纤维如棉、麻、黏胶、涤纶、锦纶等都有砂洗产品出现。

3. 折皱整理

折皱整理是使表面不规则地起皱,因采用方法不同,可展现不同形状,如柳条形、菱形、爪形等,波纹大小不完全相同,具有一定的随意性,体现出自然而别致的风格。不同纤维材料都可起皱,但要使其保持长久,可选用热定型较好的合成纤维或经树脂整理的天然纤维材料,通过手工或机械方法达到起皱目的。

(四)毛绒整理

1. 起毛(绒)

起毛(绒)是利用机械作用,将纤维末端从纱线中均匀地挑出来,使布面产生一层绒毛的工艺。它可产生直立短毛、卧伏长毛、波浪形毛等,使织物变得柔软丰满,保暖性能增强。由于绒毛掩盖了织纹,使光泽和花型变得柔和。织物经过起毛后,由于经受了激烈的机械作用,常有强力减退和重量减轻的现象。粗梳毛织物中除了少数品种如麦尔登外,其他品种都要经过起毛,棉织物中的绒布、起绒帆布、棉法兰绒、棉毯和针织绒衣等也要经过起毛。

2. 植毛(绒)

植毛(绒)是利用静电场的作用,将短绒纤维植到涂有黏合剂的织物上的加工工艺。视服装需要植毛(绒)可以是局部的,也可是全部的。其工艺为黏合剂印花—植毛(预先切毛和染毛)—烘干—刷绒—成品。

3. 桃皮绒整理

桃皮绒织物是采用超细合成纤维为原料,经化学药品减量、磨毛和砂洗等染整加工而成的一种织物。其主要特点是表面具有一层纤细、均匀和浓密的绒毛,手感细腻、柔糯,有一定弹性和悬垂性,摸上去似桃皮而得名。

(五)仿丝绸整理

丝绸具有轻、滑、透气、光泽好等优点,是一种高档的服装材料,但另一方面又存在抗皱性、尺寸稳定性差、娇嫩难保养等缺点。为此对合成纤维改性,使它们具有真丝绸那样的外观风格和舒适性,又有合成纤维的保型性、免烫性与易保养的优点。经过多年研究,推出了各种仿丝绸产品,有的已达到以假乱真的程度。在仿丝绸产品中,目前大多以涤纶为主。

(六)抗皱整理

抗皱整理加工是指能够使服装在穿着过程中不出现折皱以及形态不发生变化的加工整

理。多用于棉、黏胶丝以及麻等低弹性纤维的易起皱织物。常用的方法有预焙烘法、气化法、浸渍法、后焙烘法四种。

三、特种功能整理

特种功能整理是指在成品布料上进行化学的、物理的加工处理,赋予织物特殊的性能。特种功能整理是一种能够满足消费者各种需求的有效的方法,其加工种类及方法很多,根据时代的不同、消费者需求的不同,在不断发展着,并逐渐向着多样化、个性化、健康化、舒适化的趋势发展变化着。特种功能性整理是一个可以无限发展的新领域,主要有拒水透湿整理、防污整理、抗静电整理、阻燃整理以及防蛀整理等。

(一)拒水透湿整理

拒水透湿织物是用聚酯长丝织物为底布,涂上特殊聚氨酯形成薄膜。这种薄膜上有大量的直径为 2~3 微米的微孔,孔径非常小,可排出体内的水蒸气,而液体不能通过。这种织物在洗涤时要用中性洗涤剂,轻洗,轻脱水,熨烫温度在 120℃ 以下,不能用含氯漂白剂漂白。如受到强烈摩擦时,织物表面常出现损伤现象。这种整理方式用在运动服面料较多。

(二)防污整理

涤纶、锦纶等合成纤维织物,因其吸湿性差,亲油性强,表面易带静电,会导致易沾污以及沾污后难以洗去等问题,并在多次洗涤过程中可能发生再玷污的现象。因此须对含有涤纶和锦纶的织物进行防污整理。

防污整理包括拒油整理和易去污整理两种。拒油整理要求能对表面张力较小的油脂具有不润湿的特性,常用含氟整理剂。易去污整理也称为亲水性防污整理,它主要适用于合成纤维及其混纺织物的整理,它不能提高服装在穿着过程中的防污性,但能使沾污在织物上的污垢变得容易脱落,而且也能减轻在洗涤过程中洗涤液的污垢重新沾污织物的倾向。

(三)阻燃整理

阻燃整理是利用化学药剂处理后,使织物对火有抵抗性,赋予织物止燃的加工。阻燃织物所以有阻燃功能,是因为阻燃剂可与纤维发生反应,形成络合物或发生交联反应,使可燃性挥发物减少到最低程度,从而使有焰燃烧得到一定程度的抑制。

(四)抗静电整理

合成纤维具有很强的疏水性,吸湿性,导电性能很差,当服装自身或与其他物质摩擦时,往往会产生正负电荷不同或电荷大小不同的静电,若静电现象严重时,会产生轻微的电击、发出放电声音以及吸附尘埃等现象。当服用衣着带静电时,常发生畸态变形,如裙子黏在袜子上,外衣紧吸在内衣上等。

抗静电剂处理能赋予纤维和织物表面一定的吸湿性与离子性,从而提高了导电能力,达到抗静电的目的。在纺制合成纤维时,把亲水性物质混入纺丝原液中,纺出的纤维就具有抗静电的能力,常用的抗静电剂有:阳离子表面活性剂,如聚氧乙烯烷基膦酸酯盐、季铵盐类、烷基咪唑啉型等;水溶性阳离子聚合物,如聚丙烯酸酯的衍生物等,用聚丙烯酸酯衍生物处理的织物,不仅能抗静电,而且耐洗、耐摩擦。

其他用于控制静电的方法是采用炭黑涂层纤维、金属导电乳胶底织物和加入金属线等。

(五)防蛀整理

动物纤维由蛋白质分子组成,在储存和服用过程中易发生蛀蚀,主要原因是蛀蛾产卵孕育出的幼虫以蛋白质为食料,从而使动物纤维受到破坏。

常用的防蛀整理是在动物纤维染色时,将化学整理剂加入染浴,使动物纤维的蛋白质起化学变性,不再成为幼虫的食料,起到防蛀作用。现常用一些含氯的有机化合物为防蛀剂,其优点是无色无臭,对毛织物有针对性,比较耐洗又无损于毛织物的风格和服用性能,使用方便,对人体安全性高。

(六)防霉整理

服装长期处于潮湿状态或被放置在不通风处极易受微生物作用而发霉或腐烂,从而使织物强力下降并影响外观,降低织物的服用性能。

防霉整理的方法有两种:一种是消灭霉菌、阻止霉菌生长或在纤维表面建立障碍,阻止霉菌与纤维接触;另一种方法是改变纤维的性能,使纤维不能成为霉菌的食料,并具有抗霉菌侵蚀的能力。

(七)涂层

在织物表面涂覆或黏合一层高聚物材料,使其具有独特的外观或功能的工艺过程称之为涂层整理。经涂层整理的织物无论在质感还是性能方面往往给人以新材料之感。涂布的高聚物称为涂层剂(或浆),而黏合的高聚物称为薄膜。涂层整理的代表织物有防水透湿、防紫外线整理、遮光绝热、阻燃、导电以及仿皮革等织物的整理。

第四节　相关标准

一、基础标准与产品标准

GB/T 411—2008　棉印染布

GB/T 5326—2009　精梳涤棉混纺印染布

FZ/T 13018—2005　莱赛尔纤维本色布

FZ/T 14001—2005　棉印染布帆布

FZ/T 14003—2009　棉印染起毛绒布

FZ/T 14006—2009　棉经印染平绒

FZ/T 14008—2005　棉纤维混纺印染布

FZ/T 14010—2006　普梳涤与棉混纺印染布

FZ/T 14011—2007　纯棉真蜡防印花布

FZ/T 14012—2009　竹浆黏胶纤维印染布

FZ/T 14016—2009　棉氨纶弹力印染布

FZ/T 14013—2009　莫代尔纤维印染布

FZ/T 14014—2009　莱赛尔纤维印染布

FZ/T 14015—2009　大豆蛋白纤维印染布

FZ/T 14004—2006　黏胶纤维印染布

FZ/T 14005—2006　涤黏混纺印染布

FZ/T 34001—2003　苎麻印染布

FZ/T 34002—2006　亚麻印染布

FZ/T 34004—2003　涤麻(苎麻)混纺印染布

FZ/T 34005—2006　苎麻棉混纺印染布

FZ/T 34006—2009　黄麻印染布

GB/T 16605—2008　再生纤维素丝织物

二、测试标准

GB/T 20382—2006　纺织品　致癌染料的测定

GB/T 20383—2006　纺织品　致敏性分散染料的测定

GB/T 250—2008　纺织品　色牢度试验　评定变色用灰色样卡

GB/T 251—2008　纺织品　色牢度试验　评定沾色用灰色样卡

GB/T 420—2009　纺织品　色牢度试验　颜料印染纺织品耐刷洗色牢度

GB/T 730—2008　纺织品　色牢度试验　蓝色羊毛标样(1~7)级的品质控制

GB/T 8424.1—2001　纺织品　色牢度试验　表面颜色的测定通则

GB/T 8424.2—2001　纺织品　色牢度试验　相对白度的仪器评定方法

GB/T 8424.3—2001　纺织品　色牢度试验　色差计算

GB/T 7568.1—2002　纺织品　色牢度试验　毛标准贴衬织物规格

GB/T 7568.2—2008　纺织品　色牢度试验　标准贴衬织物　第2部分:棉和黏胶纤维

GB/T 7568.3—2008　纺织品　色牢度试验　标准贴衬织物　第3部分:聚酰胺纤维

GB/T 7568.4—2002　纺织品　色牢度试验　聚酯标准贴衬织物规格

GB/T 7568.5—2002　纺织品　色牢度试验　聚丙烯腈标准贴衬织物规格

GB/T 7568.6—2002　纺织品　色牢度试验　丝标准贴衬织物规格

GB/T 7568.7—2008　纺织品　色牢度试验　标准贴衬织物　第 7 部分:多纤维

GB/T 12490—2007　纺织品　色牢度试验　耐家庭和商业洗涤色牢度

GB/T 23343—2009　纺织品　色牢度试验　耐家庭和商业洗涤色牢度　使用含有低温漂白活性剂的无磷标准洗涤剂的氧化漂白反应

GB/T 3920—2008　纺织品　色牢度试验　耐摩擦色牢度

GB/T 3921—2008　纺织品色牢度试验　耐皂洗色牢度

GB/T 11039.1—2005　纺织品　色牢度试验　耐大气污染物色牢度　第 1 部分:氧化氮

GB/T 11039.2—2005　纺织品　色牢度试验　耐大气污染物色牢度　第 2 部分:燃气烟熏

GB/T 11039.3—2005　纺织品　色牢度试验　耐大气污染物色牢度　第 3 部分:大气臭氧

GB/T 11042.1—2005　纺织品　色牢度试验　耐硫化色牢度　第 1 部分:热空气

GB/T 11042.2—2005　纺织品　色牢度试验　耐硫化色牢度　第 2 部分:一氯化硫

GB/T 11042.3—2005　纺织品　色牢度试验　耐硫化色牢度　第 3 部分:直接蒸汽

GB/T 7078—1997　纺织品　色牢度试验　耐甲醛色牢度

GB/T 14575—2009　纺织品　色牢度试验　综合色牢度

GB/T 14576—2009　纺织品　色牢度试验　耐光、汗复合色牢度

GB/T 8427—2008　纺织品　色牢度试验　耐人造光色牢度:氙弧

GB/T 16991—2008　纺织品　色牢度试验　高温耐人造光色牢度及抗老化性能　氙弧

GB/T 18886—2002　纺织品　色牢度试验　耐唾液色牢度

FZ/T 01098—2006　纺织品　耐氧化氮和烟熏色牢度试验用控制标样和褪色标准

FZ/T 01096—2006　纺织品　耐光色牢度试验方法:碳弧

GB/T 11045.13—2005　纺织品　色牢度试验　其他试验　第 13 部分:染色毛纺织品耐化学法褶皱、褶裥和定型加工色牢度

GB/T 11045.14—2005　纺织品　色牢度试验　其他试验　第 14 部分:毛纺织品耐二氯异氰尿酸钠酸性氯化色牢度

三、标识标准

FZ/T 10010—2009　棉及化纤纯纺、混纺印染布标志与包装

思考题

1. 染料与颜料的区别是什么？
2. 印染与污染的区别是什么？
3. 一般印染与特种印染有什么不同？
4. 特种整理的目的是什么？

第五章　织物服用性能与评价方法

　　如何有效的开展织物服用性能的评价,如何合理的设置评价指标,评价标准的有效使用与设计服装材料是非常重要的。所有的评价依据应该还是回到人们的生活中去,透过理解人们对生活的评价,织物用其特有的方式去实现、去表达了人们对世界的认知与评价。由此,服装材料服用性能的要求、指标来源于人们在生活中对织物的需求,来源于织物本身的特性知识。

　　服装行业作为我国的一个相对独立的行业,它的标准是服装中重复性事物和概念所做的统一规定,它是科学、技术和实践经验的综合成果,经服装行业的有关方面协商一致,由标准机构批准以特定形式发布的,作为服装行业共同遵守的准则和依据。由此可知,服装标准影响服装行业的方方面面。

　　本章主要是依据基础标准、测试标准的知识。从服装材料的风格、外观性能、内在性能、舒适性等方面展开讨论。其框架如图 5 - 1 所示。其评价的公正性、权威性一般需要经过专门的认证机构认可并授予专用标识,如 CQC 标志认证、各类生态纺织品标志认证等。

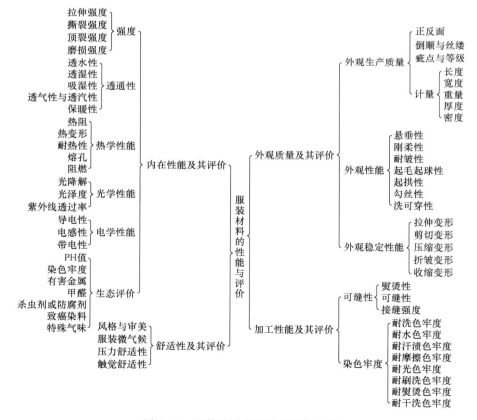

图 5 - 1　服装服用性能及其评价框架

第一节 服装材料外观性能及其评价

服装材料的外观质量是以目测的方式展开对服装材料的评价。包括织物正反面、织物的丝缕、织物的疵点等的认识与评价。

一、织物的外观质量

(一)织物正反面

正确认识织物的正反面,其效果会直接反映在服装上面,影响成衣外观。认识织物主要方法如下:

1. 根据织物组织认识

(1)平纹组织织物、罗纹组织织物、双罗纹组织织物正反面比较接近,一般选择较光洁、疵点较少或较不明显的一面为正面。

(2)斜纹组织织物分为单面斜纹、双面斜纹两种,单面斜纹的纹路正面清晰、明显,反面则模糊不清;双面斜纹正反面基本相同,但斜向相反,单纱织物的正面纹路为左斜,半线织物与全线织物的斜纹路则是右斜。

(3)缎纹组织织物的正面由于经纱或纬纱浮在布面较多,布面平整紧密,富有光泽,反面模糊不清,光泽较暗。

(4)平针组织织物有圈柱的一面为正面。

2. 根据织物的花色认识

印花织物、染色织物的正面花纹清晰,线条明显,层次分明,色泽较反面深且鲜明清晰。

3. 绒类织物的认识

绒类织物分为单面起绒织物如平绒、条绒等,其有毛绒的一面为正面;双面起绒的织物如粗纺毛织物等,其绒毛比较紧密、整齐,表面光洁的为正面,双幅卷装时,一般折在里面的为正面。

4. 根据布边认识

布边光洁、整齐的一面为正面;如有整齐而又有规律针眼时,针眼凸出的一面一般为正面。

我们所面临的各种织物有些正反面外观截然不同,但有时也不易区分,通常情况下可根据以上方法认识区分,特别是常规织物;对于正反面均可穿的织物如绉缎、驼丝锦等可随爱好和时尚来定。

(二)织物的倒顺与丝缕

1. 织物倒顺

有些织物具有一定的方向性,如印花织物、绒类织物、闪光织物、条格织物等,在服装上应注意由这些因素引起的方向问题:光的变化、色的变化、格的变化,以保证服装的完整性。如平绒、条绒、丝绒类织物倒顺之间的光色很明显,整件服装的裁片须一致,不可颠倒,以免光色深浅不同。一般来说,粗纺毛呢类宜顺做(毛峰朝下),以免减少服装表面起球,条绒、平绒、丝绒类织物宜倒做(毛峰朝上),使成衣光色趋深不泛白。其他类原理相同。

2. 织物丝缕

无论是织物经纬向,还是直横向,原则上是互相垂直的,但经过纺织生产加工过程,纤维都有不同程度的收缩与变形,致使织物经纬不垂直,这样会影响成衣外观及服装质量,如裤缝歪斜等,因此在使用之前,必须对织物进行修整——矫正布纹,如是裁剪歪斜,也应以较短的一边为准重新裁直。

(三)疵点与等级

外观质量是指织物表面的各种状态,即外观疵点,分为纱疵、织疵、染疵,疵点的分布状况有局部性疵点与散布性疵点。

1. 纱疵

纱疵是由纱线不良而造成的疵点。如竹节纱、油花纱、错纤维、错经、错纬、粗经、紧经、松经、双经、并线松紧、条干不匀、油经油纬、锈经锈纬等。

2. 织疵

织疵是由于织造工艺错误与操作不良所造成的疵点。如破洞、豁边、跳花等。

3. 染疵

染疵是由于印染工艺错误与操作不良所造成的疵点。如色条、横档、斑渍、染色不匀等。

4. 局部性外观疵点与分散性外观疵点

局部性外观疵点是材料部分位置所存在的各种疵点。散布性外观疵点是材料上分布面较广、严重的可以遍及全匹的疵点。局部性外观疵点是用有限度的累计评分方法来评定等级的,分散性外观疵点按疵点程度,用逐级降等方法来评定等级。如果同时存在着局部性外观疵点和分散性外观疵点时,则先计算局部性外观疵点的等级,后结合分散性外观疵点降等规定逐级降等,以确定材料的等级。

(四)服装材料的计量

1. 机织物

(1)机织物的长度。织物的长度一般用匹长来度量,即指一匹织物长度方向两端最外边完整的纬纱之间的距离。织物的匹长通常以米(m)为单位(国际上也有用码来度量的,1 码 = 0.914m),织物的匹长主要依据织物的种类和用途而定,此外还考虑织物织造机种、织物单位长度的重量、厚度、卷装容量、运输、印染后整理及制衣排料、铺布、裁剪等因素。一般而言,棉织物匹长 30~60m,精纺毛织物匹长 50~70m,粗纺毛织物匹长 30~40m,长毛绒和驼绒匹长 25~35m,丝织物匹长 20~50m,麻类夏布匹长 16~35m 等。

（2）机织物的宽度。织物的宽度用织物幅宽度量,即指相应的织物横向两边最外缘经纱之间的距离。织物的幅宽通常以厘米（cm）为单位（国际上也有用英寸来度量的,1 英寸 = 2.54 厘米）。织物的幅宽主要是依据织物的种类用途、生产设备条件、产量的提高和原料的节约等因素而定的,此外,还与不同地区国家、生活习惯、体型大小、服装款式、裁剪方法等有关,一般棉织物幅宽为 80 ~ 120cm 和 127 ~ 168cm 两类;精梳毛织物幅宽为 144cm 和 149cm 等。粗梳毛织物幅宽为 143cm、145cm 和 150cm 三种;长毛绒幅宽为 124cm,驼绒幅宽为 137cm;丝织物幅宽为 70 ~ 140cm;麻类夏布幅宽为 40 ~ 75cm。

（3）机织物的重量。织物的重量一般用单位长度重量或单位面积重量来度量,即单位长度或单位面积内所包含的含水量和非纤维物质等在内的织物单位重量,织物的重量以每米克重（g/m）或以每平方米克重（g/m²）为计量单位,织物的重量不仅影响到服装材料的加工性能及成本核算,而且是正确选择服装材料,满足和达到服装造型要求的重要参考指标。一般棉织物重量为 70 ~ 250g/m²;精纺毛织物重量为 130 ~ 350g/m²;粗纺毛织物重量为 300 ~ 600g/m²;薄型织物重量为 20 ~ 100g/m²。一般夏季服装面料重量为 195g/m² 以下,冬季服装面料重量为 315g/m² 以上。通常依据织物的重量将其分为轻薄型、中厚型和厚重型三大类,例如以平方米克重计量:195g/m² 以下的织物属轻薄型织物,195 ~ 315g/m² 的织物属中厚型织物,315g/m² 以上属厚重型织物。

（4）机织物的厚度。织物的厚度是指织物的厚薄程度,即指织物在承受规定压力下,织物两参考面之间的垂直距离。织物厚度一般以毫米（mm）或厘米（cm）为单位,织物的厚度关系到服装的风格、保暖性、透气性、悬垂性、舒适性、耐磨性及重量等一系列性能,故织物的厚度也成为极有价值的参考指标之一。根据织物厚度的差异和织物类型,将织物分为轻薄型、中厚型和厚重型三类,如表 5 – 1 所示。

表 5 – 1　织物的厚薄　　　　　　　　　　　　　　　　单位:毫米（mm）

织物类型	棉及棉型化纤织物	毛与毛型化纤精梳织物	毛与毛型化纤粗梳织物
轻薄型	<0.24	<0.40	<1.10
中厚型	0.24 ~ 0.4	0.40 ~ 0.60	1.10 ~ 1.60
厚重型	>0.40	>0.60	>1.60

（5）机织物的密度。织物的密度一般用织物的经、纬纱密度来表示,即指织物在无折皱和无张力情况下,经向和纬向单位长度内纱线根数。织物的经、纬密度通常以 10cm 内经、纬纱根数表示,即以×根/10cm 表示（国际上也有用×根/英寸表示）。织物的经、纬密度直接影响到织物的重量、透气性、保暖性、悬垂性、手感及身骨等性能,织物的经、纬密度是否达到要求也是一个重要的参考指标（图 5 – 2）。

当织物中纱线的粗细不同时,单纯的密度不能完全反映织物中纱线的紧密程度,必须同时考虑经纬纱线的细度和密度,可采用织物的相对密度,即紧度来表示。如图 5 – 3 所示,织物的总紧度是指织物中纱线的投影面积于织物的全部面积之比。

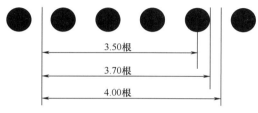

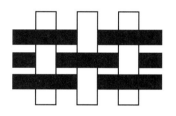

图 5 - 2　纱线计数方法　　　　　　　　　　图 5 - 3　织物紧度示意图

经向紧度：$E_j = \dfrac{d_j}{a} \times 100$

纬向紧度：$E_w = \dfrac{dw}{b} \times 100$

总紧度：$E_Z = \dfrac{d_j \times b + d_w(a - d_j)}{ab} \times 100 = E_j + E_w - \dfrac{E_j \times E_w}{100}$

式中：E_j——经向紧度（%）；

　　d_j——经纱直径（mm）；

　　a——二根经纱之间，一根经纱所占有的距离（mm）；

　　E_w——纬向紧度（%）；

　　d_w——纬纱直径（mm）；

　　b——二根纬纱之间，一根纬纱所占有的距离（mm）；

　　E_Z——织物总紧度（%）。

2. 针织物

（1）匹长、幅宽、厚度和重量。针织物匹长、幅宽、厚度和重量的定义与机织物的相同。纬编针织物的匹长多由匹重、幅宽和每米重量而定。经编针织物的匹长多由定重方式而定。汗布匹重为 12 ± 0.5kg；绒布匹重为 13 ~ 15 ± 0.5kg。经编针织物幅宽随品种和织物结构而定，一般为 150 ~ 180cm；纬编针织物幅宽约为 40 ~ 50cm，主要决定于针织机规格、纱线和组织结构。汗布重量为 100 ~ 136g/m²；经编外衣布为 150 ~ 260g/m²；衬衣布为 80 ~ 100g/m²。

（2）线圈长度。线圈长度是指针织物每个线圈的纱线长度，单位为毫米（mm）。线圈长度不仅决定针织物的密度，而且影响针织物的脱散性、强伸性、耐磨性、抗起毛起球性和抗勾丝性等。

（3）密度。当纱线原料和细度一定时，针织物的稀密程度可由密度表示。针织物的横向密度是指沿线圈横列方向 5cm 长度具有的线圈纵行数。纵向密度是指沿线圈纵行方向 5cm 长度具有的线圈横列数。总密度是指 5cm × 5cm 内的线圈数，等于横密和纵密的乘积。针织物横密与纵密之比为密度对比系数。

（4）未充满系数。未充满系数指线圈长度与纱线直径的比值，反映相同密度条件下纱线粗细对针织物疏密的影响。

（5）丰满度。丰满度是指单位重量的针织物所占有的体积，表示针织物的丰满程度，单位为 cm³/g。丰满度用厚度与标准状态下的重量的比值来计算。

3. 非织造织物

非织造织物的结构特征指标有平方米重、厚度、密度、纤维排列、加固结构参数、孔隙及分布等。作为服装专业的学习,以了解结构特征中的平方米重、厚度、密度为主。

(1)平方米重。非织造布的平方米重是以每平方米克重(g/m²)来计量。用于服装的絮片一般为 100~600g/m²;热熔絮棉为 200~400g/m²;太空棉为 80~260g/m²;无胶软棉为 60~100g/m²。

(2)厚度。非织造布的厚度是指在承受规定压力下织物两表面间的距离(mm)。鞋衬里用非织造布厚度为 0.7mm,帽衬用非织造布厚度为 0.18~0.3mm,带用非织造布厚度为 1.5mm。

(3)密度。密度是指非织造布的重量与表观体积的比值(g/cm³)。

二、织物的外观性能及其评价

1. 悬垂性

服装材料因自重下垂的性能称为材料的悬垂性。服装材料的悬垂性与材料的重量、刚柔性有关,抗弯刚度大的材料,其悬垂性就较差。悬垂性可分为动态悬垂性与静态悬垂性,二者有着较大的差异,体现在材料的飘逸感、身骨等方面。在测试中,以织物自然下垂时投影面积的大小来进行计算。如图 5-4(1)显示织物试样均匀下垂并形成半径小、凹凸轮廓明显的圆弧波浪,这表明织物柔软,具有良好的悬垂性;图 5-4(2)试样下垂时的波纹大而突出,它表明织物刚硬,悬垂性差;图 5-4(3)表示织物纬向悬垂性比经向好;图 5-4(4)表示经、纬向悬垂性适中。

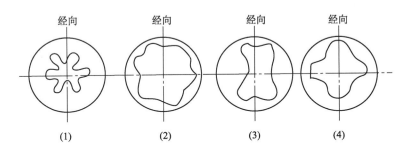

图 5-4 表示织物悬垂性的水平投影图

2. 刚柔性

服装材料的刚柔性是指织物的抗弯刚度和柔软度。织物抵抗其弯曲方向形状变化的能力称为抗弯刚度,抗弯刚度常用来评价它的相反特性——柔软度。一般衣着用内衣服装材料需要有良好的柔软性,以满足人体贴身与适体需要,外衣用材料在服用时也应保持必要的外形和具有一定的造型能力。因此,织物应具有一定的刚柔度。

3. 耐皱性

服装材料在使用过程中,由于外力的作用,如揉、搓等而发生塑性弯曲变形,从而形成不规则的皱纹,称为折皱。能使之不产生折皱的性能称为服装材料的耐皱性。有时,耐皱性也可理解为：当外力去除后，由于服装材料的急、缓弹性变形而使材料逐渐回复到起始状态的能力。所以，服装材料的耐皱性也可以称之为材料的折皱回复性或折皱回弹性。

耐皱性主要取决于组成材料的纤维的固有性质（压缩和伸张弹性）。例如，以富有弹性的羊毛和聚酯纤维为原料的面料就不易起皱，即使起皱，其皱纹也有良好的回复性。由耐皱性较差的材料做成的服装，在穿着过程中容易起皱影响服装的外观，而且还会沿着弯曲与皱纹产生磨损，从而加速服装的破坏。毛织物的特点之一是具有良好的折皱回复性，所以折皱回复性是评定材料具有毛型感的一项重要指标。服装材料的耐皱性与纤维的弹性、纤维的初始模量、纤维的几何形态尺寸、纤维的拉伸变形恢复能力等因素有关。

4. 起毛起球性

服装材料在日常使用过程中，在实际穿用与洗涤过程中，不断经受摩擦，在容易受到摩擦的部位上，材料表面的纤维端由于摩擦滑动而松散，露出材料表面，并呈现许多令人讨厌的毛茸，即为"起毛"。若这些毛茸在继续穿用中不能及时脱落，又继续经受摩擦、卷曲而互相纠缠在一起，被揉成许多球形小粒，通常称为"起球"。材料起毛起球会使服装外观恶化，降低材料的服用性能，特别是合成纤维织物，由于纤维本身抱合性差、强力高、弹性好，所以起球疵点更为突出。

服装材料所用的纤维品质不同，其起毛起球的程度也不相同。一般是合成纤维织物比人造纤维和天然纤维织物（部分毛织物除外）容易起毛起球，其中以锦纶、涤纶和丙纶等织物最为严重，维纶、腈纶等织物次之。这主要是由于合成纤维的抱合力小，靠近织物表面端容易滑出，又因合成纤维强度高，伸长大，特别是耐疲劳和耐磨性好，织物表面一旦有毛粒状小球形成后，也不易很快脱落。棉织物和人造纤维织物由于纤维强度低，耐磨性差，因而织物表面起毛的纤维能很快磨耗掉，不易形成"毛球"。因而，在日常生活中，很少看到天然纤维织物（除毛织物外）、黏胶纤维织物等有起毛起球现象。一般来说，精梳织物比粗梳织物耐起毛起球性好。

5. 起拱性

所谓起拱是指服装材料在服用过程中，肘部、膝部等弯曲部位受到反复的外力作用后，而发生的翘曲、拱形等形态变化。残余变形的逐渐积累以及材料的应力松弛现象是起拱的主要原因。人们在日常生活中，肘部和膝部等部位会反复受到力的作用，随着长时间的反复屈曲作用和受力次数的增加，材料的内能逐渐消耗，由于运动中的每个动作间隔时间极短，所以材料的变形就来不及恢复，残余变形逐渐积累，使得处于这些部位的局部起拱程度越来越大，从而形成翘曲状态的永久性变形和起拱变形。对于易起拱的材料，在服装上的处理方法为：服装结构宽松；在易起拱部位的里面缝里衬，加固材料以免其变形。

6. 勾丝性

服装材料中组织结构比较松散的一些稀疏机织物或针织物在使用过程中，如果碰到尖硬的物体时，则织物中的纤维或单丝被勾出，在织物表面形成丝环；当这些尖硬的物体比较锐利，作用力比较剧烈时，丝环容易被勾断或拉出，在织物表面形成残疵。

服装材料所用的纤维原料、纱线的结构形式,织物的组织结构及后整理加工等因素,都会影响到材料的勾丝性能。材料使用弹性较好的纱线或长丝时,其勾丝现象就较轻微。当材料受到外界尖硬物体勾引时,弹性较好的纱线或长丝可以本身的弹性变形来缓和外力的作用,外力去除后,由于弹性变形恢复,勾出的丝环就容易返回到原来的组织之中,使勾丝现象减轻。

7. 洗可穿性

服装的洗可穿性是指服装洗涤后不经熨烫或稍加熨烫便可穿着的性能。有时称为免烫性。只有服装材料在洗后不产生或很少产生折皱,干燥后风格、手感、色相、外观等不发生变化的为洗可穿性好,合成纤维中的涤纶较能满足这些条件,其洗可穿性能优良。但更广泛的是指服装材料在洗后不产生或很少产生起皱、收缩和形态变化,即使不熨烫或稍加熨烫也很平挺,形态稳定,且具有快干、外观和风格以及颜色不发生变化等。

三、织物外观稳定性能及其评价

服装材料的稳定性是从外部对材料和服装的形态施以各种作用力的结果。在受到外力作用后,材料产生一定的变形,外力消失,此变形消失则为弹性变形;外力消失,此变形仍然存在则为塑性变形。服装材料既不是完全的弹性体,也不是完全的塑性体,因此它的稳定性是评价服装保形能力的一项重要指标。导致服装及服装材料产生变形的因素较多,归纳起来可以看到当材料在外来作用力的作用下而发生变形,外来力造成的变形有:拉伸变形、剪切变形、压缩变形、折皱变形、起拱变形、热收缩、湿收缩等。

1. 拉伸变形

将织物拉伸,必然产生拉伸变形,同一材料,拉伸力的不同,拉伸变形也不一样,在同等外力作用下,材料不同,其拉伸变形也不一样。如以较小的力,材料发生较大变形,如氨纶、锦纶,适宜作紧身服装。在服装及服装材料的服用过程中,很少产生因拉伸而断裂的现象,更多的是在一定的外力作用下而产生一定的拉伸变形。

2. 剪切变形

服装材料的剪切变形源于织物的构成,如果服装材料受力平行于经向或纬向但不在一个轴线上时,服装材料就会产生剪切变形。如果在服装裁剪时不注意丝缕方向,且丝缕方向与裁剪方向不一致就易导致服装的剪切变形。其测试方法如图 5-5 所示。将长方形的织物 $ABCD$ 上、下夹紧,在水平方向加一剪切力 P,则在平面上会出现平行四边形 $A'B'C'D'$ 的变化。

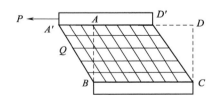

图 5-5 剪切变形图

3. 压缩变形

服装材料受到垂直于表平面的外力作用,材料在厚度方向被压缩产生变形。在同等压力下,不同材料压缩变形是不一样的,变形大者,其材料含气量大,保暖性好,手感蓬松,变形小或外力消失后,材料回复得慢或差的,会在受力部位产生变形影响服装的外形。

4. 折皱变形

服装在穿用过程中,其材料会产生一定的折皱,用手捏紧放松后,便可看到布面上或深或浅的折皱。材料是否产生折皱,可用凸形法测试,将材料沿经向或纬向,将凸出部分折叠、加压,去掉外力,凸出部分恢复,视恢复角的大小,确定折皱变形的程度。

在折皱过程中纱线的一面被拉伸,另一面被压缩,只有材料的拉伸变形及恢复性好、压缩变形及恢复性好,其材料才不易产生折皱变形,并且对温湿度的依赖较少,如涤纶纤维织物。

5. 收缩变形

服装材料的收缩变形是指材料在湿、热、洗涤等情况下,产生尺寸缩小的特性。棉、麻、丝等织物遇水产生的缩水,合成纤维织物遇热产生的热缩,毛织物遇水、皂液、外力等产生的缩绒等。这些收缩变形在服用过程中常需认真处理,或进行预缩,或阻止其收缩,进行适当的预处理,或整烫等,以保证服装的平服。

第二节　服装材料的内在性能

服装材料的内在性能检验的是材料的内在品质,是用目光检测不到的内在品质,分为物理指标和染色牢度。这些都影响到服装材料的使用价值,如织物长度、幅宽、纱支、密度、重量、断裂强度、缩水率、折皱回复性、磨损牢度、防水性、透气性等。这些指标应在公差范围内,根据服装类别可选择测试。

一、服装材料的强度

材料的强度反映了某种场合下材料的使用价值与使用寿命,材料损坏的环境,最基本的是材料拉伸、弯曲、压缩与摩擦等机械力作用下的破坏形式与状态,有一次或反复多次的作用,其中主要是一次性破坏的有拉伸断裂强度、撕裂强度、顶裂强度、磨损强度。

1. 拉伸强度

拉伸强度是评定服装材料内在质量的主要指标之一,所用的基本指标有:断裂强度、断裂伸长率、断裂长度、断裂功和断裂比功等。服装材料的拉伸强度是将一定长度与宽度的材料夹持在测试仪上拉伸,拉伸的方法有单轴拉伸与双轴拉伸。单轴拉伸主要用于单根纤维与纱线的拉伸测定,对服装材料而言应用双轴拉伸。服装材料有低强高伸型即断裂强度较低,但断裂伸长率大;也有高强低伸型,选择由服装的用途决定。

影响材料拉伸强度的因素有:织物所用的原料;织物密度与织物结构;纱线的号数与结构特征等。

2. 撕裂强度

在日常生活中,服装材料因被某种物体钩拉撕扯,致使局部纱线受到集中负荷而断裂,从而使材料出现裂缝或被撕成两半的现象称为撕裂,有时也称为撕破。撕裂不同于拉伸断裂,拉伸断裂对测试材料中的纱线与纤维几乎是同时发生,而撕裂则是数根纱线分阶段顺次断裂,直到材料完全撕开为止。所以撕裂强度由受力范围内的纱线根数与这些纱线的断裂强度决定。例如:医用纱布密度小,则不易被撕开,而经树脂整理的面料,其纱线被固定了,伸长小,抗撕裂性也差。

在服用中,时常会发生材料的局部被拉而撕成两半的情况,特别是军服和野外作业服对撕裂强度就有要求。撕裂强度在某种程度上也能反映出材料的风格,体现在材料的交织阻力上,它与材料的活络、板结特性有关。针织物一般不作撕裂试验。

3. 顶裂强度

将一定面积的材料周围固定,从垂直方向施以力,致使材料破坏,此力为顶裂强度。在顶力的复合剪应力作用下,材料的经、纬向或直、横向伸长,首先在变形最大,强度最薄弱的点上纱线断裂,接着沿材料的经、纬向或直、横向断裂,一般顶裂的裂口呈 L 形或直线形。顶裂和服装的膝部和肘部,针织物的手套和袜子等受力情况近似。

4. 磨损强度

服装在穿用过程中始终存在摩擦,不发生磨损的摩擦是没有的,服装材料与另一物体磨损是指固体的一部分经摩擦后减量的现象。摩擦后材料的强度下降、厚度减薄、表面起毛、失去光泽、褪色、破损。测试方法有实际穿着试验和仪器试验。经一定时间与次数的摩擦后,测定材料某些物理量的变化来表示材料的耐磨程度。

二、服装材料的透通性

气体、液体以及其他微小质点通过服装材料的性能为材料的透通性。有时我们需要材料的透通性好,有时则需要材料的透通性差,此视材料的具体应用而定。它包括透气性、透湿性、透水性等。

1. 透水性

水分子从材料的一面渗透到另一面的性能为材料的透水性。在实际应用中,往往采用与透水性相反的指标——防水性,表示材料对水分子通过时的阻抗性能,如篷布、雨衣、鞋布等。材料的防水性能一般通过防水整理或拒水整理达到,也有的材料属记忆纤维材料,当水通过时材料膨胀来阻止水通过。水滴与织物之间的关系情况如图 5-6 所示。液体与固体表面接触时,在接触的界面上形成的液面倾斜角叫接触角 θ,图 5-6(1)表示 $\theta > 90°$ 为拒水性;图 5-6(3)表示 $\theta < 90°$ 为湿润性。这种接触角在理论上有 0° ~ 180° 的值,可表示出完全湿润状态到完全拒水状态。

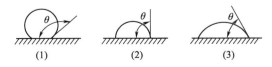

图 5-6　水滴与材料表面的接触角

2. 透湿性

服装的透湿性之所以受到人们的重视,是由于人体不断透过服装散失水分以达到人体的热、湿平衡和舒适性。水分在服装中的传递包括两方面的含义:一是人在静止时无感出汗而使汗液在皮肤表面以水蒸汽(气态)方式透过服装材料,主要通过服装材料内空气的空间向外扩散(此时织物内空隙中的空气仍保持其热阻);二是在高温条件或活动情况下,皮肤表面有感出汗,使水分以液态方式通过芯吸作用传递到服装表面。

3. 吸湿性

服装材料在穿用过程中,可从皮肤表面吸收汗液或从周围大气中吸收水分,这种性能称为服装材料的吸湿性。服装材料的吸湿由纤维大分子上是否有亲水基团、无定形区的多少、纤维各层之间的空隙有多少、中间是否有空腔等决定,有亲水基团、无定形区大且中间有空腔与空腔多者,其吸湿性好。任何一种服装材料吸湿性的好坏可用回潮率来表示。回潮率是指材料内所含水分重量对材料干燥重量的百分比。

$$回潮率 = \frac{织物湿重 - 织物干重}{织物干重} \times 100\%$$

回潮率高,则纤维吸湿性好,此材料的触感舒适,人体所排出的湿性与不湿性汗液就能被吸收,从而在人体与服装之间保持比较舒适的状态;回潮率低,则纤维吸湿性差,此材料手感较粗糙,易产生静电,从而导致材料缠体、易吸附灰尘、熔孔,人体所排泄的汗液也无法被吸收,容易产生闷热或潮湿之感。

在不同的外界条件下,服装材料中纤维的回潮率是不一样,也就是说,随着外界条件的变化,其回潮率也发生变化,纤维能从空气中吸收水分或向空气中放出水分,达到动态平衡,这是纤维材料吸湿性的特性,为了保证衡量标准的一致,故设有规定的回潮率即公定回潮率。由于回潮率不同,纤维的许多性质会发生变化,因此纤维材料测试应在标准状态(温度为 20~22℃,湿度为 60%~65%)下进行。由于天然纤维的吸湿性好,合成纤维的吸湿性差,因此表现在回潮率指标上的差异是显著的,表 5-2 为我国常见纤维公定回潮率。

表 5-2 我国常见纤维的公定回潮率

纤维名称	公定回潮率(%)	纤维名称	公定回潮率(%)
棉织物	8.0	黏胶纤维	13.0
棉缝纫线	8.5	聚酯纤维	0.4
毛织物	14.0	锦纶 66611	4.5
长毛绒织物	16.0	聚丙烯腈系纤维	2.0
兔毛	15.0	聚乙烯醇系纤维	5.0
桑蚕丝	11.0	氨纶	1.3
柞蚕丝	11.0	聚丙烯纤维	0
亚麻	12.0	醋酯纤维	7.0
苎麻	12.0	铜氨纤维	13.0

4. 透气性与透汽性

透气性为气体通过材料的性能，一般指抵抗外界寒冷空气的性能；透汽性为水蒸汽通过织物材料进行扩散的性能，一般指人体汗液蒸发透过织物的性能。对于夏季的衣着用料应该具有良好的透汽性，冬季的外衣用料应该具有较差的透气性，人体着装才舒适。

服装材料的透气性是指材料两面存在压差的情况下空气透过服装材料的性能。其透气量则是材料两面在规定的压差下，单位时间内流过材料单位面积的空气体积，其相反特性是良好的防风性能。服装材料的透气性从几方面影响着服装的舒适性，首先若空气容易透通服装材料，则对水蒸汽与液态水也易于透通，因而透湿性与透气性密切相关；其次，服装材料的隔热性能主要取决于材料内所包含的静止空气，而该因素又转而受到材料结构的影响，所以服装材料的透气性与隔热性也有一定关系。

影响材料透气性与透汽性的因素有：纤维性能、纤维截面形态、纱线细度、材料的密度、厚度、体积重量、组织、表面特征以及染整后加工等。一般纱号小、密度低、高捻度、结构松等的材料透气性与透汽好，当然透汽性还涉及材料的导湿性能。

5. 保暖性

保暖性是服装维持人体热、湿能量平衡，人体热不向外散发的性能；而与其相反的导热性是服装维持人体热、湿平衡，人体热能向外散发的性能。保暖性与导热性是服装热传递性能同一事物的两种相反的描述方法。它们对改善皮肤热调节功能，穿着的舒适性具有特殊意义。在有温差的情况下，热量总是从高温向低温传递。在这热的传递过程，服装材料起着关键的作用。纤维的导热性常用导热系数 λ 表示。导热系数 λ 的意义是：当服装材料的厚度为 1m，而材料两表面间温度差为 1℃（即温度梯度为 1℃／m）时，1 秒钟内通过材料传导的热量焦数[W／(m・℃)]。λ 值越小，表示材料的导热性越低，即保暖性越好。各种材料的导热性见表 5-3 所示。

表 5-3　各种材料的导热系数　　单位：W／(m・℃)(20℃)

名称	λ	名称	λ
棉	0.071~0.073	涤纶	0.084
羊毛	0.052~0.055	腈纶	0.051
蚕丝	0.05~0.055	丙纶	0.221~0.302
黏胶	0.055~0.071	氯纶	0.042
醋酯纤维	0.05	静止空气	0.027
锦纶	0.244~0.337	水	0.697

从上表中我们可以得知，静止空气的 λ 值小，它是好的绝热体。在服装材料的纤维集合体中，存在着许多微小的空隙，它们是具有主体形态的气孔。在普通服装材料中，这种气孔的总容积约为服装材料的 60%~70%。我们需要使其静止，从而得到较好的保暖性。而水的 λ 值却很大，所以在回潮率较大时，纤维的导热系数也在增加，保暖性则下降。此外，导热

系数还与测定时的温度有关,温度较高时,导热系数稍大。

三、服装材料的热学性能

服装材料在形成服装以及在人们的着装过程中,服装材料会遇到热的环境,用以描述服装材料在热的环境下的指标有:热阻、热变形、耐热性、熔孔、阻燃等。

1. 热阻

在服装气候里有两个热源,一是人体,一是以太阳为中心所形成的环境。而热量总是从较高的温度处向较低的温度处转移,服装在人与环境中起着对热的阻挡作用,从而形成服装的局部气候,描述服装材料对内外不同热量进行交换的能力称为热阻。

2. 热变形

服装材料在生产加工、穿着使用过程中经常会处于热的环境下,如成衣染整、洗涤及熨烫等,往往都是在一定温度下进行的,因此在这些加工整理及使用过程中,热对服装的成型与保型有一定的影响。

3. 耐热性

服装材料在不同的温度情况下,其物理、化学性质是不同的,严格地来说,服装材料的所有测试都应在标准状态下进行(20℃,相对湿度65%),否则其数值的可比性存在疑问,由此可以说服装材料对温度的依存度是很大的。大多数合成纤维材料在热的作用下,有玻璃态、高弹态、黏流态,直至软化、熔融。天然纤维在高温作用下,由于软化点高于分解点,因此它们不熔融而是直接分解或炭化。表5-4为各种材料的热学性能;表5-5为各种材料耐热性;表5-6为部分服装材料的分子结构与老化性能的情况。

表5-4　各种纤维的热学性能

材料名称	温度(℃)			
	玻璃化温度	分解点	软化点	熔点
棉	—	150	—	—
羊毛	—	135	—	—
蚕丝	—	150	—	—
锦纶6	47、65	—	180	210~224
锦纶66	82	—	225	250~258
涤纶	67、80、90	—	235~240	255~260
腈纶	90	280~300	190~240	不明显
丙纶	-35	—	145~150	163~175
氯纶	82	—	90~100	202~204
维纶	85	—	干220~230	225~239

表5-5 各种材料的耐热性

材料名称	剩余强度(%)				
	20℃不加热	在100℃经过		在130℃经过	
		20天	80天	20天	80天
棉	100	92	68	38	10
亚麻	100	70	41	24	12
苎麻	100	62	26	12	6
蚕丝	100	73	39	—	—
黏胶	100	90	62	44	32
锦纶	100	82	43	21	13
涤纶	100	100	96	95	75
腈纶	100	100	100	91	55

表5-6 部分材料的分子结构与老化性能

品种	结构	备注
锦纶6	—CONH(CH$_2$)$_6$—	C—N 容易切断，—NHCH$_2$—的 CN 能自动氧化
涤纶	⬡—COO(CH$_2$)2OCO—	C—O 容易切断
聚丙烯	—CH$_2$CH(CH$_3$)—	在主链中有较少的双重组合，但因有较多的甲基而易自动氧化
乙纶(聚乙烯)	—CH$_2$—	在主链中有较少的双重组合，但因有分枝而容易自动氧化
聚氯乙烯	—CH$_2$CHCL—	容易脱去盐酸

4. 熔孔

合成纤维织物在接触到超过其熔点的火花或热体时，接触部位就会形成孔洞，此现象称为熔孔性。其原因在于合成纤维织物受热后没有分解点而直接熔融，热体的温度高于其熔解温度时，便会产生熔融；再加之合成纤维吸湿性较差，回潮率较低，合成纤维受热后，迅速吸收热量，其他纤维则由于回潮率较高，受热后，水分吸收热量，从而可以避免熔孔。

5. 阻燃

当服装材料受热分解时，产生可燃性的分解产物，此分解产物与外界的氧气相互作用，便开始发生着火现象。不同的服装材料其燃烧情况是不一样的，我们既用此现象鉴别纤维类别，也判别纤维燃烧时的情况。纤维燃烧现象的剧烈程度还取决于材料的重量、组织结构等。有实验表明：当材料的重量大于180g/m^{2}时，材料一面的火焰很难使之破坏而直达另一面。对于热塑性材料，远离火焰的部分伴随着材料的收缩熔融，并产生熔滴现象，熔滴也可继续燃烧。服装材料在服装上组合的形式与状态也会影响火焰燃烧的情况，当一层是纤维素纤维织物，而另一层为阻燃纤维织物时，则燃烧的面积将比单独使用纤维素纤维织物小得多。

服装一般要求有阻燃性能,特别是童装、老年服装,其阻燃性应有一定的要求。其次在一些特殊工作环境亦要求服装具有一定的阻燃性,如消防服等。表示服装材料燃烧性能的指标一般有两类:一类表示服装材料是否易燃;另一类表示服装材料是否经得起燃烧。前者是用于评定材料可燃性的指标——点燃温度,点燃温度越低,此纤维制品越易燃烧,表5-7为各类纤维的燃烧温度。后者是用于评定材料阻燃性的指标:续燃时间、阴燃时间、损毁长度、损毁面积、火焰蔓延速率、极限氧指数(LOI)等。续燃时间指是在规定的试验条件下,移开火源后材料持续有焰燃烧的时间,有时也称有焰燃烧期。阴燃时间是在规定的试验条件下,当有焰燃烧终止后,或者移开火源后,材料持续无焰燃烧的时间,有时也称阴燃期。损毁长度是指在规定的试验条件下,材料损毁面积在规定的方向上的最大长度。损毁面积是指在规定的试验条件下,材料因受热而产生不可逆损伤部分的总面积,包括材料损失、收缩、软化、熔融、炭化、烧毁及热解等。极限氧指数(LOI)表示的是材料点燃后在大气里维持燃烧所需要的最低含气量的体积百分数,极限指数越小,表示材料在点燃后越易继续燃烧,如果LOI < 25,则材料可在空气中燃烧,而LOI ≥ 28时,可认为具有阻燃性,LOI在25 ~ 30范围内的材料在热空气和通风条件下可以燃烧,因此有热防护要求的阻燃性材料,其LOI就应高于30。有些资料还表明各种纤维材料的燃烧热是不同的,人体被燃烧材料损伤的面积和深度是与传导热有关的,表5-8为各类纤维的平均燃烧热和极限氧指数。

表5-7　各类纤维的燃烧温度　　　　　　　　　　单位:℃

纤维材料	点燃温度	火焰最高温度	纤维材料	点燃温度	火焰最高温度
棉	400	860	涤纶	450	697
羊毛	600	941	锦纶6	530	875
黏胶	420	850	锦纶66	532	—
醋酯纤维	475	960	腈纶	560	855
三醋酯纤维	540	885	丙纶	570	839

表5-8　各类纤维的平均燃烧热和极限氧指数

材料名称	平均燃烧热(Cal/g)	极限氧指数(LOI)	材料名称	平均燃烧热(Cal/g)	极限氧指数(LOI)
棉	4.330	18.4	聚氨酯	7.290	18.6
黄麻	5.590	25.2	未阻燃	5.790	27.0
羊毛	4.920	20.6	阻燃	2.750	26.8
涤纶	6.170	20.1	亲水	11.600	
涤/棉	5.071	18.2	丙纶	6.00	
锦纶	6.926	18.7	氯纶	4.200	
腈纶	7.020		氯纶 - 腈纶		
黏胶	3.446		变性腈纶		

由于材料在燃烧时产生大量的浓烟,它会引起人体休克,妨碍救援与人体的逃离。关于燃烧毒性学这还是一个新的领域,表5-9为有机聚合物燃烧的气体产物。

表5-9 有机聚合物燃烧的气体产物

气体	来源
CO,CO_2	所有的有机聚合物
HCN,NO,NO_2,NH_3	羊毛、蚕丝、锦纶、腈纶、丙烯腈-聚氨酯类
SO_2,H_2S,COS,CS	氨基树脂等
HCL,HF,HBr	硫化橡胶、含硫聚合物、羊毛
烷烃、烯烃	聚氯乙烯、聚四氟乙烯、含有卤素的聚合物等
苯酚、醛	聚乙烯和其他有机聚合物
甲醛	聚苯乙烯、聚氯乙烯、聚酯等
甲酸和乙酸	苯酚树脂

服装材料经阻燃整理,其阻燃性能应满足表5-10的要求,除此之外它的断裂强力不得低于相应的非阻燃织物标准中规定的标准值的75%或它的最低值。其撕裂强力采用摆锤法试验时不低于7N,采用单舌法时不低于10N。其他内在质量和外观质量参照相应的非阻燃整理织物。

表5-10 阻燃整理织物性能指标

项目	服装用	装饰用
损毁长度(mm)≤	150	200
续燃时间(s)≤	5	15
阻燃时间(s)≤	5	10

四、服装材料的光学性能

来源于太阳的光对服装材料的应用情况有着影响,评价其影响的指标有:光降解作用、光泽度、紫外线透过率等。

1. 光降解作用

服装材料在晾晒、穿着过程中,受紫外线的作用,会引起材料纤维的降解,不同的纤维材料,其强度下降的速度是不同的。对于某一纤维材料来说,强度下降还会受到暴露地点、时间、季节等影响。对于不同的地点与季节,纤维材料接受太阳辐射能量的多少和光谱分布是不同的,另外,高温、潮湿也会加速纤维材料的降解。表5-11为不同日晒时间与强度损失的情况。

表 5 – 11 不同日晒时间与强度损失

纤维名称	日晒时间(h)	强度损失(%)	纤维名称	日晒时间(h)	强度损失(%)
棉	940	50	腈纶	900	16~25
羊毛	1120	50	涤纶	600	60
蚕丝	200	50	锦纶	200	36
亚麻、大麻	1100	50	黏胶	900	50

人们发现纤维材料的物理性能同样会影响其耐光性。随着纤维特数的增加,其耐光性增加。纤维截面形状的不同、纱线截面形状的不同也会影响光射线在其表面的反射、折射和透射情况,从而导致影响其耐光性。同一纤维原料如果其中添加物不同或结构不等,也会影响其耐光性,如化学纤维中加入二氧化钛(TiO_2),会起到消光的作用,同时也降低了其耐光性。染料、整理剂和表面涂料等物质都能影响服装材料的降解速度。人们常常用材料的强力损失或化学性能的改变来评定材料的降解程度。各种纤维耐光性的优劣次序大致如下:矿物纤维 > 腈纶 > 麻 > 棉 > 毛 > 醋纤 > 涤纶 > 氯纶 > 富纤 > 有光黏胶纤维 > 维纶 > 无光黏胶纤维 > 铜氨纤维 > 氨纶 > 锦纶 > 蚕丝 > 丙纶。

2. 光泽度

光线照射到服装材料上后,材料会使光线产生反射、折射和透射。一般情况下折光率高的材料反射率也高,从而光泽较好。材料的纤维内部结构与外部结构均会影响其反射、折射和透射能力。如蚕丝的内部各层不同的折光率,入射光在各层间反复折射后再向外部反射,形成了蚕丝织物的特殊光泽。除此之外,纤维材料外部结构影响更明显,纤维形状越复杂,越具有较强的散射和反射,这时的光泽即出现所谓扩散光泽。三角形截面的纤维,其光泽比圆形丝好,染色、印花及后整理中压光、轧光等处理能显著影响材料的光泽。织物的光泽可用光泽度仪进行测定,采用对比光泽度指标即:接收角等于入射角的正反射与接收角不等于入射角的漫反射之比值。不同织物的光泽度如表 5 – 12 所示。织物的光泽度与织物的方向性、光源、眼睛位置的角度等有关。

表 5 – 12 几种织物的光泽度

织物名称	材料名称	%	光泽度(%),入射角、反射角45°		
			未使用前	摩擦100次	熨烫后
绒布	棉	100	8.0	8.2	8.5
立绒	棉	100	2.3	2.5	2.4
平绒	羊毛	100	5.7	6.0	6.0
斜纹	羊毛	100	3.7	3.7	3.8
哔叽	羊毛	100	1.8	1.7	1.8
仿绸	铜氨丝	100	19.2	9.4	8.7
劳动布	人造丝	65	4.8	5.3	5.4
	锦纶	35			

续表

织物名称	材料名称	%	光泽度（%），入射角、反射角45°		
			未使用前	摩擦100次	熨烫后
缎纹布	醋酯丝	60	11.1	13.8	13.7
	人造丝	40			
平针织物	腈纶	100	3.1	3.3	3.2

备注：①摩擦采用耐摩擦牢度仪

②熨烫的温度为120℃，30s

3. 紫外线透过率

紫外线透过率表示紫外线透过试样时的辐射强度与无试样时紫外线辐射强度之比。紫外线分为长波段紫外线（UV－A）、中波段紫外线（UC－B）、短波段紫外线（UV－C），目前人们户外活动较多，而臭氧层的破坏，使得人们开始重视服装材料的抗紫外线性能。此处主要针对有致癌作用的中波段紫外线。

五、服装材料的电学性能

1. 导电性

服装材料的导电性常用物体对电流阻抗作用的电阻来表示。可用下式表达：

$$R = p_v \frac{L}{S}$$

式中：R——电阻（Ω）；

p_v——电阻系数或电阻率或体积比电阻（$\Omega \cdot cm$）；

L——导体的长度（cm）；

S——导体的截面积（cm^2）。

高分子材料的电传导，有通过离子的离子传导和通过电子或空穴的电子传导两种，通常的高分子，高温、低电范围的传导可认为是以离子传导为主，在含水率较大时，由于电离能够更完全地进行，离子数目也不起变化，从而会影响材料的导电性。因此服装材料在潮湿的气候下不易产生静电积累。而电阻率大的材料制成的服装在穿着中易产生静电。表5－13为表面比电阻与材料抗静电作用的关系。

表5－13 表面比电阻与抗静电作用的关系

$\lg\rho_v$	抗静电作用
＞13	没有
12～13	很少
11～12	中等
10～11	相当好
＜10	好

2. 电感性

电感性对于纤维材料来说是非常重要的。电压在物质中作用后,即产生极化,在极化过程中,有如水分子中永久偶极子那样的排列,以及由附加电压形成的感应偶极子那样的电荷分离。物质的电感率用下式表达:

$$\varepsilon = \frac{C_p}{C_0}$$

式中:ε——电感率;

C_p——物质通电时的电容器的容量;

C_0——真空中的电容器的容量。

一般的纤维多数具有极性,其电感率通常在 3 ~ 10 之间。

3. 带电性

如将两种纤维不断摩擦,即建立了新的表面,在新的表面上接连不断地接触和分离,就能造成接连不断的新的带电。当两个绝缘体相互摩擦并分开时,由于电子分布的变化将使相接触的每一材料产生数量相等而符号相反的电荷(带有多余电子的材料一般带负电荷,而缺少电子的材料一般带正电荷)。对于服装材料的摩擦带电序列为:羊毛、锦纶、蚕丝、黏胶纤维、玻璃纤维、棉、苎麻、醋酯纤维、维纶、涤纶、腈纶、氯纶、腈氯纶、偏氯纶、聚乙烯纤维、丙纶。静电序列可用于预测其产生电荷的符号,但不能预测所带电荷量的多少。另外,摩擦使得材料局部发热,由于温度升高而促进了电荷移动,如这时没有泄漏现象,即可获得大的带电量。在这里通常所见的是摩擦带电,带电类别则根据摩擦条件和材料中不纯物、表面状态、接触压而有所变化。

各种服装材料在服用过程中的导电性、感电性与带电性是不同的,现在还有经抗静电处理的服装材料,常有两种情况:使用导电性纤维或使用防静电剂。前者指的是用导电性好的金属或碳等导电物质制成的纤维或部分使用这类物质制成的纤维,它们受到静电作用就会发生微弱的放电现象,具有耐久性、稳定性的特点。

六、服装材料的生态性能

服装与服装材料的生态评价常常以生态纺织品为依据,即生产、消费、处理环节的生态性。生产生态性从生产生态学的角度,控制包括如棉、纤维种植、毛皮动物养殖、生产到产品加工的全过程对环境无污染、产品自身不受污染。消费生态性从人类生态学的角度,考察服装、服装材料上的残留物对人体健康的影响。本节重点评价服装材料上一般的有害物,主要有以下几个方面:PH 值、染色牢度、有害金属、甲醛、杀虫剂、防腐剂、致癌染料、特殊气味等。

1. pH 值

服装材料本身不具备酸碱性,其 pH 值主要是加工过程中残留物留下的。由于人类皮肤带有一层弱酸以防止疾病入侵,酸性或碱性对人体皮肤均有刺激和腐蚀作用。因此服装材料上的 pH 值在中性(pH 值为 7)至弱酸性(pH 值略低于 7)之间对皮肤最为有益。

国际环保组织认定的(Oko-Tex)标准 100 中纺织品的 PH 值要求是,一般纺织品的 PH 值为 4.8～7.5,羊毛及真丝织物的 pH 值为 4.0～7.5。

2. 染色牢度

染色牢度特性并不是一个致毒的因素,但若染料或部分化学品与服装材料结合不牢固,由于汗渍、水、摩擦和唾液等作用,使染料从服装材料上脱落、溶解,通过皮肤或嘴影响人体,刺激伤害皮肤。婴儿往往会吮吸衣物,通过唾液吸收染料和有害物质,因此,颜色需要一定的湿牢度。

3. 有害金属

服装材料上可能残留的金属有 Cu、Cr、Co、Ni、Zn、Hg、As、Pb 和 Cd 等,但这几种金属更多的来自染料,据资料介绍,它们分别在酸性、碱性、直接、分散、还原及活性染料中均有,但平均浓度各不相同,其中含量较高的金属有 Cu、Pb、Cr。各类服装材料都不同程度地含有一定的重金属。贴身穿着这种衣物时容易将这些重金属向身体内部转移,从而影响内部器官。当其金属积累到某一程度时便会对健康造成巨大的损害。此种情形对儿童尤为严重,因为儿童对重金属有较高的消化吸收能力。某些金属(如含镍的)纽扣还会引起皮肤瘙痒。

4. 甲醛

通过树脂整理可改善由棉、麻、黏胶等纤维素纤维制成的服装材料的折皱性,同时可增加材料的弹性。而从脲–甲醛等缩合型树脂到乙烯脲反应型交联剂等大部分树脂整理剂又都是含甲醛的 N–羟甲基化合物,有些树脂整理剂直接是由甲醛合成的。因此经过这些树脂整理的材料就会残留一定量的甲醛。对人体而言,甲醛会对黏膜造成强烈搔痒,也可能引起呼吸道发炎及皮肤炎,主要会导致结膜炎、鼻炎、支气管炎、过敏性皮炎等病;作用时间过长将引起肠胃炎、肝炎、手指及甲趾发痛等症。甲醛是过敏症的显著引发物,亦可能诱发癌症。因此,衣物中甲醛的残留越少越好。

5. 杀虫剂或防腐剂

杀虫剂或防腐剂主要用于棉纤维浆料和羊毛的储存、运输等。这些物质包括五氯苯酚、2.4–二氯苯酚、2–氯苯酚、DDT、六氯苯、二苯酚等,这些有机氯经动物试验表明它有毒,会造成畸形和致癌。

6. 致癌染料

染料致癌分为三种:一是可以分解成 MAK(Ⅲ)A1 和 A2 组中芳胺类的偶氮染料;二是有些染料直接致癌;三是染色中有机氯载体等,它们可成为人体病变的诱发因素。

偶氮染料是广泛应用于各种产品的着色剂,诸如纺织品、纸张、皮革、食品和化妆品等。这些染料由于在还原条件下可能生成致癌的芳香胺,因而受到人们的重视,因此对偶氮染料及其还原反应生成的芳香胺类化合物必须进行监测,以评估其对人类和环境造成的潜在危害。一些国家政府根据 20 种致癌芳香胺列出了 118 种禁用染料,使用这些染料染色,染料会从服装材料上转移到皮肤上,在一定的条件下,发生化学反应释放出 22 种致癌芳香胺。

7. 特殊气味

特殊气味如发霉、鱼腥、香味或臭味等,散发气味表示有过量的化学药品残留在服装中,即表明有危害健康的可能。因此各种衣物上特殊气味仅允许极微量。

为保障人类的生命安全,人们对生态纺织进行了定义,狭义的是指纺织品,广义的是指生产、穿着、淘汰对环境、对人类无害。有关生态认证,是指经过有关机构认证并授予证书、标识,如图5-7、图5-8所示。

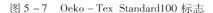

图5-7　Oeko-Tex Standard100标志　　　　图5-8　欧盟生态标签

Oeko-Tex标准100标志,执行的是Oeko-Tex标准100,现行的Oeko-Tex标准100标准将纺织品划为四类,即直接接触皮肤、不直接接触皮肤、婴儿用品、装饰用品。

中国质量认证中心(CQC)是经国家主管部门批准设立的专业认证机构,其所开展的生态纺织品标志认证是CQC开展产品认证业务之一(图5-9),依据标准CQC51-026789-2010《生态纺织品产品描述》、GB/T18885-2009《生态纺织品技术要求》。目前,该认证标识已获得越来越多国内外采购商、消费者认可。另外,中国纤维检验局颁发的《生态纤维制品标志》(图5-10)也受到业界的广泛认可。

图5-9　CQC生态纺织品标识　　　　图5-10　中国纤维检验局生态纤维制品标志

第三节　服装材料的加工性能及其评价

一、服装材料的缝制加工

服装材料需要通过缝制加工才能使衣片形成服装,在缝制过程中,不同的材料其缝制的性能不一样,可用熨烫性、可缝性、接缝强度等几项指标评价。

1. 熨烫性

熨烫是将服装与服装材料在一定的温度、湿度、压力等状态下,按照人体曲线及服装造型需要对服装材料进行处理的过程,即热定型:归、拨、形成褶裥。

服装及服装材料熨烫性常常用热收缩率、折缝效果、光泽变化与色泽变化来进行评价。

2. 可缝性

平面的服装裁片除采用熨烫来满足人体曲面的要求外,再就是经一定的缝合方式来满足人体曲面要求。服装裁片在缝纫设备上用缝纫线以一定的缝型缝合的状态为可缝性。因此可缝性多从缝纫设备、缝纫线的参数、面料的参数(里料、衬料的参数)等多方面进行评价。现多以接缝过程中及接缝后的效果来进行评价可缝性,常用的指标有:缝缩率、断线率、针损伤等。

缝缩率用以表示服装材料(特别是薄型材料)缝合后,在线迹周围产生的波纹(即缝皱)程度;移位量表示材料接缝后,由于上、下两层之间是依靠两者之间的摩擦力带动的,其摩擦力的变化产生的上、下两层的缩量差异;针损伤用以表示在缝纫过程中,由于针穿过服装材料而造成的纱线部分完全断裂或纤维熔融的情况;断线率表示缝纫线在缝合过程中,在专用缝纫材料上,经一定时间或一定长度后断开的情况,或者缝纫断线时所能缝制的米数。

3. 接缝强度

服装上常有将两层及两层以上的材料以一定形式缝合在一起,缝合后接缝的材料在缝纫线迹处,由于材料中纱线间状态、纤维间状态、组织结构的状态、经(纵)向或纬(横)向接缝的方式、缝纫线线密度、针迹密度等的不同,均会影响接缝状态。

考核接缝状态有两种方式:第一种是纱线滑移,经缝合后的材料,由于垂直于接缝方向的拉伸力作用,使横向纱线在纵向上产生滑移,并在接缝处一侧或两侧形成缝隙或脱开,用滑移量表示材料中纱线滑移后所形成的脱缝的最大宽度。用滑移阻力(或滑移抵抗力)表示产生一定滑移量时所承受的最大拉伸负荷。用断裂强力表示由于拉伸作用,使织物中纱线在接缝处或其他部位断裂的情况,用断线强力表示由于拉伸作用,而使缝纫线断裂。第二种是接缝强度,经缝合后的材料,在拉伸力、顶破力的作用下的情况,用接缝强力、伸长率、扩张度等表示接缝强度。

二、服装材料的染色牢度

印、染织物抵抗外来因素影响,保持色泽不变的性能为染色牢度。服装材料可以有各种颜色来表达其着装目的与着装效果,而其颜色的获得一般是通过印花、染色加工。经过染色、印花的服装材料,在服用过程中要经受日晒、水洗、汗浸、熨烫等各种外界因素的作用。服装材料的色牢度是指服装材料上的颜色在加工和使用过程中耐受各种作用的能力。在服用过程中或加工处理过程中,材料上的染料经受各种因素的作用而在不同程度上能保持其原来色泽的性能叫做染色牢度。容易变色、褪色的染色牢度低,反之,染色牢度就高。

染料在服装材料上受外界因素作用的不同,就有各种相应的染色牢度,例如日晒、皂洗、气候、氯漂、摩擦、汗渍、熨烫等,它们都有相应的色牢度。服装材料的用途不同或加工过程不同,它们的色牢度要求也不一样。例如,作为内衣的针织物与日光接触较少,洗涤的机会却很多,因此它们的耐洗牢度要好,而对日晒牢度要求并不高;为运动员缝制运动服的材料则必须具有较高的日晒、皂洗和汗渍牢度。其具体的内容参考相应的测试标准。

在日常生活中,服装经过穿着、皂洗、日晒、熨烫等后,会出现褪色或泛色现象,领口、袖口、膝盖、臀部等处经常受到摩擦,色泽也会脱落而发生磨白现象。根据服装材料实际情况,色牢度分为日晒牢度、皂洗牢度、摩擦牢度、刷洗牢度、汗渍牢度、还原牢度、熨烫牢度等,除日晒牢度分为八级外,其他的分为五级。一级最差,级别越高,染色牢度越好。材料的染色牢度取决于染料的性质与纤维原料的性质。在正常情况下,我们需要材料的染色牢度好,保持色泽不变,有时,我们也对材料进行处理,如酶洗、砂洗、石磨等,使材料的一些颜色去掉,得到一些特殊风格的服装材料,使材料的表现更丰富。

第四节 服装材料的舒适性及其评价

服装是一种文化的表现。服装文化是人在自然环境、社会环境相互作用中所发生、发展、变化而来的。舒适性是很难定义的,其原因在于舒适性是从人出发的,而且又是由人来进行评价的。由于每个人对舒适阐释角度的不一样,其评价的内容与指标就会呈现出多样性与复杂性,但对舒适性测试的背景达成了共识:舒适性是在"人体—服装—环境"的条件下进行评价的,即在自然环境、社会环境下进行评价。早期源于"二战"中军需军备服务的需要,人们通过物理的方法测试人的生理现象而获得舒适性的概念,如人机工学、卫生学方法;近现代则由于人们现实生活水平的提高,其他综合性的方法得到了发展,如感性工学、QFD(Quality Function Deployment 质量功能配置)的方法,这些方法不仅仅可以用于测试,更能将测试结果应用到服装材料等其他产品的生产开发领域中。

一、风格与审美

在长期的社会实践中,人类不仅发展了丰富的服装材料和服装加工制作技术,而且还形成了一系列的关于穿着方式和穿着行为的社会规范(包括服饰习俗、习惯、法律、禁忌等)。每个人的思想、观念、行为等都会受到他所处的社会环境和文化的影响,这种影响同样也会涉及一个人的穿着方式和着装行为。

随着社会物质和文化水平的不断提高,服饰的选择呈现出个性化、多样化的发展趋势。随着社会化交往活动的日益增多,作为社会成员,人们特别关心自己在他人眼中的形象,常常把服饰作为一种语言性符号,向他人传递一系列的复杂信息,借以给人即刻的印象,这时就有了着装风格。

人们也用风格来描述服装的特征,服装材料的特征。此特征是人们将生活的要求与评价投射到了服装及服装材料上,用服装材料、服装款式等方式表达出来。风格往往用来表述某物、某人等的状态,呈现的是他们所拥有的风度、风味、风韵、风情、风采、风貌、品格、格调等。

风格与地域、地区有关,如英伦风格、苏格兰风格等;风格与时期、时间有关,如维多利亚风格、大唐风格等;风格与领域有关,如艺术风格、政治风格、机械风格等。这些风格的描述与如下词语关联:雅、大气、魅、炫、朴素、浑厚、清纯等。由此可知风格是与人们的审美,与人们的价值取向有关的,是人们对事、对物、对人的评价指标,通过经典与时尚来呈现。

服装材料中的"棉"可以表达质朴、大方、亲切、舒适等;"丝绸"常常表达温柔、柔美、体贴、轻盈、随性、精致、婉约等;"皮革"为自然、野性、温暖、感性、高贵、柔软等;"透明材料"则绮丽、朦胧、神秘等。

服装材料的风格是人们通过人的感官对材料的综合评价,实际上多数场合是以人的官能来评价材料的力学特性。如刚柔性、压缩性、拉伸性、回弹性、密度、摩擦性、凹凸性、冷暖感等。它们反映的是材料的质感、厚度感、身骨、手感等。

1. 质感

服装材料的质感为纤维原料所呈现出的风格特征,如丝状感、麻状感、羊毛状感、棉状感等。

2. 厚度与织物结构

厚度风格是厚度加上膨体性、压缩性意义的风格特性。如厚实、厚的、蓬松的、有体积感、薄的、手感薄、手感极薄等。

3. 身骨

与拉伸刚度、屈曲刚度及回复性有关的材料风格。如易伸长的、柔软的、有弹性的、柔软而有弹性的、有筋骨的、坚硬的、纸状等。

4. 手感

手感是手与服装材料摩擦感受材料表面状态:如光滑的、滑溜溜的、易打滑的、粗糙的、粗涩的、发涩的等。

二、服装微气候

服装微气候是指人着装后,人体表面与衣服最外层之间的微小气候。把服装与皮肤间微小空间内的温度、湿度和风速作为评估服装热湿舒适性能的重要指标,分别用热阻和湿阻来衡量服装或材料的热湿舒适性。

服装微气候应使人体感到舒适,并维持体温36℃~37℃的恒定水平。这需要根据服装材料的选择与穿衣层数、款式及松紧等因素而决定。服装微气候如图5-11所示,由图可知,如果环境气候是冬季、无风、相对湿度为60%,则服装内气候可形成不同季节的气候。多次实验测定可知,人体不同的部位其服装气候不相同,其与外界气候的关系及变化亦是不相同的。腋下、侧腹、腰等部位与环境气候变动的关系不大(一年中变动5℃左右),而胸、背、肩和上下肢,则与外界气候变化关系大(如小臂、大腿一年中变动5℃~10℃,小腿变动10℃~15℃)。

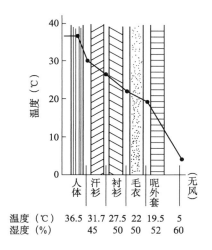

| 温度(℃) | 36.5 | 31.7 | 27.5 | 22 | 19.5 | 5 |
| 湿度(%) | | 45 | 50 | 50 | 52 | 60 |

图5-11　服装微小气候示意图

热湿舒适性是指服装及其面料在人与环境的热湿传递之间维持人体体温稳定,为人体正常生理机能创造良好条件,从而使人体保持舒适的感觉。在人体—服装—环境这一复杂系统中,测试人体的舒适感觉取决于人体本身产生热量和周围环境散失热量之间能量交换的平衡。

克罗值和透湿指数这两个指标分别描述服装热湿传递的情况。学术中对服装整体形成的热阻用一个统一的单位克罗值(clo)衡量,其定义是:在室温21℃,相对湿度不超过50%,空气流速不超过10cm/s(相当于有通风设备的室内正常气流速)的条件下,人静坐不动,其基础代谢为58.15W/m²[50kcal/(m²·h)],其体表平均温度为33℃,感觉舒适,这时对衣服需要的热阻,称为1克罗(clo)。透湿指数(i_m)用来衡量服装的蒸发阻抗与透湿之间的关系。人体皮肤表面的汗液和水蒸气只有传递出去才会使人感到舒适。服装可通过内衣材料的吸湿、吸水性能向外发散水蒸气。但决定服装透湿好坏的重要因素是服装内外存在蒸气压差及空气层。静止空气层的厚度可反映服装的水蒸气蒸发阻力大小,它们之间存在当量关系。因此,有学者用一无量纲量—透湿指数(i_m)来衡量服装的蒸发阻抗与关系。即:

$$i_m = \frac{R_{Tc}/R_{Ec}}{R_{Ta}/R_{Ea}}$$

式中:R_{Tc}、R_{Ta}——分别为服装和空气的热阻;

$\quad R_{Ec}$、R_{Ea}——分别为服装和空气的蒸气阻抗。

i_m值范围在0~1之间。当i_m=0时,表示服装及其材料完全不透湿,如穿着完全不透气的橡皮防毒服,汗液不能蒸发;当 $i_m=1$ 时,表示服装及其材料完全透湿,如在风中处于裸露状态。I_m 越大,服装的透湿性越好,常规服装的透湿指数在 $0.4\sim0.7$ 之间,可参见表 5 – 14 所示。

表 5 – 14　常用服装的克罗值与透湿指数(i_m)

服装	克罗值(clo)	透湿指数(i_m)
短裤	0.57	0.68
短裤与短袖衫	0.74	0.70
标准工作服	0.99	0.74
标准工作服与罩衫	1.50	0.77

三、服装材料的触觉舒适性

　　人体在着装状态中,面料与皮肤接触,对皮肤施加各种动态力学刺激,从而激发各种皮下的力学感知,产生舒适或不舒适的触压感觉。很久以来,人们就已经意识到从正面描述舒适性很难,但不舒适的感觉却能很容易地用刺痛、痒、热、冷等描述。

　　服装的接触舒适性主要通过面料手感来评价,而手感的评价则是基于织物的物理力学性能特性。所以服装接触舒适的研究主要包括客观测试和主观评价两个方面。客观测试方面,普遍使用的是 Kawabata 织物评价系统(KES)。KES 最多可测出织物的 17 个力学参数,如弯曲模量、切变硬挺度及表面摩擦等。测得的织物力学特性,用回归方程计算手感特性的数值,如硬挺度、柔软度及挺爽性等。主观评价方法,从 20 世纪 30 年代开始,织物的手感就作为一个问题引起人们注意,但直至 1950 年以后才出现较多关于手感的研究报告。直到 19 世纪 70 年代,川端孝雄提出从织物基本力学特性来客观评价手感以及日本手感测量和标准化委员会(HESC)的成立,才使织物手感的研究进入系统而规范化的发展道路。

　　仪器测量的主要触觉指标有弯曲、剪切、拉伸、压缩、表面摩擦、厚度和重量等。肌肤触觉与面料的性质密切相关,所以用主观感觉来评价显得更加适用,其主要考虑要素包括面料的手感(柔软感、粗糙感)、接触冷暖感、服装对皮肤的物理性刺激(刺痒感、黏附感等)及服装对皮肤的化学刺激等。

四、服装的压力舒适性

　　人体在穿着紧身服装或由于姿势动作变化时,服装会对所包覆的人体产生整体或局部的压力和动态力学刺激,从而激发各种力学感知并产生各种不同的感觉,这就是服装的压力舒适性。服装压力舒适性不同于服装材料的一般基本属性,它不仅与织物的力学性能和表面性能等基本属性有关,还受个体生理、心理以及所处活动状态、环境条件的影响,并且它涉及许多综合方面的科学,如服装生理学、服装心理学、纺织力学等。基于服装压力舒适性的生理、物理和心理的因素,对服装压力舒适性的研究主要也从主观评价和客观测试两个方面进行预测。主观评价主要采用调查问卷法,根据得到的数据,对服装压感进行等级评分。主观评价法是服装压力舒适性的主要测试方法,具体是研究者利用心理量调查表对不同尺寸、不同弹性性能的服装作主观压力感评价,对所得值进行分析,讨论各个部位的压力分布状况及理想的服装类型。客观压力测试是利用压力测试装置与系统在人体着装状态下,将压力测试装置中的传感器固定于人体需测量的部位,直接测出服装压力的大小。目前这方面的研究主要是针对某些紧身的特殊服装或内衣,应用集中在内衣、运动衣和以压力衣为代表的医疗辅助产品的开发上。

对压力舒适性的研究主要考虑以下服装要素:面料弹性、结构放松量、面料重量等。

第五节 相关标准

一、基础标准与产品标准

GB/T 24250—2009 机织物 疵点的描述 术语

GB/T 24117—2009 针织物 疵点的描述 术语

GB/T 17591—2006 阻燃织物

GB/T 24249—2009 防静电洁净织物

二、测试标准

GB/T 4666—2009 纺织品 织物长度和幅宽的测定

GB/T 4669—2008 纺织品 机织物 单位长度质量和单位面积质量的测定

FZ/T 70010—2006 针织物平方米干燥重量的测定

FZ/T 01099—2008 纺织颜色体系

GB/T 24218.1—2009 纺织品 非织造布试验方法 第1部分:单位面积质量的测定

GB/T 24218.2—2009 纺织品 非织造布试验方法 第2部分:厚度的测定

GB/T 14801—2009 机织物与针织物纬斜和弓纬试验方法

FZ/T 10005—2008 棉及化纤纯纺、混纺印染布检验规则

FZ/T 20009—2006 毛织物尺寸变化的测定 静态浸水法

FZ/T 10006—2008 棉及化纤纯纺、混纺本色布棉结杂质疵点格率检验

FZ/T 20008—2006 毛织物单位面积质量的测定

FZ/T 01034—2008 纺织品 机织物拉伸弹性试验方法

FZ/T 70005—2006 毛纺织品伸长和回复性试验方法

FZ/T 70006—2004 针织物拉伸弹性回复率试验方法

GB/T 3917.1—2009 纺织品 织物撕破性能 第1部分:冲击摆锤法撕破强力的测定

GB/T 3917.2—2009　纺织品　织物撕破性能　第 2 部分:裤形试样(单缝)撕破强力的测定

GB/T 3917.3—2009　纺织品　织物撕破性能　第 3 部分:梯形试样撕破强力的测定

GB/T 3917.4—2009　纺织品　织物撕破性能　第 4 部分:舌形试样(双缝)撕破强力的测定

GB/T 3917.5—2009　纺织品　织物撕破性能　第 5 部分:翼形试样(单缝)撕破强力的测定

GB/T 7742.1—2005　纺织品　织物胀破性能　第 1 部分:胀破强力和胀破扩张度的测定　液压法

GB/T 19976—2005　纺织品　顶破强力的测定　钢球法

GB/T 23318—2009　纺织品　刺破强力的测定

GB/T 24442.1—2009　纺织品　压缩性能的测定　第 1 部分:恒定法

GB/T 24442.2—2009　纺织品　压缩性能的测定　第 2 部分:等速法

FZ/T 20019—2006　毛机织物脱缝程度试验方法

FZ/T 20011—2006　毛针织成衣扭斜角试验方法

FZ/T 20009—2006　毛织物尺寸变化的测定　静态浸水法

GB/T 13772.1—2008　纺织品　机织物接缝处纱线抗滑移的测定　第 1 部分:定滑移量法

GB/T 13772.2—2008　纺织品　机织物接缝处纱线抗滑移的测定　第 2 部分:定负荷法

GB/T 13772.3—2008　纺织品　机织物接缝处纱线抗滑移的测定　第 3 部分:针夹法

GB/T 13772.4—2008　纺织品　机织物接缝处纱线抗滑移的测定　第 4 部分:摩擦法

GB/T 13773.1—2008　纺织品　织物及其制品的接缝拉伸性能　第 1 部分:条样法接缝强力的测定

GB/T 13773.2—2008　纺织品　织物及其制品的接缝拉伸性能　第 2 部分:抓样法接缝强力的测定

GB/T 18318.1—2009　纺织品　弯曲性能的测定　第 1 部分:斜面法

GB/T 18318.2—2009　纺织品　弯曲性能的测定　第 2 部分:心形法

GB/T 18318.3—2009　纺织品　弯曲性能的测定　第 3 部分:格莱法

GB/T 18318.4—2009　纺织品　弯曲性能的测定　第 4 部分:悬臂法

GB/T 18318.5—2009　纺织品　弯曲性能的测定　第 5 部分:纯弯曲法

GB/T 23329—2009　纺织品　织物悬垂性的测定

GB/T 4802.1—2008　纺织品　织物起毛起球性能的测定　第 1 部分:圆轨迹法

GB/T 4802.2—2008　纺织品　织物起毛起球性能的测定　第 2 部分:改型马丁代尔法

GB/T 4802.3—2008　纺织品　织物起毛起球性能的测定　第 3 部分:起球箱法

GB/T 4802.4—2009　纺织品　织物起毛起球性能的测定　第4部分:随机翻滚法

GB/T 21196.1—2007　纺织品　马丁代尔法织物耐磨性的测定　第1部分:马丁代尔耐磨试验仪

GB/T 21196.2—2007　纺织品　马丁代尔法织物耐磨性的测定　第2部分:试样破损的测定

GB/T 21196.3—2007　纺织品　马丁代尔法织物耐磨性的测定　第3部分:质量损失的测定

GB/T 21196.4—2007　纺织品　马丁代尔法织物耐磨性的测定　第4部分:外观变化的评定

GB/T 11047—2008　纺织品　织物勾丝性能评定　钉锤法

GB/T 11048—2008　纺织品　生理舒适性　稳态条件下热阻和湿阻的测定

GB/T 24254—2009　纺织品和服装　冷环境下需求热阻的确定

GB/T 12704.1—2009　纺织品　织物透湿性试验方法　第1部分:吸湿法

GB/T 12704.2—2009　纺织品　织物透湿性试验方法　第2部分:蒸发法

GB/T 21655.1—2008　纺织品　吸湿速干性的评定　第1部分:单项组合试验法

GB/T 21655.2—2009　纺织品　吸湿速干性的评定　第2部分:动态水分传递法

GB/T 23320—2009　纺织品　抗吸水性的测定　翻转吸收法

FZ/T 01071—2008　纺织品　毛细效应试验方法

GB/T 23320—2009　纺织品　抗吸水性的测定　翻转吸收法

GB/T 23321—2009　纺织品　防水性　水平喷射淋雨试验

GB/T 19977—2005　纺织品　拒油性　抗碳氢化合物试验

GB/T 23318—2009　纺织品　刺破强力的测定

GB/T 12704.1—2009　纺织品　织物透湿性试验方法　第1部分:吸湿法

GB/T 12704.2—2009　纺织品　织物透湿性试验方法　第2部分:蒸发法

GB/T 21655.1—2008　纺织品　吸湿速干性的评定　第1部分:单项组合试验法

GB/T 21655.2—2009　纺织品　吸湿速干性的评定　第2部分:动态水分传递法

GB/T 23320—2009　纺织品　抗吸水性的测定　翻转吸收法

FZ/T 01009—2008　纺织品　织物透光性的测定

FZ/T 01097—2006　织物光泽测试方法

GB/T 24279—2009　纺织品　禁/限用阻燃剂的测定

GB/T 5456—2009　纺织品　燃烧性能　垂直方向试样火焰蔓延性能的测定

GB/T 8746—2009　纺织品　燃烧性能　垂直方向试样易点燃性的测定

GB/T 8746—2009　纺织品　燃烧性能　垂直方向试样易点燃性的测定

GB/T 20944.1—2007　纺织品　抗菌性能的评价　第1部分:琼脂平皿扩散法

GB/T 20944.2—2007　纺织品　抗菌性能的评价　第2部分:吸收法

GB/T 20944.3—2008　纺织品抗菌性能的评价　第 3 部分:振荡法

GB/T 21510—2008　纳米无机材料抗菌性能检测方法

GB/T 21866—2008　抗菌涂料(漆膜)抗菌性测定法和抗菌效果

GB/T 23763—2009　光催化抗菌材料及制品　抗菌性能的评价

FZ/T 30005—2009　苎麻织物刺痒感评价方法

GB/T 24346—2009　纺织品　防霉性能的评价

FZ/T 60030—2009　家用纺织品防霉性能测试

FZ/T 01100—2008　纺织品　防螨性能的评定

FZ/T 30004—2009　苎麻织物刺痒感测定方法

GB/T 24121—2009　纺织制品　断针类残留物的检测方法

GB/T 24253—2009　纺织品　防螨性能的评价

GB/T 12703.1—2008　纺织品　静电性能的评定　第 1 部分:静电压半衰期

GB/T 12703.2—2009　纺织品　静电性能的评定　第 2 部分:电荷面密度

GB/T 12703.3—2009　纺织品　静电性能的评定　第 3 部分:电荷量

GB/T 18885—2009　生态纺织品技术要求

GB/T 2912.1—2009　纺织品　甲醛的测定　第 1 部分:游离和水解的甲醛(水萃取法)

GB/T 2912.2—2009　纺织品　甲醛的测定　第 2 部分:释放的甲醛(蒸汽吸收法)

GB/T 2912.3—2009　纺织品　甲醛的测定　第 3 部分:高效液相色谱法

GB/T 7573—2009　纺织品　水萃取液 pH 值的测定

GB/T 17592—2011　纺织品　禁用偶氮染料的测定

GB/T 17593.1—2006　纺织品　重金属的测定　第 1 部分:原子吸收分光光度法

GB/T 17593.2—2007　纺织品　重金属的测定　第 2 部分:电感耦合等离子体原子发射光谱法

GB/T 17593.3—2006　纺织品　重金属的测定　第 3 部分:六价铬　分光光度法

GB/T 17593.4—2006　纺织品　重金属的测定　第 4 部分:砷、汞原子荧光分光光度法

GB/T 18412.1—2006　纺织品　农药残留量的测定　第 1 部分:77 种农药

GB/T 18412.2—2006　纺织品　农药残留量的测定　第 2 部分:有机氯农药

GB/T 18412.3—2006　纺织品　农药残留量的测定　第 3 部分:有机磷农药

GB/T 18412.4—2006　纺织品　农药残留量的测定　第 4 部分:拟除虫菊酯农药

GB/T 18412.5—2008　纺织品　农药残留量的测定　第 5 部分:有机氮农药

GB/T 18412.6—2006　纺织品　农药残留量的测定　第 6 部分:苯氧羧酸类农药

GB/T 18412.7—2006　纺织品　农药残留量的测定　第 7 部分:毒杀芬

FZ/T 20003—2007　毛纺织品中防虫蛀剂含量化学分析方法

FZ/T 20004—2009　利用生物分析防虫蛀性能的方法

思考题

1. 服装材料测试指标选择依据?
2. 标准的意义与结构是什么?
3. 服装舒适性如何定义?
4. 生态纺织品有何意义?
5. 儿童服装材料的测试指标如何选择?

第六章 织物常规品种与评价

第一节 棉织物

棉织物以优良的天然性能和穿着舒适性而为广大消费者所喜爱,棉织物为服装业提供了品种齐全、风格各异的多种衣料。棉织物按其纱线加工的不同可分为普梳织物和精梳织物;按其纱线结构的不同,可分为纱织物、线织物和半线织物;按商业经营业务习惯又可分为原色布、漂白布、色布、印花布、色织布、绒布等;按织物的组织又可分为平纹布、斜纹布、缎纹布、绉布、网眼布、提花布等。

棉织物的统一名称编号、组织规格、物理指标等可参看国家标准 GB/T 406—2008 规定。下面介绍几种常见棉织物的风格特征及其服用适用性。

1. 平纹布

平纹布的特点是采用平纹组织织制,经纬纱的线密度和织物中经纬纱的密度相同或相近。根据所用经纬纱的粗细,可分为粗平纹布、中平纹布和细平纹布。

(1)粗平纹布。粗平纹布又称粗布,大多用纯棉粗特纱织制。其特点是布身粗糙、厚实,布面棉结杂质较多,坚牢耐用。市销粗布主要用作服装衬布等。在山区农村、沿海渔村也有用市销粗布做衬衫、被里的。经染色后作衫、裤用料。

(2)中平纹布。中平纹布又称市布,市销的又称白市布,采用中特棉纱或黏纤纱、棉黏纱、涤棉纱等织制。其特点是结构较紧密,布面平整丰满,质地坚牢,手感较硬。市销平布主要用作被里布、衬里布也有用作衬衣裤、被单的。中平布大多用作漂布、色布、花布的坯布。加工后作为服装布料等。

(3)细平纹布。细平纹布又称细布,采用细特棉纱、黏纤纱、棉黏纱、涤棉纱等织制。其特点是布身细洁柔软,质地轻薄紧密,布面杂质少。市销的细布主要作用同中平布。细布大多用作漂布、色布、花布的坯布。加工后作为内衣、裤子、夏季外衣、罩衫等面料。

织物组织采用平纹制织。粗平纹布的线密度在 32tex 以上,中平纹布为 21~32tex;细平纹布在 21tex 以下,织物紧度在 60%~80% 区间,其中经向紧度 E_j 在 45%~55% 之间,纬向紧度 E_w 在 45%~55% 之间。

2. 府绸

属于一种细特高密的平纹织物。其经向紧度在 65%~80% 之间,高于平布,而纬向紧度则为 40%~50%,低于平布,经纬向紧度比为 5:3;织物中纬纱处于较平直状态而经纱屈曲较大,因此,府绸布面外观呈现菱形颗粒,且其经向强度均比纬向大。府绸品种繁多,见表

6 – 1所示。

表 6 – 1　按不同方法分类的各种府绸

分类方法	纱线结构	纺纱工艺	织造工艺	染整加工
品种名称	纱府绸 半线府绸 全线府绸	普梳府绸 半精梳府绸 精梳府绸	平素府绸 条格府绸 提花府绸	漂白府绸 杂色府绸 印花府绸

现将几种府绸的风格特征及服装适用性归纳于下：

（1）高级府绸。主要指精梳和全线府绸，是用埃及棉、特长绒棉为原料，精梳成纱，经蒸纱、烧毛加工，经向紧度78%，纬向紧度37%，总紧度86%左右。高级府绸的风格特征是质地细密轻薄，布面光洁匀整，手感柔滑挺爽，光泽明亮并富有丝绸感，适用于高级男礼服衬衫、女衬衫，特别是印花高级府绸更是夏季女装、童装的理想衣料。

（2）厚府绸。亦称罗缎，属府绸织物的一种，是细经粗纬平纹棱条厚型布料。其主要风格特征是布面颗粒效应特别明显，质地紧密结实，手感挺硬滑爽，有丝绸一样的光泽。适于做男女外衣、制服、夏季裤料及风衣、夹克衫等衣料。

（3）普通府绸。指普梳纱府绸，经向紧度为65%～70%，纬向紧度为40%～50%，有各种素色、杂色、印花、条格府绸等品种。其主要风格特征是质地较稀薄，布面光洁度较差，纱条不够均匀，菱形颗粒不够明显，有类似平布感，手感柔软而不滑爽。因此，普通府绸属中低档衣料，适于做内衣、学生装、童装等衣料。

府绸多采用平纹或平纹地小提花组织，纱线线密度在19tex以下，多采用单纱或股线。

3. 麻纱

麻纱通常采用平纹变化组织中的纬重平组织织制，采用线密度为18～36tex的细特棉纱或涤棉纱织制，且经纱捻度比纬纱高10%左右，比一般平布用经纱的捻度也高，经纱和纬纱的捻向相同，使织物表面条纹清晰，总紧度为60%以上。麻纱因挺爽如麻而得名，有凉爽透气的特点。其主要风格特征是织物表面纵向呈现宽狭不等的细条纹，质地轻薄，条纹清晰，挺爽透气，穿着舒适。有漂白、染色、印花、色织、提花等品种。用作夏令男女衬衫、儿童衣裤、裙料等面料。

4. 卡其

卡其是棉织物中斜纹组织的一个重要品种，布面斜纹清晰陡直，斜纹角度为70°左右。采用单纱或股线制织，单纱线密度在16～58tex，股纱线密度为7.5tex×2～24tex×2，经向紧度为80%～110%区间，纬向紧度在50%～60%区间，总紧度大于90%。品种按所用经纬纱线分，有线卡（经纬均用股线）、半线卡（经向股线，纬向单纱）和纱卡（经纬均单纱）。线卡采用 $\frac{2}{2}\nearrow$ 组织织制，正反面斜纹纹路均很明显，又称双面卡。半线卡采用 $\frac{3}{1}\nearrow$ 组织织制。纱卡则采用 $\frac{3}{1}\nwarrow$ 组织织制。半线卡、纱卡都是单面卡。卡其所用原料主要有纯棉、涤棉等。

其主要风格特征是正面斜纹粗壮且突出,手感挺实柔滑、布面光泽好,布面斜纹较哔叽更细致清晰。适用于春、秋、冬季各种制服、工作服、风衣、夹克衫、西裤等。

5. 哔叽

哔叽也用斜纹组织织制。根据经纬向所用材料的不同,分为纱哔叽(经纬均用单纱)和线哔叽(经向股线,纬向单纱)两种。前者用$\frac{2}{2}\nwarrow$,后者用$\frac{2}{2}\nearrow$。哔叽比同是斜纹织物的卡其、华达呢结构松,纱哔叽又比线哔叽结构松软。其主要风格特征是正反面斜纹方向相反,质地厚实,手感柔软。所用原料主要有纯棉、棉粘和粘纤。哔叽多作漂染坯布,染色后用作男女服装、童帽的布料。纱哔叽还可用于印花,加工后用作妇女、儿童衣料等。

6. 华达呢

华达呢亦称轧别丁,属细斜纹棉织物的一种。它的特点是经密比纬密大一倍左右,因此,斜纹倾斜度大于45°。织物紧密程度小于卡其而大于哔叽。布身比哔叽挺括而不如卡其厚实。根据经纬向所用材料的不同,分为纱华达呢(经纬均用单纱)、半线华达呢(经向用股线,纬向用单纱)、全线华达呢(经纬均用股线),但都用$\frac{2}{2}\nearrow$组织。织物所用原料有纯棉、棉粘、棉维和涤棉等。其主要风格特征是织纹清晰,质地厚实,挺而不硬,布面富有光泽,耐磨损而不折裂。适用于春、秋、冬季各种制服、工作服、风衣、夹克衫、西裤等。

7. 横贡

横贡又称横贡缎,用纬面缎纹组织织制。所用纯棉经纬纱均经精梳加工。纬密与经密的比约为5:3,因此,织物表面大部分由纬纱所覆盖。其主要风格特征是织物表面光洁,手感柔软,富有光泽,结构紧密。染色横贡主要用作妇女、儿童服装的面料,印花横贡除用作妇女、儿童服装面料外,还用作被面、被套等。

8. 牛仔布

牛仔布是色经白纬的斜纹织物,经纱的颜色多是靛蓝色,纬纱多为本白纱,因此织物正反异色,正面呈经纱颜色,反面主要呈纬纱颜色。多数由$\frac{2}{1}$斜纹组织织制。用粗特纯棉纱、棉维纱等织制。牛仔布一般均经防缩整理。其主要风格特征是织物的纹路清晰,质地紧密,坚牢结实,手感硬挺。主要用作工厂的工作服、防护服,尤其适宜制作牛仔裤、女衣裙及各式童装。

牛仔布20世纪30年代开始流行,制成的裤短裆、紧身、包臀,缝工坚牢,缉线外露,具有美洲乡土风味。由于穿着贴身、灵巧舒适,耐磨性能好,适合于运动和日常生活穿着,深受消费者喜爱。

牛仔布发展到今天,在原料的使用、织物的重量、外观的效果等方面发生了很大的变化。原料从单一的棉扩展为棉与黏胶纤维、丝、氨纶、天丝等的混纺,织物的重量从单一的厚重转变为从轻到重的系列化,最轻薄的能做到184g/m以下,后期通过石磨、水洗、酶洗、仿旧等后整理,能够达到丰富多彩的效果。风格千变万化的牛仔布,适合于制作各类男女服装。

9. 牛津布

牛津布系用平纹变化组织中的纬重平或方平组织织制。经纬纱中一种是涤棉纱,一种是纯棉纱,细经粗纬,纬纱特数一般为经纱的 3 倍左右,且涤棉纱染成色纱,纯棉纱漂白。其主要风格特征是织物色泽柔和,布身柔软,透气性好,穿着舒适,有双色效应。主要用作衬衣、运动服和睡衣等面料。

10. 线呢

线呢是色织布中的一个主要品种,外观类似呢绒。按经、纬向用料分,有全线呢(经、纬均用股线)、半线呢(经向用股线、纬向用单纱);按使用对象分,有男线呢、女线呢。线呢所用的原料,有纯棉、涤棉、维棉、涤粘、涤腈等。织制线呢用的经纬纱线,有用单色股线的,花色股线的,花式捻线的,也有用混色纱线的。所采用的织物组织,有用三原组织及其变化组织的,有用联合组织的,也有用提花组织的。利用各种不同色泽、原料、结构的纱线和织物组织的变化,可设计织制多种色彩、花型和风格的产品。男线呢中代表性产品有派力司、马裤呢、绢纹呢、康乐呢、绉纹呢等;女线呢中代表性品种有格花呢、条花呢、提花呢、夹丝女花呢、结子线呢等。线呢类织物手感厚实,质地坚牢,毛型感强。主要用作春、秋、冬各式外衣或裤子面料。线呢缩水率比较大。

11. 平绒

平绒又称丝光平绒,是采用起绒组织织制的纯棉织物。经向采用精梳双股线,纬向采用单纱。按加工方法可分成经起绒和纬起绒,前者称割经平绒,后者称割纬平绒。织制后的织物再经轧碱、割绒,然后进行染色或印花的一系列加工,最后形成成品。其主要风格特征是绒毛丰满平整,质地厚实,光泽柔和,手感柔软,保暖性好,耐磨耐穿,不易起皱。适于做妇女春、秋、冬季服装和鞋帽的面料等。

12. 灯芯绒

灯芯绒是纬起绒织物,又称条绒,采用纬起毛组织织制而成。表面绒条像一条条灯芯草,故称灯芯绒。根据所用材料,可分为全纱灯芯绒(经纬向均用单纱)、半线灯芯绒(经向用股线,纬向用单纱)和全线灯芯绒(经纬均用股线)。所用原料有纯棉、涤棉、氨纶包芯纱等。按加工工艺分,有染色、印花、色织、提花等不同的品种。按每 2.54cm(1 英寸)宽织物中绒条数的多少,又可分为特细条灯芯绒(≥19 条)、细条灯芯绒(15～19 条)、中条灯芯绒(9～14 条)、粗条灯芯绒(6～8 条)和阔条灯芯绒(<6 条)等规格。其主要风格特征是绒条丰满,质地厚实,手感柔软,耐磨耐穿,保暖性好。适于做春、秋、冬季男女服装、衫裙、牛仔裤、童装、鞋帽面料等。

13. 绒布

绒布是坯布经拉绒机拉绒后呈现蓬松绒毛的织物,通常采用平纹或斜纹织制。其特点是,织物所用的纬纱粗而经纱细,纬纱的特数一般是经纱的一倍左右,有的达几倍,纬纱使用的原料有纯棉、涤棉、腈纶。绒布品种较多,按织物组织分有平布绒、哗叽绒和斜纹绒,按绒面情况分有单面绒和双面绒,按织物厚满分有厚绒和薄绒,按印染加工方法分有漂白绒、杂色绒、印花绒和色织绒。色织绒按花式分又有条绒、格绒、彩格绒、芝麻绒、直条绒等。绒布布面外观色泽柔和,手感松软,保暖性好,吸湿性强,穿着舒适。适于做男女冬季衬衣、裤、儿童服装、衬里等。

14. 绉布

绉布又称绉纱,是一种纵向有均匀绉纹的薄型平纹棉织物。经向采用普通棉纱,纬向采用强捻纱,织物中经密大于纬密,织成坯布后经染整加工,使纬向收缩约30%,因而形成均匀的绉纹。所用原料为纯棉或涤棉。经起绉的织物,可进一步加工成漂白、杂色或印花织物。其主要风格特征是质地轻薄,绉纹自然持久,富有弹性,手感挺爽、柔软,穿着舒适。适于做各式衬衫、裙料、睡衣裤、浴衣、儿童衫裙等。品种如表6-2所示。

表6-2 各种绉布的名称及风格特征

分类	名称	风格特征
单绉	凸条绉	在纬向使用单一捻向(Z或S)强捻纱的织物,其经向呈现细长皱纹
双绉	双绉	纬纱用不同捻向(Z和S)强捻纱,纬向每两根交替织入从而使布面呈现均匀、细小、美丽的皱纹
	鹑织绉	将不同捻向纬纱以4~8根交替织入,使布面呈现斜线或粗斜线皱纹

15. 泡泡纱

泡泡纱是一种布面呈凹凸状泡泡的薄型纯棉或涤棉织物。利用化学的或织造工艺的方法,在织物表面形成泡泡。按形成泡泡的原理,泡泡纱主要分为印染泡泡纱和色织泡泡纱。前者是利用氢氧化钠对棉纤维的收缩作用,使碱液按设计的要求作用于织物表面,使受碱液作用和不受碱液作用的织物表面,由于收缩情况的差异而产生泡泡。若采用涤纶与棉相间隔的经纱或纬纱织造,则可利用在碱液作用下两种纤维收缩率的不同也可形成泡泡。后者则是利用地经和泡经两种经纱,泡经纱线粗且超量送经,使其在泡经部分形成泡泡。根据所用材料的不同,泡泡纱分单纱泡泡纱和半线泡泡纱(经向为股线,纬向为单纱)。其主要风格特征是外观别致,立体感强,质地轻薄,穿着不贴体,凉爽舒适,洗后不需熨烫。适于做妇女、儿童的夏令衫、裙、睡衣裤等。

16. 玻璃纱

玻璃纱又称巴里纱,或麦士林纱,是一种用平纹组织织制的稀薄透明织物,为棉织物中最薄的织物。经纬均采用细特精梳强捻纱,织物中经纬密度比较小,由于"细"、"稀",再加上强捻,使织物稀薄透明。原料包括纯棉、涤棉,织物中经纬纱,或均为单纱,或均为股线。按加工不同,玻璃纱有染色玻璃纱、漂白玻璃纱、印花玻璃纱、色织提花玻璃纱等。其主要风格特征是质地稀薄,手感挺爽,布孔清晰,透明透气。适于做夏季妇女的衬衣、头巾、纱丽、手帕等。

17. 烂花布

烂花布又称凸花布。经纬纱一般为涤棉包芯纱,利用内芯纤维和外层纤维不同的耐酸程度,根据布面花型设计的要求,将含酸印花糊料印到坯布上,并经焙烘、水洗,使腐蚀、焦化后的棉纤维被洗除,得到半透明的花纹图案。烂花布所用的原料,除涤棉外,还有涤粘、维棉、丙棉等。按加工不同,烂花布有漂白、染色、印花和色织等品种。其主要风格特征是花纹有立体感,透明部分如蝉翼,透气性好,布身挺爽,弹性良好。适于做夏季服装、童装等。

18. 羽绒布

羽绒布又称防绒布、防羽布。经纱、纬纱均为精梳细特纱,织物中经密、纬密均比一般织物高,从而可防止羽绒纤维外钻。所用的原料为纯棉或涤棉。一般采用平纹组织织制。按加工方法不同,通常有漂白、染色两种,且以后者为多。也有印花的品种。其主要风格特征是结构紧密,平整光法,富有光泽,手感滑爽,质地坚牢,透气而又防羽绒。适于做登山服、滑雪衣、羽绒服装、夹克衫、羽绒被面料等。

第二节　麻织物

麻织物是用麻纤维(主要是苎麻、亚麻及少量其他麻纤维)纺织加工成的织物,常见的有纯麻织物、麻棉混纺织物、麻与化学纤维混纺或交织的织物。

麻织物手感较棉织物粗硬而挺括干爽,其强力较大,而且湿强力更大。由于麻纤维成纱条干均匀度差,所以非精纺麻织物表面有粗节纱和大肚纱,构成了麻织物独特的粗犷风格。由于麻布衣料具有干爽、利汗、抗菌、高强、舒适及自然美感等特点,其价格又介于棉布与丝绸衣料之间,故颇为各阶层消费者所喜爱。下面介绍各种麻织物的风格特征及其服装适用性。

1. 纯麻细纺

采用亚麻、苎麻的纤维按照平布的规格织制纯麻细布,紧密程度一般不高,有利于夏衣穿着的通透性。10~12.5tex 苎麻细纺及 14.3~31.3tex 亚麻漂白细布等织物均具有细密、轻薄、挺括、滑爽的风格特征。低特的织物更为柔软、凉爽、有较好的透气性能和舒适感。色泽以本白、漂白及各种浅色为主。各种纯麻细纺布适于制作夏季男女衬衫及男高级礼服衬衫、女绣衣、裙等服装,也可用作头巾、手帕等配件的用料。

2. 夏布

用手工绩麻成纱,再用木织机以手工方式织成苎麻布,因专供夏令服装和蚊帐之用而得名,是中国传统纺织品之一。其中湖南浏阳夏布、江西万载夏布和四川隆昌夏布,以其紧密、细薄、滑爽洁白等性能驰名中外。苎麻纤维较长,其织物经精练、漂白后,颜色洁白,光泽柔和,穿着时有清汗离体、挺括凉爽的特点,适用于夏服和高级服装面料。

3. 纯麻其他织物

如纯麻靛蓝劳动布;30.3tex、62.5tex 帆布风格的纯麻起绉织物,厚实挺括、风格特殊,适于制作牛仔服和春、秋季套装;20tex 的轻薄起绉织物则适于制作夏季衬衫和裙子;55.6～100tex 范围的风格粗犷的纯亚麻布适用于西服、裙子、裤子等面料。纯麻爽丽纱是利用水溶性维纶生产的低特纯麻织物,目前已批量生产 16.7tex 经纬纱的爽丽纱,强度高,毛羽少,织物稀薄,布面平整光洁,手感滑爽,挺括,吸湿散湿快,透气性好,是夏季的理想面料。

4. 涤麻混纺布

混纺比常用 65% 涤、35% 麻或 55% 涤、45% 麻,已能纺制 10tex 的特细纱,常用的为 16.7tex 及 13.9tex,一般采用平纹、斜纹组织。织物挺括、透气、吸汗、散湿好,弹性较好,不易折皱,具有较好的服用性能,用以制作夏季衬衫、外衣、裙、裤等。

5. 棉麻混纺及交织布

棉麻两种天然纤维的混纺与交织产品,手感滑爽,透气性好,有身骨,布面平整,色泽较纯麻织物鲜艳。棉麻混纺粗平布,风格粗犷、平挺厚实,适于制作外衣、工作服等。棉苎麻及棉亚麻混纺布,具有干爽挺括风格,且较柔软细薄,适于做春夏衬衫面料。大麻/棉(55/45)靛蓝牛仔布,提花丝/麻纺,精纺罗布麻/棉织物,具有棉的柔软、丝的光泽、麻的滑爽等特性和抗菌作用,适于制作保健服装。

6. 麻与黏胶纤维的混纺及交织布

黏胶纤维织物柔滑、飘逸、悬垂性好,但缺少身骨。麻纤维刚硬、挺爽,采用两者混纺或交织,取长补短,使织物的外观与麻织物相似,但手感柔软,刺痒感少,有一定的悬垂性和挺爽特性,经树脂整理,还能提高抗皱能力,提高织物表面光滑性。产品用作春夏季服装面料,较适合做女装的裙、衫。

7. 麻丝混纺及交织布

桑蚕丝与苎麻的混纺织物以及桑蚕丝为经、苎麻纱为纬的平纹交织布,织物表面有粗细节,呈现麻织物的风格,又有丝织物的柔滑手感,柔中带刚,改善了织物的折皱性,并使织物的弹性及伸长率提高。织物服用性能极佳,吸湿透气,散湿散热快,对皮肤无刺痒感,是高档的服装面料。

8. 苎麻与羊毛混纺织物

麻毛混纺一般为轻薄型的精纺织物,织物挺括、弹性好、耐折皱,适用于外衣面料。

第三节　毛织物

用于服装的毛织物,按其加工系统及织物外观特征不同,分为精纺毛织物、粗纺毛织物、长毛绒、人造毛皮及驼绒等几大类。

一、毛织物的品种（表6-3）

表6-3 毛织物产品统一编号表

类别	品种	品号			备注
		纯毛	混纺	纯化学纤维	
精纺	哔叽类	21001~21500	31001~31500	41001~41500	
	啥味呢类	21501~21999	31501~31999	41501~41999	
	华达呢类	22001~22999	32001~32999	42001~42999	
	中厚花呢类	23001~24999	33001~34999	43001~44999	包括中厚凉爽呢
	凡立丁类	25001~25999	35001~35999	45001~45999	包括派力司
	女衣呢类	26001~26999	36001~36999	46001~46999	
	直贡呢类	27001~27999	37001~37999	47001~47999	包括直贡呢、横贡呢、马裤呢、巧克丁
	薄花呢类	28001~29500	38001~39500	48001~49500	包括薄型凉爽呢
	其他类	29501~29999	39501~39999	49501~49999	
	旗纱	88001~88999	89001~89999		做国旗用的织物
粗纺	麦尔登类	01001~01999	11001~11999	71001~71999	
	大衣呢类	02001~02999	12001~12999	72001~72999	包括平厚呢、立绒顺毛呢、拷花呢、花式呢
	制服呢类	03001~03999	13001~13999	73001~73999	包括海军呢
	海力司类	04001~04999	14001~14999	74001~74999	
	女式呢类	05001~05999	15001~15999	75001~75999	包括平素呢、立绒顺毛呢、松结构呢
	法兰绒类	06001~06999	16001~16999	76001~76999	
	粗花呢类	07001~07999	17001~17999	77001~77999	包括纹面、绒面、呢面
	大众呢类	08001~08999	18001~18999	78001~78999	包括学生呢
	其他类	09001~09999	19001~19999	79001~79999	
长毛绒	服装用长毛绒	51001~51399	51401~51699	51701~51999	
	衣里绒	52001~52399	52401~52699	52701~52999	
	工业用	53001~53399	53401~53699	53701~53999	
	家具用	54001~54399	54401~54699	54701~54999	
驼绒	花素驼绒	9101~9199	9401~9499	9701~9799	
	美素驼绒	9201~9299	9501~9599	9801~9899	
	条子驼绒	9301~9399	9601~9699	9901~9999	

备注：表中编号都是由国家统一注的。

二、各种毛织物的风格特征及服装适用性

(一)精纺毛织物

精纺毛织物一般采用60~70公支优质细羊毛毛条或混用30%~55%的化学纤维为原料纺成特数较小的精梳毛纱,织成高档或中高档夏春秋各季理想的服装衣料。

1. 派力司

派力司是用平纹组织织成的双经双纬或双经单纬混色织物,是精纺毛织物中最轻薄的品种之一。派力司的风格特征是在呢面上有独特的混色雨丝条花,并呈现不规则十字花纹均布于布面,色泽以混色灰为主,有浅灰、中灰、深灰等,也有少量混色蓝、混色咖啡等。呢面光洁平整,经直纬平,光泽自然柔和,颜色无陈旧感,手感滋润、滑爽,不糙不硬,柔软有弹性,有身骨。毛涤派力司更为挺括抗皱,易洗、易干,有良好的穿着性能。派力司为夏季理想的男女外用套装、礼仪服、两用衬衫、长短西裤等用料。

派力司可采用双股纱制织线密度在(14.3~20)tex×2,也可用20~33.3tex的单纬纱制织,经密250~300根/10cm,纬密200~260根/10cm。

2. 凡立丁

凡立丁是用于夏季服装的薄型面料,考虑穿着的舒适性、美观性及洗涤方便,一般采用羊毛或毛涤混纺,纱线捻度略大,单纱捻度比股线小10%左右,经过压光整理以后质地细洁、光泽自然柔和、轻薄滑爽,比派力司稍感柔糯,以浅色为主,亦有本白色及少量深色,女装常用浅淡色。凡立丁适于制作夏季男女西服、裙、裤等。

凡立丁采用平纹组织制织,线密度为(16.7~25)tex×2;重量124~248g/m²;经密220~300根/10cm;纬密200~280根/10cm。

3. 哔叽

哔叽的经纬纱密度之比约为1.1:1.25,外观呈45°的右斜纹,纹路扁平、较宽,呢面有光面和毛面两种,光面哔叽纹路清晰,光洁平整;毛面哔叽呢面纹路仍然明显可见,但有短小绒毛,市场上以光面哔叽为多见。哔叽呢面细洁、手感柔软、有身骨、有弹性,质地坚牢,色泽以灰色、黑色、藏青色、米色为主,也有少量混色。哔叽主要用于春秋季男装、夹克、女装的裤子、裙子等。为了适应服装向轻、薄、软方向发展的需求,哔叽织物的低特薄型也成为一种必然趋势,线密度可达(6.7~10)tex×2,织物重量为133g/m²左右。经密297~330根/10cm;纬密257~280根/10cm。

4. 啥味呢

啥味呢的经纬纱密度之比约为1.1:1.5,外观呈现50°左右的右斜纹。啥味呢采用毛条染色,且有混色效果,以混色灰为主,也有混色蓝、混色咖啡等。为了达到啥味呢的混色效果,也可采用毛条印花或不同吸色性能纤维的条染混纺的工艺技术。啥味呢呢面有光面和绒面两种,光面啥味呢呢面无茸毛,纹路清晰,光洁平整,手感滑而挺括;绒面啥味呢光

泽自然柔和、底纹隐约可见,手感不板不糙、糯而不烂,有身骨。哈味呢适用于做春秋男女西服、中山装及夹克等服装面料。用于女装的哈味呢有相当一部分是素色的产品,且采用匹染工艺,使织物的色彩亮丽,符合女装的要求。哔叽、哈味呢都采用斜纹组织,结构相似,织纹角度也相近,但是在外观上哔叽是素色的,以匹染为主,而哈味呢是毛条染色,混色效果为主。

哈味呢的线密度为 16.7tex×2～27.8tex×2,也有单纬 25～33.3tex;重量为 227～320g/m²;经密 286～309 根/10cm;纬密 253～270 根/10cm。

5. 华达呢

华达呢按组织可以分为单面华达呢、双面华达呢和缎背华达呢,一般单面华达呢平方米重量为 227g,纬纱也可以采用单纱,双面华达呢约为 240～299g/m²,缎背华达呢约为 324～400g/m²。华达呢的经密比纬密大,两者之比约为 2,呢面呈现 63°清晰斜纹,纹路挺直、密而窄,呢面光洁平整,质地紧密,手感润滑,富有弹性。单面华达呢正面纹路清晰,反面呈平纹效果;双面华达呢正反两面均有明显的斜纹纹路;缎背华达呢正面纹路清晰,反面呈缎纹效果。单面华达呢较薄,且多用鲜艳色、浅色,采用匹染工艺,适于做女装裙;双面华达呢一般适用于制作春秋西服套装,较厚型的缎背华达呢适于做冬季的男装大衣,色泽多用素色,如藏青、灰、黑、咖啡等色。

华达呢多采用斜纹、变化缎纹(缎背)组织,线密度为 12.5tex×2～33.3tex×2;重量为 200～400g/m²;经密 434～613 根/10cm;纬密 202～256 根/10cm。

6. 女衣呢

女衣呢是典型的女装用面料,女衣呢的色彩鲜艳,手感松软。以匹染为主,色泽艳丽,颜色齐全,如粉红、大红、紫色、铁锈红、嫩黄、金黄、艳蓝、苹果绿等色。女衣呢采用各种组织,其密度变化范围较大,纱线的捻度要适当大一些,也可以采用同向捻,保证手感柔软不松烂,织纹清晰,富有弹性。

女衣呢多采用绉组织、平纹地小提花和斜纹组织制织,线密度为 16.7tex×2～25tex×2,也可单纬 25～33.3tex;重量为 200～267g/m²;平纹经密 120～250 根/10cm;纬密 110～230 根/10cm;斜纹经密 220～340 根/10cm;纬密 180～340 根/10cm;绉组织经密 250～410 根/10cm;纬密 220～300 根/10cm。

7. 直贡呢

直贡呢又称礼服呢,是精纺毛织物中历史悠久的传统高级产品,呢面光滑、质地厚实,表面呈现 75°倾斜纹路、细洁平整,光泽明亮美观,色泽以原色为主,也有藏青、灰色等,主要适于制作高级春秋大衣、风衣、礼服、便装、民族服装等。

直贡呢多采用缎纹、变化缎纹、急斜纹组织制织;线密度为 12.5tex×2～20tex×2,也可单纬 25～33.3tex;重量为 200～267g/m²;经密 300～700 根/10cm;纬密 200～400 根/10cm。

8. 驼丝锦

驼丝锦是精纺高档毛织物的传统品种之一,常用五枚或八枚变化经缎组织,织物表面平整滑润,织纹细腻,光泽明亮,手感软糯,有丰厚感,织物反面有小花纹。贡丝锦与驼丝锦非常相似,差异仅在于织物的反面,贡丝锦的反面有类似缎纹的效果。驼丝锦与贡丝锦主要用于制作礼服、西服、套装、夹克、大衣等。

驼丝锦多采用变化缎纹组织制织;线密度为 16.7tex×2~20tex×2,也可单纬 25~33.3tex;重量为 300~333g/m²;经密 490~522 根/10cm;纬密 290~347 根/10cm。

9. 马裤呢

马裤呢采用急斜纹组织,配以较粗的纱线,正面右斜纹贡子粗壮,反面左斜纹呈扁平纹路,质地厚实,呢面光洁,手感挺实而有弹性,素色以军绿、蓝灰为主,也有原色和藏青等色,混色多为咖啡、米灰等色。主要适合于做高级军用大衣、军装、猎装及男女秋冬外衣等用料。

织物线密度为 16.7tex×2~27.8tex×2;重量为 333~400g/m²;经密 420~650 根/10cm;纬密 210~300 根/10cm。

10. 精纺花呢

精纺花呢是利用各种精梳染色纱线、花式捻线、装饰纱线做经纬纱,运用平纹、斜纹、变化斜纹或其他各种组织织纹的变化,织成条、格以及各种花型的织物。从花呢的定义中可以了解到,花呢的品种繁多,其规格参数的变化范围也很大。按照重量对花呢进行分类,可分为薄花呢、中厚花呢、厚花呢。

薄花呢一般是指 190g/m² 以下的花呢织物,主要用于夏装,全毛薄花呢和毛涤薄花呢最为常见,薄、滑、挺、爽是其理想的外观与性能。

中厚花呢的重量为 190~289g/m²,主要用于制作西装、套装,有纯毛与毛混纺等各类产品,手感丰满、活络、有弹性。

厚花呢的重量大于 289g/m²,主要用于制作大衣、制服、军猎装等,有纯毛与毛混纺等各类产品,手感丰满、活络、有弹性、丰厚、结实。

(1)海力蒙。海力蒙经纬异色,浅经深纬、白经黑纬的配色最为多见,也有灰、蓝、咖啡的色调。破斜纹组织及色纱配置在织物表面形成人字斜纹的外观,适合制作男女西装、套装、夹克等。采用破斜纹组织制织,线密度为 16.7tex×2~22.2tex×2;重量为 240~280g/m²;经密 290~320 根/10cm;纬密 250~280 根/10cm。

(2)单面花呢(牙签条)。单面花呢的呢面呈饱满的牙签条型花纹,故又名牙签条。织物风格庄重典雅、美观大方,手感厚实,富有弹性,成衣保形性好,适于制作西服套装等。低特薄型细牙签条是单面花呢的变化趋势。织物采用经二重组织制织,线密度为 12.5tex×2~16.7tex×2;重量为 267~333g/m²;经密 450~500 根/10cm;纬密 350~450 根/10cm。

(二)粗纺毛织物

粗纺毛织物一般使用分级国毛、精梳短毛、部分 60~66 支毛及 30%~40% 的化学纤维为原料纺成特数较高的粗梳毛纱,再织成高、中、低各档织物。它是春、秋、冬各季理想的服装面料。

1. 麦尔登

麦尔登是粗纺毛织物中的主要品种之一。全毛麦尔登以羊毛 70%、精梳短毛 30% 纺成粗梳毛纱;混纺麦尔登则以羊毛 50%、精梳短毛 20%、黏胶纤维及其他合成纤维 30% 为原料纺成粗梳毛纱。典型的麦尔登是重缩绒、不起毛、质地紧密、较厚的粗纺织物,属呢面织物,麦尔登原料品质高,产品色泽新鲜柔和,无杂死毛,呢面平整细洁,质地紧密,呢面丰满,不露底纹,耐磨性好,不起球,手感挺实而富有弹性。麦尔登的颜色,一般以藏青色、黑色为主,女装用麦尔登具有鲜艳的色泽,如红、绿或中浅色等。适用于男女冬季各式服装、春秋短外衣等高档服装面料。麦尔登采用一级毛或品质支数为 60 ~ 64 支羊毛,精梳短毛或化纤为原料;采用平纹、斜纹、破斜纹组织;线密度 62.5 ~ 100tex;重量 367 ~ 467g/m^2。

2. 大衣呢

大衣呢的风格特征因男、女大衣用途不同而异,男大衣色泽以深色、暗色为多,女大衣比男大衣轻薄,以花式、混色为多。大衣呢具有保暖性好,质地厚实等特点,其品种也比较多。原料各不相同,不仅有高、中、低档之分,且根据外观风格又将其分为平厚、立绒、顺毛、拷花、花式五种;依其外观还有纹面、呢面和绒面之分。

(1)平厚大衣呢。平厚大衣呢是缩绒不起毛的呢面织物,因使用原料的不同,平厚大衣呢可分为高、中、低三档:织物组织采用斜纹或纬二重组织。呢面平整、丰满不露地,手感厚实而不板,耐起球等,色泽大多以黑、灰色为主,也有军绿、咖啡色产品,可以做成混色产品,主要用作各式男女长短大衣、套装等的面料。

(2)立绒大衣呢。立绒大衣呢是大衣呢类的重要品种之一,所用原料为毛、黏胶、锦纶和腈纶等。立绒大衣呢是经过缩绒、重起毛、剪毛等工艺的绒面织物,织物表面具有一层耸立的、浓密的绒毛,绒毛密、立、平、齐,绒面丰满匀净,手感柔软丰厚,有身骨,有弹性,不松烂,光泽柔和。立绒织物可采用羊毛与其他动物毛(如兔毛、驼毛和马海毛等)混纺的纱为原料,但必须混毛均匀。织物组织采用斜纹或缎纹组织。主要用作女长短大衣、童装、套装等面料。

(3)顺毛大衣呢。顺毛大衣呢是经缩绒、起毛的绒面织物,织物表面的绒毛顺向一方倒伏,由绒毛的长短又分为短顺毛呢、长顺毛呢。顺毛大衣呢所用的原料为毛、黏胶纤维、腈纶等。高档长顺毛大衣呢混入 10% ~ 50% 的羊绒、兔毛或羊驼毛等动物毛。

顺毛大衣呢的绒毛顺密整齐均匀,毛绒均匀倒伏,不松乱,光泽好,膘光足,手感柔软滑暖,不脱毛,具有较好的穿着舒适性和高档感,适于用作女长短大衣、时装及男装大衣、外套等。顺毛大衣呢是毛染产品,色泽以深色为主,例如黑灰、蓝灰、深蓝、咖啡等色。女装顺毛大衣呢也有驼色等中浅色。

羊绒大衣呢是粗纺呢绒中的高档品,原料成分中含有 5% ~ 100% 的羊绒,与羊绒混纺的羊毛必须是细特毛或羊仔毛,羊绒含量越高,其手感、风格越好,但价格也随之越高。羊绒大衣呢一般为短顺毛风格。羊绒大衣呢手感柔软、滑糯,光泽自然柔和,呢面细腻滋润,穿着轻松舒适,保暖性好。

兔毛大衣呢属于粗纺顺毛大衣呢类。经纱原料一般选择用品质支数 64 ~ 66 支的毛 100%,纬纱大都选用优质长兔毛 10% ~ 50% 以及混用一定数量的化纤,如锦纶、腈纶等。兔毛相对密度小,质地轻、细腻、柔软、抱合力差,在纺纱过程中易滑脱、飞扬,单独成纱比较困难,因此采用与羊毛或化纤混纺,以弥补兔毛纺纱的不利因素。改性兔毛也可单独成纱。兔毛的染色性能不同于羊毛,染色性差,大多以本色和浅色外露,在呢面上就相对地显得多。兔毛女式大衣呢手感柔滑,呢面有洁白蓬松的兔毛娇柔地附在表面,使兔毛女式大衣呢具有特殊的娇嫩风格,深受女青年的欢迎。通常剪裁成流行款式,做成时装。

马海毛大衣呢采用 20% ~ 50% 的马海毛,并且在整理过程中将其长、亮、柔软的特征充分展现在呢面表面,形成一种非常蓬松、厚实、温暖的外观。毛长且顺伏在表面,可以是色纱形成条格,也可以是长毛的马海毛形成条格,变化多,立体感强,给人一种新颖的感觉。色泽多为深色,也有浅色,用于制作女装大衣、套装及童装等。

(4)拷花大衣呢。拷花大衣呢是大衣呢中比较厚重而高档的产品,由于呢面具有独特的拷花纹路而命名。拷花大衣呢的组织为异面纬二重,或异面双层。该组织是平纹为表里的双层组织上再附加绒纬纱而构成。这附加的绒纬在后道整理过程中,由于经多次反复拉毛、刷毛、剪毛工艺,使绒纬中的毛纤维逐渐被拉出,直至绒纬完全断裂,随绒纬的固结组织而呈现拷花纹路。拷花大衣呢常为纯毛产品,高档品种的表纬可采用紫羊绒、马海毛和兔毛等为原料,通常里经和里纬可以粗些,而表经和表纬可以细些。呢面毛茸丰满,呈有人字或波浪形凹凸花纹,手感厚实富有弹性,其立绒拷花大衣呢比顺毛拷花大衣呢的绒毛短而密立,保暖性更强,花纹更为清晰均匀,主要用于冬季男女大衣的高档面料。

(5)花式大衣呢。花式大衣呢是大衣呢类中的一个重要品种,所用原料为毛、黏胶纤维、腈纶、锦纶等。该织物多数为女装用料,其组织有平纹、斜纹、纬二重、双层组织等。按外观呢面可分为花式纹面、花式呢面、花式绒面大衣呢等。花式纹面大衣呢要求纹面均匀、色泽调和、花纹清晰,手感不燥硬,有身骨弹性。花式呢面大衣呢主要是指各类条、格和各类配色模纹的缩呢为主的大衣呢,要求呢面丰满、细洁、平整,正反两面相似,绒毛短而密集,基本不露底纹,手感柔软有弹性。花式绒面大衣呢主要是指各类配色花纹的缩绒起毛大衣呢,要求绒面丰满平整,绒毛整齐,手感柔软,色泽艳丽。适合制作女装和童装。

3. 海军呢

海军呢属呢面产品,采用斜纹组织有全毛与毛混纺产品,毛混纺产品的原料含毛 70% ~ 75%、化纤 25% ~ 30%。海军呢经重缩绒加工,呢面平整,均匀耐磨,质地紧密,有身骨,不起球,不露底。海军呢以匹染为主,色泽为藏青色、黑色或蓝灰色等。海军呢的主要用途是制作海军制服、秋冬季各类外衣、海关服等。

4. 制服呢

制服呢属呢面产品,采用斜纹组织制织混纺产品居多,毛70%～75%、化纤25%～30%。制服呢经轻缩绒、轻起毛加工,质地紧密、厚实、耐穿,丰满程度一般,基本不露底纹,手感不糙硬,有一定的保暖性,色泽以蓝、黑素色为主,价格较低,是秋冬中低档制服的适用面料。

5. 女式呢

粗纺女式呢所用原料为毛或毛与黏胶纤维、腈纶、涤纶等混纺,采用平纹、斜纹、破斜纹制织,多以匹染为主,色泽鲜艳、手感柔软,外观风格多样,适宜于制作秋冬女装、套装、童装等。粗纺女式呢品种很多,按照呢面风格特征分为平素女式呢、立绒女式呢、顺毛女式呢和松结构女式呢。

(1)平素女式呢,是经过缩呢加工的素色呢面织物,外观平整、细洁,色泽鲜艳,不露底纹或稍露底纹,手感柔软,不松烂。

(2)立绒女式呢是经缩呢、起绒加工的绒面织物,绒面匀净,绒毛密立平整,不露底纹,手感丰满,有身骨弹性。

(3)顺毛女式呢是经缩呢、拉绒加工的绒面织物,绒毛较长,且平整均匀,向一方倒伏,手感柔软,滑润细腻。高档品种还可混用10%～20%的羊绒、兔毛等。

(4)松结构女式呢所采用组织的浮长较长,密度较低,以纹面为主,采用一些花式线可丰富品种及外观。呢面花纹清晰,色泽鲜艳,质地轻盈,手感松软。

6. 法兰绒

法兰绒是经缩绒加工的混色呢面织物,有全毛及毛混纺产品,以毛混纺产品居多,毛占65%～70%、化纤30%～35%,采用平纹、斜纹组织制织。法兰绒以散毛染色,按色泽要求混成浅灰、中灰、深灰等色。法兰绒呢面细洁平整、手感柔软有弹性、混色均匀,具有法兰绒传统的黑白夹花的灰色风格,薄型的稍露地、厚型的质地紧密,混纺法兰绒因有黏胶纤维,故身骨较软。法兰绒适于用作春秋大衣、风衣、西服套装、西裤、便装等男女装面料。

7. 粗花呢

粗纺花呢是利用单色纱、混色纱、合股线及花式线等,以各种组织及经纬纱排列方式配合而织成的花色产品,包括人字、条格、圈点、小花纹及提花凹凸等织物。从粗花呢的定义中可以了解到,粗花呢的品种繁多,其规格参数的变化范围也很大,具有色泽协调鲜明、粗犷活泼、文雅大方的各种粗花呢品种。按呢面外观特征可分为绒面粗花呢、纹面粗花呢、呢面粗花呢和松结构粗花呢。

(1)绒面粗花呢表面有绒毛覆盖,绒面丰满、整齐,手感丰厚柔软而稍有弹性,是缩绒并起毛的产品。

(2)纹面粗花呢表面织纹清晰,纹面匀净,光泽鲜明,身骨挺而有弹性,手感柔软而不松烂。

（3）呢面粗花呢表面呈毡缩状，短绒覆盖，呢面平整、均匀，质地紧密，身骨厚实，不硬板，在配色模纹中，毛纱要求缩绒后不沾色。

（4）松结构粗花呢要求呢面纹路花纹清晰，色泽鲜艳不沾色，质地轻盈，松软活络，组织多样，还可以配以粗细纱线，形成立体感很强的凹凸花纹。

粗花呢多为混纺织物，采用的原料有高、中、低三档，高档以一级毛为主，占 70%，并掺入一定比例驼毛、羊绒、兔毛等，精梳短毛占 30%；中档以二级毛为主，占 60% ~ 80%，精梳短毛占 40% ~ 20%；低档以三、四级毛为主，占 70%，精梳短毛占 30%。若混纺，其中各档羊毛占 70%，化纤占 30%。粗纺花呢的主要用途是制作套装、短大衣、西装、上衣等。

8. 大众呢

大众呢包括学生呢在内，是经缩呢、起毛的呢面织物，以毛黏混纺产品为主，精梳短毛及下脚毛可高达 35% ~ 60%，并可掺入 5% 左右锦纶，采用斜纹、破斜纹织造。其风格特征与制服呢类似，呢面平整丰满、不露地，质地紧密，手感挺实有弹性，具有一定保暖性。因短毛含量多，外观较粗，与制服呢相似，耐起球性比海军呢、制服呢差，且磨后易露地。价格低，适于用作秋冬季学生校服、各种职业服、便服等中低档服装面料。

麦尔登、海军呢、制服呢及大众呢都具呢面风格，它们的外观风格非常相似，但若仔细辨别，在手感和触觉上都有区别。麦尔登使用的纱最细，织物最挺实而富有弹性，质地最紧密，呢面细洁丰满，不露底纹，不起毛起球；海军呢与麦尔登比较，挺实性略差，有身骨，呢面平整细洁，基本不露底纹；制服呢手感有些粗糙，呢面虽平整但有粗毛露在表面，是半露底纹的呢面风格；大众呢的呢面细洁平整，手感较松软，用手指摩擦较易起毛，是半露底纹的呢面产品。

第四节 丝织物

一、丝织物概述

桑蚕丝和柞蚕丝是天然丝织物的主要原料。天然丝绸光泽莹莹、风格翩翩，素有衣料女皇之称，而中国的丝绸更是享誉世界。

丝织物多用缫丝（从热水煮后的蚕茧上抽出的长丝）或绢丝（将茧丝切成短纤维后纺纱）纺织而成。丝织物依其外观与结构特征可分为 14 大类，即纺、绉、绸、绫、罗、缎、锦、绡、绢、纱、绨、葛、绒、呢。

丝织物的名称是以产品大类为基本词，并在其前冠以修饰词（包括原料种类、工艺特征、织物形态、组织特征和主要用途等）。丝织物的品名编号方法见表 6 - 4 和表 6 - 5。

表 6 – 4 外销丝织物编号的意义

序数	第一位数		第二或二、三位数	第四、五位或三、四、五位数
	意义		序数意义	意义
1	桑丝	桑丝类(包括桑丝,桑绢丝,蓖麻绢丝,双宫丝登)及含量50%以上桑柞交织的织物	00~09 绢 10~19 纺	代表具体规格
2	合成纤维丝	合成纤维长丝,合成纤维长丝与合成纤维短纤维纱线(包括合成纤维短纤维与黏、棉混纺纱线)交织物	20~29 绉 30~39 绸 40~47 缎	
3	绢丝	天然丝短纤与其他短纤混纺的纱线	48~49 锦 50~54 绢	
4	柞丝	柞丝类(包括柞丝,柞绢丝)及柞丝50%以上与桑丝交织物	55~59 绫 60~64 罗	
5	再生纤维丝	再生纤维丝(包括黏胶,或醋酯纤维长丝)及与其他短纤交织物	65~69 纱	
6	交织	上述1、2、4、5以外的经纬由两种或两种以上原料交织的交织物。如含量95%以上(绢90%以上)列入本原料类	70~74 葛 75~79 绨 80~89 绒	
7	被面		90~99 呢	

表 6 – 5 内销丝织物编号

第一位数		第二位数代表原料属性			第三位数代表组织				第四、五位数代表规格
序号	属性	序号	原料属性		平纹	变化	斜纹	缎纹	规格
8	衣着用绸	4	黏胶丝纯织		0~2	3~5	6~7	8~9	50~99
		5	黏胶丝纯织		0~2	3~5	6~7	8~9	50~99
		7	蚕丝	纯织	0	1~2	3	4	01~99
				交织	5	6~7	8	9	01~99
		9	合成纤维	纯织	0	1~2	3	4	01~99
				交织	5	6~7	8	9	01~99
9	被面和装饰绸	1	绨被面		0~9				01~99
		2	黏胶丝交织被面		0~5				01~99
		2	黏胶丝纯织被面		6~9				01~99
		7	蚕丝纯织		0~5				01~99
			蚕丝交织		6~9				01~99
		9	装饰绸、广播绸		0~9				01~99
		3	印花被面		0~9				01~99

二、各种丝织物的风格特征及其适用性

(一) 绡类织物

地纹采用平纹组织或假纱组织,织成与纱组织孔眼类似的轻薄透明的织物称为绡。

1. 真丝绡

亦称平素绡,其经纬纱采用 2.2～2.4tex 长丝加单向强捻织造而成的平纹织物,然后经树脂整理即可形成绡。其风格特征是质地稀薄、透明度好、手感挺滑,适于做婚礼服、芭蕾舞衣裙、时装及童装等衣料。

2. 锦纶丝绡

属于服装配饰用丝织物。经向用 1.7tex 或 2.2tex 单纤锦纶丝以平纹织造而成。其质地稀薄透明、挺滑、坚牢耐用,但舒适感差,适于做头巾、童装等用料。

如编号 10107 的乔其绡(纱、绉),原料采用 100% 桑蚕丝,平纹组织制织,线密度为 22/24 dtex×2,纱线捻度为 28 捻/cm(2S2Z),经密 520 根/10cm;纬密 440 根/10cm,平方米克重为 44g。

(二) 纺类织物

采用桑蚕丝、绢丝及再生纤维丝为原料,平纹组织,经纬纱不加捻或加弱捻。

1. 电力纺

电力纺亦称纺绸,以平纹组织织造。其风格特征是布身细密轻薄、柔软滑爽平挺,比一般绸类飘逸透凉,比纱类密度大,光泽洁白明亮柔和,富有桑丝织物的独特风格。其缩水率大约在 6%,穿着舒适合身,重磅纺每平方米重量为 70g,轻磅纺每平方米为 20g。其在搓洗、拧绞时易变形,适于做男女衬衫、裙衣、便服等。

2. 杭纺

主要产于浙江杭州,故得名为杭纺。以平纹组织织造。其风格特征是绸面光滑平整,质地厚实坚牢,色泽柔和自然,手感滑爽挺括,穿着舒适凉爽,适于制作男女衬衫、便装、外衣等。

如编号为 11207 的电力纺,采用 100% 桑蚕丝平纹组织制织,线密度为 22/24dtex×2,经密 496 根/10cm;纬密 450 根/10cm,平方米重量为 35g。

(三) 绉类织物

是用纯桑蚕丝的紧捻纱以平纹织成,绸面呈现有皱纹的织物。

1. 双绉

采用平经皱纬的织造方法。因为纬纱为强捻且以 Z、S 捻向双根相间,故在练染后纬丝退捻力和方向不同,使织物表面呈现出均匀皱纹。织物表面具有隐约细皱纹,质地轻柔,平

整光洁,缩水率较大,在 10% 左右,是富有弹性的双面织物,一般适于制作女衣裙、衬衫等。

2. 碧绉

亦称单绉,也是平经皱纬织物。与双绉不同之处是,它采用单向强捻纬丝且以三根捻合为多。织物表面具有均布的螺旋状粗斜纹闪光皱纹,比双绉厚实,其表面光泽较好,质地柔软,手感滑爽,富有弹性,适于制作男女衬衫、外衣、便服等。

如编号为 12102 的双绉原料采用 100% 桑蚕丝平纹组织制织,经纱线密度 22/24dtex ×2,纬纱线密度 22/24dtex ×4,捻度为 23 捻/cm(2S2Z),经密 632 根/10cm,纬密 400 根/10cm,平方米重量为 60g。

(四)绸类织物

这类织物品种较多,有平纹、变化组织等不同外观的薄型丝织物,也可以说其他大类归不进去的薄型丝织物均可归入绸类。

1. 塔夫绸

这是一种高档绸。用平纹组织和高于一般绸织物的密度,每 10cm 经密为 800 根、纬密为 450 根左右织成绸织物。其风格特征为质地紧密,绸面细洁光滑、平挺美观,光泽柔和自然,不易脏污。但易折皱,折叠重压后折痕不易恢复,缩水率为 2% 左右。品种有素色及印花等,适用于各种女用服装、节日礼服、男便服等服装衣料和服装配件头巾、伞布之类用料。

2. 绵绸

亦称怦丝绸、疙瘩绸,属绢纺绸,是用缫丝及丝织的下脚丝、丝屑、茧渣等为原料,经绢纺加工成纱线,多采用平纹组织而织成绵绸。其风格特征是纱条粗细不匀形成不平整绸面外观,茧渣使绸面均布黑色粒子,本白略带乳黄色,稍有闪光点,质地厚实富有弹性,手感黏柔粗糙,富有粗犷及自然美。价格较低,本白纯朴、深色浓郁,具有高雅大方之感。印花绵绸更富有立体逼真特点,适用于女用衬衫、便装等面料。

如编号为 13857 的绵绸,原料采用 100% 桑蚕丝平纹组织制织,线密度为 40tex,经密 208 根/10cm,纬密 140 根/10cm,每平方米重 140g。

(五)缎类织物

指缎纹组织的丝织物。缎面光泽明亮,手感光滑柔软。

1. 素软缎

是桑丝与再生纤维丝的交织物,以八枚缎纹织成。缎面经丝浮线较长,排列细密,具有纹面平滑光亮、质地柔软、背面呈细斜纹状的风格特点。产品有素色和印花两种,色泽鲜艳,浓郁高雅,适于制作男女棉衣、便服绣衣、戏装等。

如编号为 64861 的素软缎,原料采用 26% 桑蚕丝,74% 黏胶丝,八枚经面缎纹,经纱线密度 22/24dtex(1/20/22 旦),纬纱线密度 132dtex(1/120 旦)有光黏胶丝,经密 1480 根/10cm,

纬密 550 根/10cm,每平方米重量为 104。

2. 花软缎

与素软缎相同,仅为缎纹地的提花组织,桑丝为地、再生纤维丝提花。其色泽协调、花纹突出,层次分明,质地柔软光滑,穿着舒适合身,有华丽富贵之感,适于做男女棉衣、便服、戏装及装饰用布。

(六)锦类织物

三色以上的缎纹织物即为锦。

1. 织锦缎和古香缎

属于丝织物中最为精制的产品。以经面缎纹提花组织织成,其风格特征是花纹细。织锦缎每 10cm 纬密为 1020 根,古香缎每 10cm 纬密为 780 根。两者均质地厚实紧密,缎身平挺,色泽绚丽,通常为 3 色以上,最多可达 7～10 色,属于高档缎织物。两者均适于做女上装、便服、睡衣、旗袍、礼服和少数民族节日盛装等高档服用衣料。

如编号为 62035 的织锦缎,原料采用 22% 桑蚕丝,78% 黏胶丝,八枚经面缎纹;线密度为经纱采用 2 根捻为 8 捻/cm(S)的 22/24dtex 的染色桑蚕丝并捻,并捻的捻度为 6.8 捻/cm(Z);纬纱,甲 165dtex × (1/150 旦)染色有光黏胶丝;乙 165dtex × (1/150 旦)染色有光黏胶丝;丙 165dtex × (1/150 旦)染色有光黏胶丝;经密 1280 根/10cm;纬密 1020 根/10cm;重量为 223g/m²。

2. 云锦

属于我国具有 600 年历史的高级艺术丝织物,亦为少数民族服装的高级衣料,主要包括妆花缎、库锦和库缎三类品种。

(1)妆花缎。妆花缎是云锦中最华丽而有代表性的产品,它以桑丝、金银线、再生纤维丝为经纬纱,缎纹提花组织织成。花纹色彩变化多样,配色十分复杂,少则 4 色、多达 18 色,色彩协调,花纹具有古色古香的民族风格特征。

(2)库锦。库锦属于一种花纹全部用金银线织成且缎面花满,并以小花纹为主的丝织物。其风格特征是织物表面金光闪烁,银光灿烂,颇有富丽华贵之外观,质地厚实平挺,唯一不足是触感欠佳。

(3)库缎。库缎为缎纹地提本色花的桑丝缎。其质地坚实挺括,缎面平整光洁且有亮暗花纹。

(七)绢类织物

为桑丝和再生纤维丝交织成的平纹织物。常见的品种有天香绢,为传统的绢类织物,以长丝为经,有光再生纤维丝为纬,以平纹地提花组织织成。其质地细密,较缎与锦薄而韧,适用于女装。

如编号为 12302 的塔夫绢,塔夫绢具有闪光效果,其风格特征为外观细密平整、光泽晶莹,手感挺爽,丝鸣感强,较缎与织锦薄而韧。除提花塔夫绢外,还有素塔夫绢。

原料采用桑蚕丝 100%,平纹地提花;线密度为经纱采用 2 根捻度为 8 捻/cm(S)的 22/24dtex(1/20/22 旦)的染色桑蚕丝并捻,并捻的捻度为 6 捻/cm(Z);纬纱采用 3 根捻度为 6 捻/cm,捻向为 S 的 22/24dtex(1/20/22 旦)的染色桑蚕丝并捻,并捻的捻度为 6 捻/cm(Z);经密 1055 根/10cm;纬密 470 根/10cm;重量为 70g/m²。

(八)绫类织物

斜纹的丝织物为绫。

1. 广绫

包括素广绫与花广绫两种。通常用八枚缎纹织成素广绫,以八枚缎纹地提花组织织成花广绫。绫的风格特征是表面斜纹明显,色光艳丽明亮,绸身略硬,白坯广绫亦有风姿,适于做女装镶嵌或服饰用料。

2. 采芝绫

属人造丝与桑丝交织物。以斜纹组织织成。它具有质地厚实,绫面小提花的风格特征,适于做春秋冬服装面料,婴幼儿斗篷、褓裙等。

如编号为 15688 的桑丝绫,原料采用 100% 桑蚕丝;斜纹;线密度为经纱,22/24dtex × 3(3/20/22 旦)桑蚕丝;纬纱,22/24dtex × 4(4/20/22 旦)桑蚕丝;经密 534 根/10cm;纬密 430 根/10cm;重量为 63g/m²。

(九)罗类织物

用合股丝作经纬纱织成的绞经织物,绸面有绞纱形成的孔眼。

1. 杭罗

因主要产于杭州而得名,经纬均用 5.5 ～ 7.8tex 中级长丝为原料,平纹组织,每间隔奇数根纬纱绞经一次,因而使平整的绸面上具有纱罗状孔眼。其孔眼是经向排列的为直罗,是横向排列的为横罗。杭罗质地紧密、挺括、滑爽,纱孔透气,穿着凉快,并耐洗涤,适于制作男女夏季衬衫与便服。

2. 花罗

是与杭罗相似的绞经织物,所不同之处是花罗的孔眼是按一定花纹图案排列的。多用做夏季女衬衫、裙装等。

如编号为 16151 的杭罗,原料采用 100% 桑蚕丝;平纹地罗组织;线密度为经纱 55/78dtex × 3(3/50/70 旦)桑蚕丝;纬纱 55/78dtex × 3(3/50/70 旦)桑蚕丝;经密 335 根/10cm;纬密 265 根/10cm;重量为 107g/m²。

(十)纱类织物

采用加捻桑丝织成的透明轻薄丝织物。

1. 乔其纱

采用2.2~2.4tex的强捻丝做经纬纱,经纱以2S、2Z相间而纬纱则以2Z、2S相间排列,经纬密均较稀疏,并采用平纹组织织成。在漂练过程中即可产生收缩而使绸面具有细微均匀的皱纹,明显的纱孔,乔其纱轻薄而稀疏的质地,悬垂飘逸、弹性好,穿着舒适合体,适于制作夏季女用裙衣、衬衫、便装及婚礼服等。

2. 莨纱

亦称香云纱,用3.1~3.3tex桑丝、2.2~2.4tex桑丝二合股强捻纱为经,以2.2~2.4tex6根桑丝加捻为纬,并以平纹地组织提花织成坯纱,再进行拷制处理,形成香云纱。布面油亮、爽滑,轻快透凉;但不宜折叠,摩擦后易损,造成脱胶而影响外观。适于制作夏季服装。

(十一)葛类织物

属于桑丝和再生纤维丝交织物,或用全桑丝合股线为经纬织成,绸身反面起缎背,是具有明显横向凸纹的花素丝织物。

1. 特号葛

采用2.2~2.4tex两合股线为经,纬纱以2.2~2.4tex四股线用平纹组织缎纹提花织成。绸身反面起缎背,而正面为平纹,有缎纹亮花、质地柔软、花纹美观、坚韧耐穿,但不宜多次洗涤。它适用于春秋冬各式女装及男便服,是少数民族主要衣料品种之一。

2. 兰地葛

以2.2~2.4tex长丝为经,纬纱用13.2tex再生纤维丝的交织物。织物具有粗细纬丝交叉织入,并以提花技巧衬托,绸面呈现不规则细条罗纹和轧花的特殊风格,质地平挺厚实,有高雅文静之感,适于制作男女便装、外衣等。

如编号为66402的花文尚葛,原料采用黏胶丝62%,棉纱38%;斜纹;线密度为经纱132dtex(1/120旦)有光黏胶丝;纬纱18tex×3(1/32英支/3)丝光棉纱;经密1060根/10cm;纬密160根/10cm;重量为233g/m²。

(十二)绨类织物

常用有光再生纤维丝为经,棉短纤纱为纬织制的交织物。采用各种长丝作经,棉纱或蜡线作纬,以平纹组织进行交织,质地比较粗厚、密实、坚牢的低档丝棉交织物,细经粗纬的素、花丝织品为绨类织物,如编号为66104的蜡线绨、67851的春花绨等。绨类是14大类中最少的一类品种。

绨与葛两大织物有些相似,虽然绨也是细经粗纬,但相差不大。素绨、小花纹绨可以用作秋冬服装面料,大花纹绨类织物可用作被面及其他装饰用品。

如编号为66104的蜡线绨,原料采用黏胶丝50%,棉纱50%;平纹地小提花;线密度为经纱132dtex(1/120旦)有光黏胶丝;纬纱27.8tex(1/21英支/1)蜡线;经密505根/10cm;纬密240根/10cm;重量为137g/m²。

(十三)绒类织物

属桑丝和再生纤维丝交织的起毛织物。表面绒毛密立,质地厚实,富有弹性。

1. 乔其丝绒

以经起毛组织织成交织绒坯,割绒后形成密集耸立绒毛覆盖布面。其主要风格特征是质地厚实,绒毛密立且呈顺向倾斜,绒面平整,光彩夺目,有富贵华丽之感,悬垂性好,穿着舒适合体;但不宜常洗涤,耐用性稍差。若经过特殊加工可得烂花乔其绒、拷花乔其绒、烫金乔其绒等品种,适用于女装及服装配饰用品用料。

2. 金丝绒

类似于乔其绒的丝织物,为双层织物。其风格特征是表面密立较长的绒毛,并呈顺向倾斜,光泽甚好,质地坚牢,但绒面不太平整。

如编号为 65111 的乔其立绒,原料采用桑蚕丝 18%,黏胶丝 82%;平纹地双层绒;线密度为绒经 22/24dtex × 2(2/20/22 旦)桑蚕丝 24 捻/cm(1S1Z);地经 132dtex(1/120 旦)有光黏胶丝;纬纱 22/24dtex × 2(2/20/22 旦)桑蚕丝 24 捻/cm(3S3Z);经密 424 根/10cm;纬密 450 根/10cm;重量为 210g/m^2。

如编号为 18652 的天鹅绒(漳绒),天鹅绒采用起绒杆法形成毛圈,将部分毛圈按绘制的图案割断成毛绒,由绒毛与绒圈映衬而构成花纹,形成富有民族特色的织物外观。

原料采用桑蚕丝 100%,四枚变斜;线密度为绒经(31/33dtex × 14)× 3(14/28/30 旦 × 3)桑蚕丝;地经采用 2 根捻度为 8 捻/cm(S)的 22/24dtex(1/20/22 旦)并捻,并捻的捻度为 6 捻/cm(Z);纬纱 31/33dtex × 9(9/28/30 旦)桑蚕丝,3.1/3.3tex × 4(4/28/30 旦)桑蚕丝;经密(438 + 217)根/10cm;纬密 360 根/10cm;重量为 200g/m^2。

(十四)呢类织物

丝织物中最丰厚的织物,如用绝丝绢纺而织成的织物等。采用基本组织和变化组织,并且采用比较粗的经纬丝纱,经向长丝、纬向短纤维纱,或者经纬纱均采用长丝与短纤纱合股并加以适当的捻度,表面粗犷少光泽,质地丰厚似呢的丝织品为呢类织物。

呢类丝织物的特征由原料和组织所形成,它的经纬向原料都比较粗,织造时采用绉组织,俗称呢地组织,可以使织物对光线产生漫反射,使光泽柔和,又因绉组织中的长浮线,可使织物松软厚实,丰满蓬松。呢类织物主要用于制作外衣,也可制作衬衫、连衣裙等。

如编号为 69152 的丝毛呢,原料采用桑蚕丝 36.2%,羊毛 63.8%;破斜纹;线密度为经纱 22/24dtex × 3(3/20/22 旦)桑蚕丝;纬纱 19.4tex × 2 羊毛;经密 755 根/10cm;纬密 255 根/10cm;重量为 143g/m^2。

第五节 再生纤维素织物

再生纤维素纤维以其优良的舒适性能(吸湿、透气、柔软、悬垂性)在服装中得到广泛应用,特别是近年来世界各国开发出了具有良好性能的新型环保型黏胶纤维——天丝纤维以后,再生纤维素织物已成为世界流行的热门衣料之一。下面介绍几种再生纤维素纤维织物的风格特征及服装适用性。

一、人造棉平布

采用普通黏胶纤维织制平纹组织,每10cm经密为236~307根、纬密为236~299根,织成各种薄厚不同的人造棉细平布、中平布,再经染色和印花加工而成各种人造棉布。其风格特征为织物质地均匀细洁,色泽艳丽,手感滑爽,穿着舒适,透气及悬垂性均较好。但缩水率较大,湿强度低,故服装保型性及耐穿性较棉布差,价格便宜,主要适用于夏季女衣裙、衬衫、冬季棉衣、童装等衣料。

二、人造丝织物

纯人造丝织物,如人造丝塔夫绸、人造丝乔其、人造丝软缎、人造丝织锦、醋酯丝斜纹里子绸、醋酯丝波纹绸,以及与其他纤维纱线交织的丝绸织物。

1. 人造丝无光纺

经、纬向均采用13.3tex无光人造长丝为原料而织成的平纹绸类织物。其主要风格特征是密度较稀,比绸稍薄,手感柔滑,与电力纺类似,表面光洁,色洁白而无亮光,并以色淡雅为主格调,也有条格或印花织物。湿强力较低,故洗涤用力揉搓易出裂口。其价格便宜,穿着凉爽,适于做夏季男女衬衫、衣裙、戏装、围巾等用料。

2. 美丽绸

经、纬向均用13.3tex有光人造长丝为原料,以$\frac{3}{1}$斜纹组织织成的织物。其主要风格特征是织物表面平滑,光泽正面明亮有细斜纹,反面暗淡无光,手感滑爽,缩水率为5%,色泽多为蓝、灰、咖啡等色,主要用做呢绒服装里料。

3. 羽纱

经、纬向均采用13.3tex有光黏胶长丝为原料,以$\frac{3}{1}$斜纹组织织成的织物,又称美丽绸。其主要风格特征是绸面光亮平滑,斜纹纹路清晰,手感柔软滑爽,缩水率为5%。如果纬纱采用14tex×2蜡棉线,织物则称为蜡线羽纱,其风格特征是质地坚牢、厚实耐磨,布面柔滑挺实,正面光泽明亮、反面暗淡无光。这类织物主要用做服装的里料。

第六节　合成纤维织物

一、涤纶织物

涤纶织物正在向合成纤维天然化的方向发展,各种差别化新型涤纶纤维,纯纺和混纺的仿丝、仿毛、仿麻、仿棉、仿麂皮的织物进入市场并深受欢迎。涤纶纤维织物花色品种之多,数量之大,独居合成纤维产品之首。下面介绍各种涤纶织物的风格特征及服装适用性。

(一)涤纶仿丝绸织物

仿丝织物一般采用圆型、异型截面的细旦或普旦涤纶长丝及涤纶短纤维纱线为经纬纱,织成相应品种的坯绸,再经染整及碱减量加工,从而获得既有真丝风格,又有涤纶特性的织物,但其服用舒适性较差。如涤纶绸、涤纶双绉等,比真丝绉富有弹性且坚牢耐用,易洗免烫,虽悬垂飘逸但不凉爽。由于其价格便宜,仍不失为消费者欢迎的衣料。

1. 仿丝绸

采用圆型涤纶或异型涤纶长丝为经、纬纱织成坯绸,再经染整、碱减量加工后而获得的薄织物。如雪纺,以强捻绉经、绉纬织制。经丝与纬丝采用 S 捻和 Z 捻两种不同捻向的强捻纱,按 2S、2Z 相间排列,以平纹组织交织,织物的经纬密度很小。坯绸经精练后,由于丝线的退捻作用而收缩起绉,形成绸面布满均匀的绉纹、结构疏松的雪纺。每平方米重量为 47 ~ 55g,具有质地轻薄悬垂性好,绸面平整柔滑、光泽柔和自然,类似真丝绸高雅的外观风格。但其穿着舒适性稍差,价格较低,适用于做夏季男女衬衫、便服、女用衣裙、舞台服装等衣料。

2. 仿丝缎

采用半无光和异形有光长丝以缎纹或提花组织织成,或利用部分轧花加工获得的涤纶纺丝缎织物,如涤美缎、轧花绸等衣料,其外观风格酷似真丝提花缎织物,缎面丰满、手感柔滑、光泽自然柔和且富有弹性,适于做晚礼服、婚礼服、春秋便服、冬季棉衣面料、围巾等服饰用品。

3. 涤爽绸

是经向采用加捻涤长丝、纬向用 65 涤/35 棉混纺股线,以经纬采用不同捻向纱线按一定规律排列,形成隐条或隐格的涤长丝与涤/棉混纺纱交织的仿绸织物。其主要风格特征是质地轻薄,手感滑挺爽利,比纯涤丝绸穿着舒适。其通常以素色为多,适于做夏季男女西裤、便服衣料。

(二)涤纶仿毛织物

涤纶仿毛织物主要为精纺仿毛产品,其中一种是用涤纶长丝为原料,多采用涤纶加弹丝、涤纶网络丝或多种异形截面的混纤丝,仿毛织物均较纯毛织物滑亮;另一种是用中长型涤纶短纤维与中长型黏胶纤维或中长型腈纶混纺成纱后织成中长仿毛产品。

1. 涤弹条花呢

采用 15tex×30～9tex×60 的低弹混纤丝,以黏胶长丝为嵌条线,用平纹或变化组织,经松式染整及树脂整理加工,每平方米重量为 155g 左右的各种涤弹条花呢。其外观风格特征极似毛涤花呢,手感滑糯、毛感强,抗静电、抗起球性均好,不易勾丝挂丝,价格便宜,为中档西服、女套裙等服装面料。

2. 涤纶网络丝仿毛织物

采用在丝条上具有密集节点的低弹网络丝为原料织成平纹、斜纹、花色织物等仿毛产品。这类织物不仅可达到普通低弹丝的蓬松收缩的毛型感,而且可以减少织物经向柳条与纬向横档等疵点。因此,网络丝与普通丝仿毛织物相比具有较为优异的风格特点。若与全毛织物相比,其挺括厚实,外观与手感类似毛织物,并且坚牢耐用及易洗免烫、方便实用、价格低廉。故网络丝各种仿毛织物为广大消费者所欢迎,适于做男女西服、衣裙、童装等衣料。

(三)涤纶仿麻织物

涤纶仿麻织物是目前国际服装市场受欢迎的衣料之一。涤纶仿麻织物是采用涤纶或涤/黏混纺强捻纱(90 捻/10cm)、花式线(色)以平纹和凸条组织等变化组织织成的具有干爽手感的仿麻织物。日本和中国台湾生产的涤纶仿麻织物品种较多,一般用 50% 改性涤纶与 50% 普通涤纶为原料,加强捻,以不同喂入速度而形成条干粗细及捻度不匀的特殊结构合股线,以平纹和凸条组织形成外观粗犷、手感柔而干爽的薄型仿麻织物。一般中厚型仿麻织物适用于春秋季男女套装、夹克衫,薄型仿麻织物则适于做夏季男女衬衫、衣裙及时装等衣料。

(四)涤纶仿麂皮织物

涤纶仿麂皮织物主要以细或超细涤纶为原料,以非织造织物、机织物、针织物为基布经特殊整理加工而获得的性能外观颇似天然麂皮的涤纶绒面织物。常见的有以下三种。

1. 人造高级麂皮

人造高级麂皮采用 0.0011～0.0001tex 超细纤维,用非织造织物涂层,经起毛磨绒、聚氨酯整理加工而成的人造麂皮。其主要风格特征是质轻、舒适,手感丰润,坚牢耐用,适于做女上衣、夹克衫、礼服等高级服装用料。

2. 人造优质麂皮

人造优质麂皮以涤纶长丝为经、超细纤维纱为纬的机织物为基布,经起毛磨绒,聚氨酯整理加工而成的人造麂皮。它具有柔软典雅的风格,良好的悬垂和透气性,华贵高档是国际服装市场上颇受欢迎的礼服、西装、衣裙、夹克衫等服装衣料。

3. 人造普通麂皮

人造普通麂皮采用涤纶长丝或网络丝为经、细短纤 28tex×2～14tex×2 股线为纬,以纬面缎纹组织织成基布,经起毛及聚氨酯后整理加工而成。其主要风格特征是手感柔软,富有弹性及皮感,透气、舒适,绒面细腻坚牢耐用,适于做男女风衣、夹克衫、西服上装等。

(五)涤纶混纺织物

为了弥补涤纶吸湿性小,透气、舒适性差之不足,同时为改善天然纤维和再生纤维素纤维织物的服用保型性及坚牢度,并考虑降低成本,常采用涤纶与棉、毛、丝、麻和黏胶纤维混纺,织成各种涤纶混纺织物,其服用性能兼有涤纶和所混纺纤维的性能特点。可用作衬衫、外衣、裤子、裙子、套装等面料。

二、锦纶织物

锦纶以它优异的耐磨性和质轻的良好服用性能竞争于合成纤维衣料之中,半个世纪以来它仍占有重要的地位。受消费者欢迎的羽绒服和登山服所用衣料仍以锦纶织物为最佳。

(一)锦纶塔夫绸

锦纶塔夫绸采用 7.78×12.2tex 或 12.2×12.2tex 锦纶长丝为经、纬纱织成的密度较大的平纹织物。经摩擦轧光和防水整理加工,或者进行聚氨酯涂层整理,这样可获得手感滑爽,表面光洁的普通锦纶塔夫绸;或表面有轧花图案,光亮,防水、透气,手感柔滑的轧花防水塔夫绸;以及表面特亮,布纹不清,防水、透气性差的涂层锦纶塔夫绸。以上各种塔夫绸均适于制作轻便服装、羽绒服,以涂层锦纶塔夫绸最好,轧花塔夫绸多用于时装面料,普通塔夫绸亦可用做服装里料。

(二)锦纶绉

锦纶绉主要采用 5.56tex 半光锦纶加捻丝为经、5.56tex 半光锦纶不加捻丝为纬,织成表面细皱均匀、手感轻薄挺爽、外观绚丽多彩的印花或素色锦纶织物。其成衣保型性好、坚牢耐用、价格适中,适于做夏季衣裙、春秋季两用衬衫、冬季棉衣面料,为服装适用性较广的衣料。

三、腈纶织物

腈纶以其特有的弹性和蓬松度为服装业提供了价廉物美的仿毛衣料和羊毛混纺织物。腈纶膨体针织绒线以及纯腈或毛腈编结线都是针织服装主要的材料。

1. 腈纶女式呢

腈纶女式呢采用 100% 毛型腈纶纤维,在精梳毛纺系统加工成纱,以松结构长浮点或绉组织织成坯布,经染整加工后获得仿毛产品。其风格特征是色泽艳丽,手感柔软,富有毛感,不松不烂,质轻保暖,适于做女外衣、套裙等中低档服装衣料。

2. 腈纶膨体大衣呢

腈纶膨体大衣呢采用腈纶膨体纱为原料,以平纹、斜纹组织(多以色织为主)织成条格、混色织物,经后整理加工形成布面毛茸、手感丰满、保暖轻松的中厚型腈纶仿毛织物,适于制作女用春秋大衣、外套、夹克衫、便服以及童装大衣等。

3. 腈纶混纺织物

腈纶混纺织物主要指以毛型或中长型腈纶与羊毛或黏胶混纺的织物。

(1)腈/黏华达呢。用毛型为 0.28 ~ 0.56tex、长度为 65 ~ 120mm 的腈纶及黏胶纤维为原料,以各占 50% 的混纺比例,在精梳毛纺系统加工成纱而织成的仿毛华达呢织物。其主要风格特征是比全毛华达呢色泽艳丽,手感柔软有毛感,价格低廉,但弹性较差,是低档春秋服装衣料。

(2)腈/涤花呢。以 P/T40/60 混纺比纺成纱。有花色及花式纱两种,按不同外观要求以平纹、斜纹组织加工成仿毛花呢。其主要风格特征是外观挺括,易洗快干,坚牢免烫,但舒适性较差,适于做男女外衣、西服、套裙等中档服装衣料。

(3)腈/毛条花呢。以 P/W55/45、70/30 混纺比纺成纱,用 22.2tex×2 ~ 20tex×2 股线为经、纬纱,以棉纱为经向嵌条线,或以不同组织变化而形成条花风格。其主要风格特征是手感柔软蓬松,毛感较强,外观极似纯毛条花呢,价格便宜。它与涤/毛条花呢相比,挺括度稍差,耐磨耐穿性也欠佳,适于做男女西服套装等中档服装衣料。

四、氨纶织物

(一)氨纶弹力织物的主要规格及风格特征

氨纶弹力织物中的氨纶纤维多是以包芯纱的形式存在,包覆材料可以是棉、毛、丝、麻及其他化学纤维,并可织成不同组织结构和不同规格的弹力织物。其外观风格、吸湿、透气性均接近各种天然纤维同类产品。美国杜邦公司生产的弹性织物:51% 棉、45% 黏、4% 莱卡的弹力提花色织布;87% 涤、13% 莱卡的针织提条弹力布;63% 涤、34% 棉、3% 莱卡的弹力朝阳格布;96% 黏、4% 莱卡的黏胶起皱弹力绸等。

氨纶弹力织物:氨纶弹力织物是用氨纶丝包芯纱(如棉氨包芯纱)作经或纬,与棉纱或混纺纱交织而成的织物,也可以是经纬均用氨纶丝包芯纱织制。由于氨纶的弹性,形成非常优良的适体性。常见的品种有弹力牛仔布、弹力泡泡纱、弹力灯芯绒、弹力府绸等。其主要风格特征是弹性良好,柔软舒适,穿着适体,服用性能好。适于做运动服、练功服、牛仔裤、内衣裤、青年衣裤面料等。

(二)弹力织物的服装适用性

弹力织物的弹力范围是根据人体的肘、膝、背、臀四个部位在活动时受拉伸力大小和方向决定的,一般在12% ~15% 之间。据服装业推荐15% ~17% 的斜向弹力衣料最受欢迎。各种弹力织物的服装适用性见表6 – 6 所示。

表6 – 6　各种弹力织物的服装适用性

弹力织物名称	弹性率%	服装适用性
弹性劳动布、弹力卡其、弹力华达呢等	15	西裤、短裤、牛仔裙
弹力劳动布、弹力灯芯绒、弹力卡其及华达呢等	10 ~ 20	夹克衫、工作服、牛仔装、紧身服
弹力细布、弹力塔夫绸、弹力府绸等	20 ~ 35	滑雪衫、运动服
弹力府绸、弹力细布等	40 ~ 45	内衣裤、女士胸衣

五、其他织物

(一)各种维纶织物的风格特征及服装适用性

1. 维/棉平布

采用维/棉(50/50)、(33/67)混纺成18 ~ 28tex 普梳纱织成的平纹布,匹染后呈混色风格。它具有质地坚牢,柔软舒适,价格便宜的特点,适于制作内衣、便服、童装,本白色多用作口袋布、里衬等。

2. 维/棉哔叽或华达呢

采用与维/棉平布相同的纱织成的哔叽或华达呢类织物。一般多为深蓝色、本白色。其质地厚实,坚牢耐穿,柔软舒适,外观似棉布,不挺括,为低档服装衣料,适于制作工作服。

(二)各种丙纶织物的风格特征及服装适用性

1. 丙/棉细布

采用丙/棉(50/50)纱织成的平纹布。其主要规格为18tex × 18tex,每10cm 密度为287 × 271.5 根,有本白色及杂色织物,印花和树脂整理花色品种。其主要风格特征有"土的确良"之称,挺括爽利、易洗快干、坚牢耐用、价格低廉、布面平整,但有闷气感,适于做童装、便服、工作服及衬衫等一般服装衣料。

2. 帕丽绒大衣呢

帕丽绒大衣呢是仿毛产品,它采用原液染色丙纶,以复丝加工成艺术毛圈纱,再织成别具风格的仿粗梳毛呢织物。其品种有纯丙纶织物、丙棉交织物两大类。各种帕丽绒大衣呢的特征是呢面毛圈色牢度好,鲜艳美观,风格别致,质地厚实,轻便保暖,毛感很强,易洗快干,价格低廉,适于做青年男女春秋外衣、童装大衣、时装等衣料。

第七节　相关标准

FZ/T 34007—2009　麻混纺牛仔布

FZ/T 73015—2009　亚麻针织品

GB/T 9127—2007　柞蚕丝织物

GB/T 15551—2007　桑蚕丝织物

GB/T 22862—2009　海岛丝织物

FZ/T 43004—2004　桑蚕丝纬编针织绸

FZ/T 43009—2009　桑蚕双宫丝织物

FZ/T 43010—2006　桑蚕绢丝织物

FZ/T 43017—2011　桑蚕丝　氨纶弹力丝织物

GB/T 22861—2009　精粗梳交织毛织品

GB/T 22863—2009　半精纺毛织品

FZ/T 73009—2009　羊绒针织品

FZ/T 73018—2002　毛针织品

FZ/T 73034—2009　半精纺毛针织品

FZ/T 24002—2006　精梳毛织品

FZ/T 24003—2006　粗梳毛织品

FZ/T 24004—2009　精梳低含毛混纺及纯化纤毛织品

FZ/T 24006—2006　弹性毛织品

GB/T 16605—2008　再生纤维素丝织物

FZ/T 13004—2006　黏胶纤维本色布

FZ/T 14004—2006　黏胶纤维印染布

GB/T 17253—2008　合成纤维丝织物

FZ/T 72001—2009　涤纶针织面料

FZ/T 13019—2007　色织氨纶弹力布

FZ/T 72003—2006　针织天鹅绒面料

FZ/T 72008—2006　针织牛仔布

FZ/T 72009—2008　针织吸湿牛仔布

FZ/T 13020—2008　纱罗色织布

GB/T 22851—2009　色织提花布

GB/T 15552—2007　丝织物试验方法和检验规则

思考题

1. 试说明下列各对织物的区别：

（1）再生纤维织物与合成纤维织物

（2）长丝织物与短纤维织物

（3）机织物与针织物

（4）普梳棉布与精梳棉布

（5）精纺呢绒与粗纺呢绒

（6）混纺织物与交织物

（7）平布与府绸

（8）哔叽与华达呢

2. 市场调查并收集 10 个中外名牌服装的铭牌标注，并分析它们的面料特点（包括款式、原料、组织、手感、风格等）。

3. 表示织物性能的指标有哪些？它们对服装有何影响？

4. 收集 10 个布样，或找出你的 5 件服装，用已学过的服装材料知识，对它们做全面的介绍和描述。

5. 熟悉并掌握用燃烧法鉴别服装用的原料。

第七章　毛皮与皮革的常规品种与评价

　　毛皮和皮革应用于服装的制作,有着悠久的历史。早在远古时期,人类就发现了兽皮可以用来御寒和防御外来的伤害,但生皮干燥后干硬如甲,给缝制和穿用带来很多的不便。在与大自然的抗争中,人类制革的方法也在不断地改善。裘皮与皮革已成为人们喜爱的流行服装与服饰的材料之一。

　　经鞣制加工后的动物毛皮称为"裘皮"或"皮草"。裘皮是防寒服装理想的材料,它花纹自然、绒毛丰满、密集,皮板密不透风,毛绒间的静止空气可以保存大量热量,故有柔软、保暖、透气、吸湿、耐用、华丽高贵的特点。既可做面料,又可充当里料和絮料。经过加工、处理的光面或绒面皮板称为"皮革"。皮革经过染色处理后可得到各种外观,主要做服装与服饰面料。不同的原料皮,经过不同的加工方法,形成不同的外观风格,图7-1 给出了毛皮与皮革的分类及性能指标。

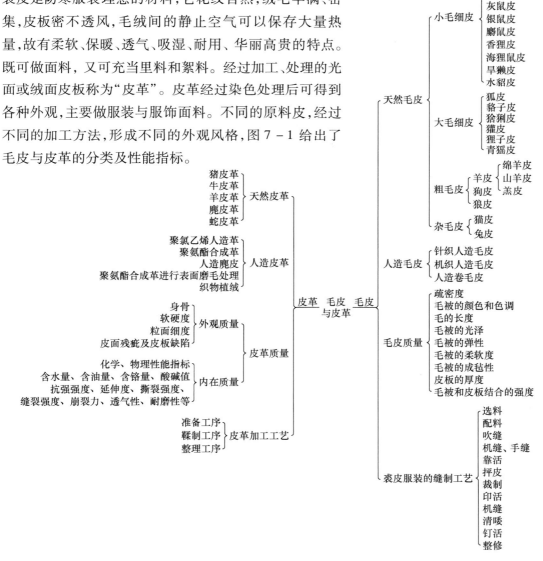

图7-1　毛皮、皮革分类及性能指标

为了扩大原料皮的来源并降低皮革制品的成本,人们开发了人造毛皮和人造皮革。这些皮革外观与真皮相仿,服用性能优良,物美价廉,缝制与保管方便,有利于保护生态环境,并给服装的缝制工艺及保管带来极大的方便。

第一节　毛皮

一、天然毛皮

(一)毛皮的构造

裘皮的原料是直接从动物身上剥下来的带毛生皮,需经过预处理(浸水、洗涤、去肉、毛被脱脂、浸酸软化)、鞣制、染色与整理等一系列加工,才能获得柔软、无臭、坚韧、不易腐烂的可供服用的裘皮材料。

毛皮是由皮板和毛被组成。毛被由针毛、绒毛和粗毛组成,针毛数量少,较长呈针状,富有光泽,有较好弹性,毛皮的外观毛色和光泽靠针毛来表现;绒毛数量多,短而细密,呈卷曲状,可起到保暖作用,且绒毛的密度、厚度越大,毛皮的保暖效果越好;粗毛数量介于针毛和绒毛之间,粗毛的下半段(接近皮板部分)像绒毛,上半段像针毛,粗毛和针毛一起作为毛皮表现外观毛色和光泽的主要部分,同时还具有防水和保护绒毛作用。

毛皮的皮板由外及内依次由表皮层、真皮层和皮下组织组成(图7-2)。表皮层较薄,仅占皮板厚度的0.5%~3%,又可分为角质层、透明层、粉状层、棘状层和基底层。真皮层是皮板的主要部分,也是鞣制成皮革的部分,占全皮厚的90%~95%,真皮分为两层,上层呈现粒状构造,叫乳头层,当表皮除去以后,乳头层便暴露在外向,成为皮层的表面,称为"粒面";真皮的下层叫网状层,主要由纤维状蛋白质构成,纤维呈网状交错,其中包括胶原纤维、弹性纤维和网状纤维。胶原纤维占真皮纤维的95%~98%,它决定了毛皮的坚牢程度;弹性纤维占真皮的0.1%~1%,决定了毛皮的弹性;网状纤维在真皮中含量较少,但贯穿于真皮全部,有耐热水、酸、碱及胰酶的作用,并使皮革具有强韧性能。总之,毛皮的结实、强韧程度和弹性的好坏主要决定于真皮层。

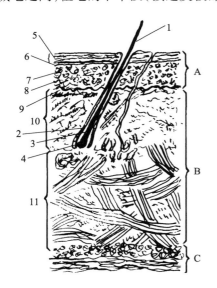

图7-2　皮层的构造

A—表皮层　B—真皮层　C—皮下层

1—毛干　2—毛囊　3—毛根

4—毛球　5—角质层　6—透明层

7—粒状层　8—棘状层　9—基底层

10—乳头层　11—网状层

皮下层主要成分是脂肪,制革时需除去,以防止脂肪分解对毛皮产生损害。

（二）毛皮的鞣制

毛皮的鞣制过程可分成以下三道工序。

1. 准备工序

去除毛皮的油污和其他脏物,清除皮板上的乳肉、乳油、可溶性蛋白质和皮张防腐的药物,使皮板水分含量达到70%~75%。准备工序的加工方法有浸水、洗涤、削里（去肉）、毛被脱脂、浸酸和软化等。

2. 鞣制工序

将毛皮放入配好的鞣液中,使它吸收鞣剂以改善毛皮的质量。鞣制工序对毛被的影响不大,但鞣制后的皮板对化学品和水、热作用的稳定性大大提高,降低了变形,增强了牢度。其主要方法及特点如表7－1所示:

表7－1　毛皮鞣制方法及其特点

名称	鞣制方法	特点
铬鞣法	采用三价铬的铬合物为鞣剂	皮质柔软,纤维疏松,易吸水变形,但皮板坚牢,伸缩性、抗热性、耐磨性和透气性较好,且对酶和沸水的稳定性提高
铬铝鞣法	铝盐与铬化物结合使用	缩短鞣制时间,降低铬盐的消耗。对皮板起填充作用,使皮板丰满和改善力学性能
醛鞣法	用醛的有机溶剂作鞣液	使皮板的收缩具有可逆性,并清除了毛皮污物和防腐;在染色过程中不会出现热稳定性下降和真皮层pH值下降等现象
油鞣法	用碘值高和酸值低的海生动物油作鞣剂	毛皮的皮板孔隙度大、密度小,纤维结构分散,柔软度高,吸水性强并有亲油性,具有优先吸收非极性基溶液的能力
干鞣法	直接用有机溶剂鞣制	可以缩短工艺时间

3. 染色与整理工序

为了使加工过的毛皮皮板坚固、轻柔,色被光洁、艳丽,有的毛皮要经过染色,使低级的毛皮具有高级毛皮的外观,并可以修补或改进毛色。毛皮的整理一般在染色后进行,包括如下工序。

（1）加油:适量添加油脂,增加皮板的柔软度和防水性。

（2）干燥:存皮板晾至半小时,将皮板向各个方向轻轻拉伸。

（3）洗毛:用干净的硬木锯末同毛皮作用,吸走毛上的污垢,然后再除去锯末。

（4）拉软:用钝刀在皮板显硬的地方推搓,使之柔软。

（5）皮板磨里:对皮板朝外穿用的毛皮及反绒革面的加工。使用蘑革机械刮刀机将皮板里面反复研磨,使板面绒毛细密,厚薄均匀,消除或掩盖皮板的缺陷。

（6）毛被整理:将毛梳直或打蓬松,使毛被松散挺直,具有光泽。

（三）毛皮的分类和特征

毛皮主要来源于动物毛皮，根据毛被的长短、皮板的厚薄及外观质量，可以分为四大类，各料毛皮及其特点和用途如表7－2所示：

表7－2　毛皮及其特点和用途

类别	名称	毛皮特点	主要用途
小毛细皮	紫貂皮、水獭皮、扫雪皮、黄鼬皮、灰鼠皮、银鼠皮、麝鼠皮、香狸皮、海狸鼠皮、旱獭皮、水貂皮等	属于高级毛皮，毛短，细密柔软而富有光泽	适于做毛皮帽、长短大衣等
大毛细皮	狐皮、貉子皮、猞猁皮、獾皮等	毛长、张幅大的高档毛皮	适于制作皮帽、长短大衣、斗篷等
粗毛皮	羊皮、狗皮、狼皮等	毛长并张幅稍大的中档毛皮	适于制作帽、长短大衣、马甲、衣里、褥垫
杂毛皮	猫皮、兔皮等	皮质稍差、产量较多的低档毛皮	可用于衣、帽及童大衣等

1. 小毛细皮

属于高级毛皮。毛短，细密柔软，适合做毛皮帽、长短大衣等。

（1）紫貂皮。紫貂别名黑貂。体长400～590mm，尾长165～240mm，如图7－3所示，其毛皮御寒能力极强。多数貂的针毛内夹有银白色的针毛，比其他针毛粗、长、亮，毛被细软，底绒丰富，质轻坚韧，皮板鬃眼较粗，底色清晰光亮。其上品皮张幅在0.06m²左右。

（2）水獭皮。水獭别名水狗。如图7－4所示，毛皮中脊呈熟褐色，肋和腹色较浅，其毛被的特点是针毛峰尖很粗糙，缺乏光泽，没有明显的花纹和斑点，但拔掉粗针毛后，下面的底绒却非常美丽，稠密、细腻、丰富、均匀，不易被水浸透，属针毛劣而绒毛好的皮种，有丝状的绒毛和富有韧性的皮板。人称水獭皮有三贵：一是毛细软厚足、可向三面扑毛；二是绒毛直立挺拔，耐穿耐磨，较其他毛皮耐用几倍；三是皮板坚韧有力，不脆不折，柔软绵延。

图7－3　紫貂

图7－4　水獭

（3）扫雪皮。扫雪别名白鼬、石貂，貌似紫貂，体长400mm，尾长60~100mm（图7-5）。毛皮的针毛呈棕色，中脊黑棕色，绒毛乳白或灰白，冬毛纯白，但尾尖总是黑色，其皮板的鬃眼比貂皮细，毛被的针毛峰尖长而粗，光泽好，绒毛丰厚。其上品皮张幅在0.03m² 以上。

（4）黄鼬皮。黄鼬别名黄鼠狼，体型似紫貂（图7-6），毛为棕黄色，腹部色稍浅，尾毛蓬松，针毛峰尖细软，有极好的光泽；绒毛短小稠密，整齐的毛峰和绒毛形成明显的两层；皮板坚韧厚实，防水耐磨。产于东北地区的皮张幅大，绒毛丰厚；产于华北、中南地区的皮毛稀薄、色浅、张幅小。

图7-5　扫雪　　　　　　　　　　　　　图7-6　黄鼬

（5）灰鼠皮。灰鼠体长230~270mm，尾巴比身体长一倍多（图7-7）。脊部呈灰褐色，腹部呈白色，毛密而蓬松，周身的丛毛随季节变化明显，毛多绒厚，夏季毛质明显稀短，冬季皮板丰满。

（6）银鼠皮。银鼠体长150~250mm，尾长17~20mm，尾尖有黑尖毛。其皮色如雪，润泽光亮，无杂毛，针毛和绒毛近齐，皮板绵软起伏自如。

（7）麝鼠皮。别名水耗子、青眼貂，体长235~300mm，尾长205~270mm（图7-8）。其背毛由棕黄色渐至棕褐色，毛尖夹有棕黑色，毛的基部及腹侧毛均为浅灰色，皮厚绒足，针毛光亮，尤以冬皮柔软滑润、品质优良，经济价值略次于水獭皮。

图7-7　灰鼠　　　　　　　　　　　　　图7-8　麝鼠

除此之外,小毛细皮还包括香狸皮,海狸鼠皮、旱獭皮、水貂皮等。

2. 大毛细皮

指毛长、张幅大的高档毛皮,可用于制作皮帽、长短大衣、斗篷等。

(1)狐皮。狐狸分布的地区很广,狐狸的皮板、毛被、颜色、张幅等都因地而异。南方产的狐狸皮张幅较小,毛绒短,色红黑无光泽,皮板寡薄干燥;北方产的狐狸皮品质较好,毛细绒足,皮板厚软,拉力强,张幅大,脊色红褐,嗉灰白。

红狐皮的毛色棕红(图7-9),光泽艳丽,毛足绒厚,柔软;沙狐貌似红狐,体型较小,体长500mm以上,尾长250~300mm,被毛呈暗棕色,腹下与四肢内侧为白色,尾尖呈灰黑色,其夏皮毛色淡红。沙狐皮的张幅较红狐皮小,毛的弹性、耐磨性和色泽都不如红狐皮。

(2)貉子皮。貉子别名狗獾,体长约500mm,尾长约100mm。脊部呈灰棕色(图7-10),有间接竹节纹,毛皮特点是针毛的峰尖粗糙散乱,颜色不一,暗淡无光,但拔掉针毛以后透出绒毛,突然变色,绒毛如棉,细密优雅美观,皮板厚薄适宜。拔掉针毛后的貉皮称貉绒皮。

图7-9 红狐

图7-10 貉子

除此之外,还有猞猁皮、獾皮、狸子皮、青猺皮等都属于大毛细皮。

3. 粗毛皮

指毛长并张幅稍大的中档毛皮,可用来制作帽、长短大衣、马甲、衣里、褥垫等。

(1)羊皮。由于产地的地理、气候、饮食条件不同,毛皮的质量及用途也有所不同。服装用羊皮主要有三类:

①绵羊皮(图7-11):绵羊的毛被特点是毛呈弯曲状,黄白色,皮板结实柔软,不同种类的绵羊皮各有其特色,蒙古羊皮板厚,张幅大,含脂多,纤维松弛,毛被发达,毛粗直;西藏羊毛长绒足,花弯稀少,弹性大,光泽好;新疆细羊毛皮板厚薄均匀,纤维细致,毛细密多弯,弹性和光泽好,周身毛同质同量;滩羊毛呈波浪式花穗,毛股自然、花绺清晰、光泽柔和、不板结、皮板薄韧。

②山羊皮(图7-12):山羊毛被特点是半弯半直,皮板张幅大,柔软坚韧,针毛可用以制笔,拔针毛后的绒皮用以制裘,未拔针毛的山羊皮一般用作衣领或衣里,小山羊皮也称为猾子皮,毛被有美丽的花弯,皮质柔软。

图7-11　绵羊　　　　　　　　　　　　　　图7-12　山羊

③羔皮:绵羊羔的毛皮,其毛被花弯绺絮多样。如滩羔皮毛绺多弯,呈萝卜丝状,色泽光润,皮板绵软;湖羊羔皮毛细而短,毛呈波浪形,卷曲清晰,光泽如丝,毛根无绒,皮板轻软;陕北羔皮毛被卷曲,光泽鲜明,皮板结实耐用;青种羊羔皮又称草上霜,被无针毛,整体是绒毛,毛长9~15mm,毛性下扣,左右卷成螺旋状圆圈,每簇毛中心形成微小侧孔隙,绒毛碧翠,绒尖洁白,如青草上覆上一层霜,是一种奇异而珍贵的毛皮。

(2)狗皮。毛皮特点是毛厚板韧,皮张前宽后窄,颜色甚多。南方狗毛绒平坦,个大板薄,黄色居多;北方狗毛大绒足,峰毛尖长,针毛毛根贯穿真皮,皮板厚壮,拉力强,以杂色居多。

(3)狼皮。狼的体长1000~1600mm,尾长350~500mm。毛皮特点是毛长、绒厚、有光泽,毛色随地区变化较大,由棕灰到淡黄或灰白都有,皮板肥厚坚韧,保暖性很强,甲级皮张幅在0.39m²以上。

4. 杂毛皮

指皮质稍差、产量较多的低档毛皮,可用于衣、帽及童大衣等。

(1)猫皮。猫的品种花色较多,以北方猫皮的质量为好。其特点是颜色多样,斑纹优美,由黑、黄、白、灰等正色及多种辅色组合,毛被上有时而间断、时而连续的斑点、斑纹或小型色块,针毛细腻润滑,毛色浮有闪光,暗中透亮。

(2)兔皮。兔皮毛色较多,以黑白青灰为主,北方兔,毛色多为白色,毛绒厚而平坦,色泽光润,皮板柔软;力克斯兔,全身均为同质绒毛,以驼色居多,毛呈细小螺旋状,皮板壮实;青紫蓝兔,毛被具有天然色彩,皮张幅大,毛绒丰厚;安哥拉兔,毛为洁白蓬松无针毛,毛长60~80mm,也是主要的产毛兔。

以上介绍的毛皮主要品种中,有一些品种属于我国重点野生动物保护之列,按国家有关野生动物保护实施条例,在服装制作中应避免使用此类野生动物毛皮,可选用人工饲养的动物毛皮。

(四)毛皮的质量与性能

毛皮的质量优劣,取决于原料皮的天然性质和加工方法,即使同一种类的毛皮,也由于捕获季节、生存环境、性别和年龄的差异,使毛皮的质量有所不同。毛皮的质量和性能可从以下几方面来衡量。

1. 毛被的疏密度

毛皮的御寒能力、耐磨性和外观质量都取决于毛被的疏密度,即毛皮单位面积上毛的数量和毛的细度。表7-3列举了几种毛皮的毛被疏密度。

表7-3 毛被的疏密度

品　　种	密　度/根/mm²	细　度/μm
细毛羊皮	20~50	20~30
山羊皮	20~30	绒7~20,粗毛50~200
兔皮	1/3~19	绒5~30,粗毛30~100
麝鼠皮	80~100	—
狗皮	—	25~30
猫皮	—	11
狐皮	10	—
黄鼬皮	12	—

毛密绒足的毛皮价值高而名贵。水獭、水貂和旱獭、黄鼬相比,前者毛密绒足,比后者名贵;细毛羊皮周身的毛同质同量,剪绒后得到的毛皮毛被平整细腻、绒毛丰满,而山羊皮毛被稀疏而粗,拔针毛后得到的绒毛皮价值较低。不同的产皮季节,毛的质量也有所不同,见表7-4,除绵羊皮外,都是冬季产的毛皮质量好,峰尖柔、底绒足、皮板壮。对同一毛皮动物来说,毛被的不同部位质量也有差异,发育最好的是耐寒的脊背和两肋处的被毛。

表7-4 产皮季节与毛皮的质量

部位	背部毛绒	皮板	尾巴
冬皮	长而密、灵活、光亮	呈白色、柔韧	毛较长、蓬松有光泽
秋皮	毛平齐、较短、有新生短针毛	呈青色、较厚	毛较短或平伏未敞开
春皮	毛干枯、有勾曲或脱绒现象	呈红色、较硬厚	毛枯干有脱绒
夏皮	毛稀短	干燥薄弱	毛细尖

毛的细度对染色也有影响。对无髓毛来说,毛的直径越大,染料分子渗入毛内部所需的时间越长。因此,在相同染色工艺条件下,粗毛与细毛虽吸入相同数量的染料,但染料分子在粗毛上比较集中分布在毛的外层,使外层颜色显得较深,而细毛上的染料渗入内部,外层颜色却显得稍浅。

2. 毛被的颜色和色调

毛皮的颜色决定了毛皮的价值。野生毛皮动物可以根据毛被的天然花色来区别毛皮的种类,也可以区别毛皮的稀有名贵与普通粗劣。同一动物的毛被往往有不同的色调,毛皮的中脊部位色泽较深,花纹明显,由脊部向两肋,颜色逐渐变浅,腹部最浅。

在毛皮生产中经常采用低级毛皮来仿制高级毛皮,其毛被的花色及光泽越接近天然色调,毛皮的价值就越高。

3. 毛的长度

毛的长度指被毛的平均伸直长度,它决定了毛被的高度和毛皮的御寒能力,毛长绒足的毛皮防寒效果最好。毛皮服装的生产中常根据毛皮使用的部位及功能,确定所要求的毛被长度,选择合适的品种。因而在毛皮生产中适当地控制毛被生长(控制剪毛时间、捕杀季节等),可以使毛皮获得更多的用途。表7-5列举了几种毛皮的被毛长度。

表7-5 几种毛皮的被毛长度

品种	细羊毛	哈萨羊	蒙古羊	灰鼠	狐	水貂	麝鼠	猫	兔
长度(mm)	65~70	121	92~125	12~15	40~70	10~28	绒10~15 针20~25	20~30	25~35

4. 毛被的光泽

毛被的光泽取决于毛的鳞片层的构造、针毛的质量以及皮脂腺分泌物的油润程度。一般来说,栖息在水中的毛皮兽毛绒细密,光泽油润;栖息在山中的毛皮兽毛厚、针亮、板壮,被毛的天然色彩优美;混养家畜的毛皮则受污含杂较多,毛显粗糙,光泽较差。

5. 毛被的弹性

毛被的弹性由原料皮毛被的弹性和加工方法所决定。弹性差的毛被经压缩或折叠后,被弯曲的毛被要很长时间才能复原,甚至不能完全恢复,这就会使毛皮表面毛向不一,影响外观。毛的弹性越大,弯曲变形后的恢复能力越好,毛蓬松而不易成毡。一般来说,有髓毛的弹性比无髓毛大,秋季毛的弹性比春季毛大。

6. 毛被的柔软度

毛被的柔软度取决于毛的长度、细度,以及有髓毛与无髓毛的数量之比。

被毛细而长,则毛被柔软如绵,如细毛羊皮、安哥拉兔皮;短绒发育好的毛被光润柔软,如貂皮、扫雪皮;粗毛数量多的毛被半柔软,如猞子皮、艾虎皮;针粗毛硬的毛被硬涩,如獾皮、春獭皮。一般成年动物的毛皮被毛丰满柔软,老年动物的毛被退化变脆。服装用的毛皮以毛被柔软者为上乘。

7. 毛被的成毡性

毛被的成毡现象是毛在外力作用下散乱地纠缠的结果。由于毛干鳞片层的存在,容易使毛在外力作用下沿鳞片外端方向移动,同时,毛的鳞片相互交叉、勾连、紧密粘连,而毛所具有的较大的拉伸变形和横向变形能力,又会使毛在外力作用下产生显著的纵向变形。因而毛皮在生产和穿用过程中,在压缩与除压、正向与反向摩擦等外力的不断作用下,会产生毛的倒伏和杂乱纠缠。毛细而长,天然卷曲强的毛被成毡性强。在加工中注意毛皮的保养,防止或减少成毡性,对于提高毛皮的质量是有益的。

8. 皮板的厚度

皮板的厚度决定着毛皮的强度、御寒能力和重量,皮板的厚度依毛皮动物的种类而异。

皮板的厚度随动物年龄的增加而增加。雄性动物皮常比雌性动物皮厚,各类动物毛皮的脊背部和臀部最厚,而两肋和颈部较薄,腋部最薄。皮板厚的毛皮强度高,重量大,御寒能力强。

9. 毛被和皮板结合的强度

毛被和皮板结合的强度由皮板强度、毛与板的结合牢度、毛的断裂强度所决定。

皮板的强度取决于皮板厚度、胶原纤维的组织特性和紧密性,脂肪层和乳头层的厚薄等因素。用绵羊皮和山羊皮来比较,绵羊皮毛被稠密,表皮薄,胶原纤维束细,组织不紧密,主要呈平行和波浪形组织,而其乳头层又相当厚,占皮厚的 40% ~ 70% ,其中毛囊、汗腺、脂肪细胞等相当多,它们的存在造成了乳头层松软以至和网状层分离,所以绵羊皮板的抗张强度较低。而山羊皮板的乳头层夹杂物少,松软性小,网状层的组织比绵羊皮紧密,纤维束粗壮结实,因而皮板强度高。

在毛皮的生产加工过程中,由于处理不当还容易造成毛皮成品的种种缺陷,影响毛皮的外观、性能及使用,使毛皮质量下降。在挑选毛皮和鉴定质量时应注意:毛皮是否掉毛、钩毛、毛被枯燥、发黏、皮板僵硬、贴板、糟板、缩板、反盐、裂面等。

(五)裘皮服装的缝制工艺简介

裘皮的品种繁多。由于毛色、皮质、张幅各具特色,对服装款式、用途的适用性较广。在裘皮服装的加工过程中,各种裘皮的处理方法和缝制工艺也各不相同。

1. 选料

指选择原料皮,其质量要符合产品的要求。经过区分皮的种类、等级、毛色、毛长,挑除残次皮,估算使用量。对张幅较小而不宜靠走刀方式拼接扩幅的裘皮,适当进行放量。

2. 配料

配料工作是生产整件衣服的过程中非常重要的一个步骤。一个有经验的配料师要把绒毛的长度、纹理和其他特征类似的裘皮配在一起。确定哪些皮做服装的主要部位,哪些皮做次要部位,按照服装样板预测出皮率。配料时,需要根据毛质、毛色、毛绒、厚薄、面积等确定的细路自首至尾顺序排列配制,经过上下衔接,左右克毛,四周边缘和中部皮相克相逐,巧妙掩盖缺陷,设计花纹图形。

3. 吹缝

是把原料皮的边缘缺陷及伤残理破为整,安排毛被的强弱位置,确定需对齐和挖补的位置。吹缝时,将毛峰抖起,折叠皮张,逆毛由下至上弧形辗转吹缝,口吹目测毛被,将发现的残疵剪掉,修齐破损处的边缘,如毛被上有油毛,还需用热土粉洗净。

4. 机缝、手缝

将吹缝工序剪出的剪口和拼接挖补的部分缝合。一般采用手针缝或用缝皮机来缝,将要缝合的两片对齐捏住,将露在板面的绒毛拨入毛被,针穿透真皮而整齐地缝合。缝厚皮要针码紧密,缝薄皮要针码均匀。

5. 靠活

靠活是依据毛皮上质量取皮,即活动的靠近。质量把关工序,负责裁制前的定质、定量、定位工作,使毛被布局合理,上下衔接,绒毛相克,颜色相逐,从而鉴定出配料的好坏,确定抻皮和裁制方法,决定撇皮、添皮、换皮、调数量等。

6. 抻皮

抻皮是将皮毛四周拉紧后固定,以使皮上的褶皱消失,起到皮质均匀、皮张稳定等目的。各种裘皮裁制前都要抻皮。因为经过机缝等工序,皮板难免有皱缩、弯曲、折叠,通过抻皮可使皮板平展,达到合适的出皮率。抻皮的质量取决于对皮质的准确判断和正确的抻皮形式。对需要走刀的皮,要抻出进刀和出刀的路线,对不需动刀的皮要抻得四面整齐,多数皮抻完后要使前后腿向里缩,腋窝和铃铛毛抻出实用线外。

7. 裁制

裘皮服装的裁制有其特殊性,裘皮因其品种而异,即使同一品种的毛被也因毛色、毛长、毛向等因素而异。只有既保留毛被华丽的天然花色而又使毛被的外观一致,才能提高裘皮服装的价值。若选择合适的裁制操作,可节约原料,弥补原料皮的缺陷,改善毛皮的外观。

我国裘皮制作工艺精华之一——挑狐皮,就是一例。狐皮被挑开后,能够明确地分析狐皮各部位的特点,便于区分毛质和颜色,因毛制宜,有的取其轻暖,有的取其华丽,有的取其坚固耐用,有的取其优雅绵软。图7-13所示为狐皮各部位。

对于各种不同性质的裘皮,有变幻无穷的走刀方法。当皮长于样板时,可向宽处走刀——错刀法;皮若宽于样板时,可向长度走刀——拖刀法;由皮的后肷窝以下,顺毛绒边缘斜形向前膀以上割开,再根据样板挪窄或错宽——斜插一杆旗走刀法。不同的走刀法如图7-14所示。

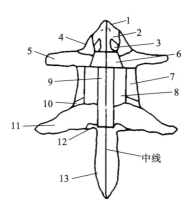

图7-13 狐皮部位

1—嘴茬 2—狐头 3—狐耳
4—狐嗉 5—前腿 6—狐脖
7—狐胸 8—硬肷 9—狐脊
10—狐囊 11—后腿
12—坐毛 13—狐尾

  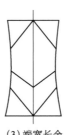 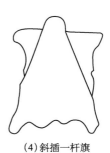

(1)上窄下宽长余　　(2)端宽中窄长欠　　(3)端宽长余　　(4)斜插一杆旗

图 7 – 14　几种形状皮张的走刀法

毛皮裁制技巧在于根据毛被自然生长出的刀路,确定正确的走刀方法、走刀深度、走线区别、进刀上刀的尺寸,通过走刀不仅要改变皮张的形状,而且要改善裘皮毛被的外观,增加花色。很多根据裘皮品种而确定的走刀法都是独具特色的。

8. 印活

裁制后按上、中、下顺序检查毛被皮板的合格程度,修改存在的毛病,如毛被不克毛、绒毛不匀、颜色不逐、刀口不齐、走刀不适、秃绒等疵点,使毛皮的外观及尺寸达到标准。

9. 机缝

将衣片对齐边缘缝合成衣。一般先将毛被相对,用针别住缝合处的相对位置,使缝合时上下层不致错动,在缝毛皮机上边缝边将倒伏的毛挑入正面毛被,避免拴毛、窝毛。

10. 清喽

依据服装样板靠活的位置,把机缝成的条或块形半成品喽在一起,形成衣片,因靠活时主要以毛质颜色相逐为准,因而喽成的衣片边缘会因皮条的长短不一而参差不齐,喽后需整修边缘,使之成为符合标准的衣片,再经机缝后即可成衣。

11. 钉活

固定成品或半成品外形的方法,产品不同,钉法各异。一般钉活工序是在皮板潮湿状态下进行。将皮板向上平铺在网板上,喷少量 20 ~ 30℃的水,待皮湿润后,根据样板曲线、皮板厚薄、毛向,开始钉活。先钉两端,后钉两边,皮厚钉密,皮薄钉稀,使横竖线缝钉得正直,四周边缘整齐。将不要的部分置于钉线以外,然后在通风处晾干,待皮干透后起钉,皮板的形状即可固定。

12. 整修

对成品的进一步检查整理,也是毛皮服装制作的最后一道工序。毛被整理后平顺灵活,光洁美观;皮板整理后柔软无疵。整修有多种方法,视毛皮的特点而选用。

二、人造毛皮

随着纺织技术的发展,为了扩大毛皮资源、降低毛皮产品的成本,人造毛皮有了较大的发展。它不仅简化了毛皮服装的制作工艺,增加了花色品种,而且价格较天然毛皮低,并易于保管。人造毛皮具有天然毛皮的外观,在服用性能上也与天然毛皮接近,是很好的裘皮代用品,其外观和性能取决于生产方法。

(一)人造毛皮的种类

1. 针织人造毛皮

针织人造毛皮是在针织毛皮机上采用长毛绒组织织成的。长毛绒组织是在纬平针组织的基础上形成的,用腈纶、氯纶或黏胶纤维为毛纱,用涤纶、锦纶或棉纱为地纱,纤维的一部分同地纱编织成圈,而纤维的端头突出在针织物的表面形成毛绒。

这种利用纤维直接喂入而形成的针织人造毛皮,由于纤维留在针织物表面长短不一,可以形成针毛与绒毛层结构。长度较长、较粗、颜色较深的纤维做针毛;较短、较细、色浅的纤维做绒毛。通过利用调整不同纤维的比例并仿造天然毛皮的毛色花纹进行配色,可以使毛被的结构更接近天然毛皮。这种人造毛皮既有像天然毛皮那样的外观和保暖性,又有良好的弹性和透气性,花色繁多,适用性广。

2. 机织人造毛皮

机织人造毛皮的地布一般是用毛纱或棉纱做经纬纱,毛绒采用羊毛或腈纶、氯纶、黏胶等纤维纺的低捻纱,在长毛绒织机上织成的。

机织人造毛皮采用双层结构的经起毛组织,由两个系统的经纱同一个系统的纬纱交织而成。地经纱分成上、下两部分,分别形成上、下两层经纱梭口,纬纱依次与上下层经纱进行交织,形成两层地布,而毛经纱位于两层地布中间,与上、下层纬纱同时交织,两层地布间隔的距离恰好是两层起毛织物绒毛高度之和。这种组织织物下机后再经过割绒工序,将连接的毛经纱割断,从而形成两幅人造毛皮,如图7-15所示。

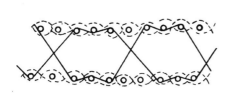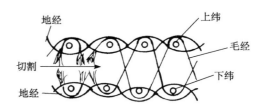

图7-15 机织人造毛皮结构示意图

机织人造毛皮可用花色毛经配色织出花色外观,也可以在毛面印花达到仿真的效果,其绒毛固结虽牢固,但生产流程长,不如针织人造毛皮品种更新快。

3. 人造卷毛皮

针织法生产的卷毛皮是在针织人造毛皮的基础上对毛被进行热收缩定型处理而成的,毛被一般以涤纶、腈纶、氯纶等化学纤维做原料。人造卷毛皮以白色和黑色为主要颜色,表面形成类似天然的花绺花弯,柔软轻便,有独特风格既可做毛皮服装面料,又可做冬装的填里。由于人造毛皮为宽幅,毛绒整齐,毛色均匀,花纹连续,有很好的光泽和弹性,重量比天然毛皮轻得多,而保暖性、排湿透气性与天然毛皮相仿,不易腐蚀霉烂,容易水洗,因而穿用更为方便。

(二)人造毛皮的缝制要点

人造毛皮可按照样板直接用剪刀裁片,裁剪中需要注意毛的顺向,对花色,人造毛皮还要注意排料时花色的对称与搭配。人造毛皮可在缝纫机上缝制,服装制作工艺与其他面料的服装相同。若人造毛皮在加工过程中出现毛的倒伏及污渍,可以经过热蒸汽熏后刷毛使之挺立或在皂液中浸洗去污再刷毛整理,不能用熨斗直接在毛被上熨烫。

第二节 皮革

一、天然皮革

经过加工处理的光面或绒面动物皮板称为"皮革"。天然皮革由非常细微的蛋白质纤维构成,其手感温和柔软,有一定强度,且具有透气、吸湿性良好、染色坚牢的特点,主要用做服装和服饰面料。不同的原料皮经过不同的加工方法,能获得不同的外观风格。如铬鞣的光面和绒面皮板柔软丰满,粒面细腻;表面涂饰后的光面革还可以防水,经过染整处理后的皮革可得到各种光泽和外观效果。由于其纤维密度高,故裁剪和缝制后缝线不会产生起裂等问题。

(一)皮革的种类及特征

服装用天然皮革多为铬鞣的猪、牛、鹿皮革,厚度为 0.6 ~ 1.2mm,具有透气性、吸湿性良好,染色坚牢,薄软轻的特点,见表 7 - 6。

表 7 - 6 服用皮革的主要种类及其特征

种类	表面结构特征	性能特征	主要用途
猪皮革	毛孔粗大而深,明显三点组成一小撮,粒面凹凸不平	具有独特风格,透气性优于牛皮,较耐折、耐磨,缺点是皮质粗糙,弹性差	鞋、衣料、皮带、箱包、手套
牛皮革	各部位皮质差异较大。黄牛革表面毛孔呈圆形,直伸入革内,毛孔密而均匀,排列不规则;水牛革表面毛比黄牛革少,皮质较松弛,不如黄牛革丰满细致	牛皮革耐磨、耐折,吸湿透气较好,粒面磨光后亮度较高,其绒面革的绒面细密	优良的服装材料、鞋、皮带、箱包、手套

续表

种类	表面结构特征	性能特征	主要用途
羊皮革	山羊皮的皮身较薄,皮面略粗糙,毛孔呈扁圆形斜伸入革内,粗纹向上凸,几个毛孔成一组呈鱼鳞状排列	山羊皮粒面紧密,有高度光泽,透气、柔韧、坚牢	服装、鞋、帽、手套、背包
	绵羊皮的表皮薄,革内纤维束交织紧密	绵羊皮手感滑润,延伸性和弹性较好,但强度稍差	
麂皮革	麂皮的毛孔粗大稠密,皮面粗糙,斑疤较多	不适于做正面革,其反绒革质量上乘,皮质厚实,坚韧耐磨,绒面细密,柔软光洁,透气性和吸水性较好	服装、鞋、帽、手套、背包
蛇皮革	蛇皮的表面有明显的易于辨认的花纹,脊色深,腹色浅	粒面致密轻薄,弹性好,柔软,耐拉折	服装的镶拼及箱包等件

(二)皮革的加工过程

由于皮革的用途各异,加工方法也有不同,一般来说生皮加工成革也同毛皮一样需要经过准备、鞣制和整理三道工序。

1. 准备工序

除去生皮上的毛被、表皮和皮下脂肪,保留必要的真皮组织,并使它的厚度和结构适于制革工艺的要求。准备工艺包括浸水、脱毛、膨胀、片皮、消肿、软化、浸酸等。

2. 鞣制工序

将裸皮浸在鞣液中,使皮质和鞣剂充分结合,以改变皮质的化学成分,固定皮层的结构。采用不同鞣料及方法鞣制的皮革,其服用性能有所不同,常用的鞣制方法有植鞣、铬鞣、结合鞣,皮革的鞣制方法及特点见表7-7。

表7-7 皮革鞣制方法及特征

名称	鞣制方法	特点
植鞣法	利用植物单宁做鞣剂与皮纤维结合。植鞣过程中鞣质先渗入皮层,扩散到纤维的表面,然后通过胶体结合与化学结合双重作用使之成为一体,皮纤维向有较多鞣质处沉淀,从而改变了皮革的性能	植鞣革一般呈棕黄色,组织紧密,抗水性强,不易变形,不易汗蚀,但抗张强度小,耐磨性与透气性差

续表

名称	鞣制方法	特点
铬鞣法	用铬的化合物加工裸皮使之成革,现在大部分的皮革制品采用此方法	多适用于较薄的皮质加工,经鞣制的皮革一般呈青绿色,皮质柔软、耐热、耐磨、伸缩性、透气性好,不易变质,但组织不紧密,切口不光滑,吸水性强。适合进行染色、漂白和上光等后整理加工
结合鞣法	采用两种或多种鞣法制革方法	制成革的特点取决于不同鞣法和各自鞣制的程度,采用铬—植复鞣的法,可得到自然的暗褐色;制白色革,也采用如明矾鞣法、油鞣法等

3. 整理工序

制革的整理工序是对皮革进一步的加工,改善其外观。整理工序通常先进行湿态整理(包括水洗、漂洗和漂白、削匀、复鞣、填充、中和、染色、加脂等),然后进行干态整理(包括平展与晾干、干燥、涂饰等)。

皮革染色的方法有浸染、刷染、喷染以及国外发明的轧染等方法。浸染法是将整张皮革在染浴中浸染,可以机械化操作。刷染和涂染法是将皮革平铺在案桌上,将染液在其表面均匀地刷(涂)染或喷染,可以手工或半机械化操作,对大幅面或只要求一面染色或不能在转鼓机上染色的皮革可用此法。此法较经济,但染料的溶解性及操作技术要求较高。轧染法类同织物的轧染法,此法可节约能源,可连续染色并与浸染法一样可缩小由于皮革的天然缺陷造成的病疵。所需的染料因皮革的品种和染色要求而异。一般染正面革只要求粒面着色浓厚,无需染透。而绒面革则要染透,使内部也有浓郁的色泽,且能经得起染色后的再次磨绒。对毛革两面用绒面革而言,毛被应尽可能保持天然色调且上色均匀。

(三)皮革的质量评定

皮革的优劣和适用性如何,这对于皮革服装的选料、用料与缝制关系重大。皮革的质量是由其外观质量和内在质量综合评定的。

1. 外观质量

皮革的外观质量主要是依靠感官检验,包括:

(1)身骨。指皮革整体挺括的程度。手感丰满并有弹性者称之为身骨丰满;手感空松、枯燥者称身骨干瘪。

(2)软硬度。指皮革软硬的程度。服装革以手感柔韧、不板硬为好。

(3)粒面细度。指加工后皮革粒面细致光亮的程度。在不降低皮革服用性能的条件下,粒面细则质量好。

（4）皮面残疵及皮板缺陷。指由于外伤或加工不当引起的革面病灶。

2. 内在质量

皮革的内在质量主要取决于其化学、物理性能指标。有含水量、含油量、含铬量、酸碱值、抗张强度、延伸变、撕裂强度、缝裂强度、崩裂力、透气性、耐磨性等。

通常对皮质的选择和使用要求是：质地柔软而有弹性，保暖性强，具有一定的强度，吸湿透气性和化学稳定性好，穿着舒适，美观耐用，染色牢度好，光面服装革要求光洁细致，绒面革则要求革面有短密而均匀的绒毛。

二、人造革

人造革由于有着近似天然皮革的外观，造价低廉，已在服装中大量使用。早期生产的人造革是用聚氯乙烯涂于织物上制成的，服用性能较差。近年来开发了聚氨酯合成革的品种，使人造革的质量获得显著改进。特别是底基用非织造布，面层用聚氨酯多孔材料仿造天然皮革的结构及组成，这样制成的合成革具有良好的服用性能。下面分别介绍两种不同类型的人造革。

（一）聚氯乙烯人造革

聚氯乙烯人造革是用聚氯乙烯树脂、增塑剂和其他辅剂组成混合物后涂覆或黏合在基材上（纺织品中的平纹布、帆布、针织汗布、再生布、非织造布等），再经过适当的加工工艺制成。根据塑料层的结构，可以分为普通革和泡沫人造革两种。泡沫人造革是在普通制革的基础上，将发泡剂作为配合剂，使树脂层中形成连续的、互不相通、细小均匀的气泡结构，从而使制成的人造革手感柔软，有弹性，与真皮相近。

聚氯乙烯人造革的着色是将颜料先与增塑剂组成色浆，再加入配制好的胶料充分搅拌，使着色剂在胶料中均匀分散，这种有色胶料涂刮到基布上就形成了色泽均匀的人造革。

聚氯乙烯人造革同天然皮革相比，耐用性较好，强度与弹性好，耐污易洗，不燃烧，不吸水，变形小，不脱色，对穿用环境的适应性强。由于人造革的幅宽由基布所决定，因而比天然皮革张幅大，其厚度均匀，色泽纯而匀，便于裁剪缝制，质量容易控制。但是人造革的透气、透湿性能不如天然皮革，因而制成的服装、鞋靴舒适性差。

（二）聚氨酯合成革

聚氨酯合成革由底布和微孔结构的聚氨酯面层所组成，按底布的类型分非织造布底布、机织物底布、针织物底布和多层纺织材料底布（非织造布与机织物或针织物复合）四种。

以非织造布为底布的合成革主要由三层组成：用聚氨酯弹性体溶液浸渍的纤维质底基、中间增强层以及微孔弹性聚氨酯面层。其中，中间增强层是一层薄的棉织物，用来将微孔层与纤维质底布隔开，可以提高材料的抗张强度，降低伸长率。而微孔弹性聚氨酯的面层厚度较小,形成合成革的外观,并决定着合成革的物理化学性能。

以机织物或针织物为底布的合成革主要是以棉或锦纶织物作底布,涂敷相应的聚氨酯弹性体而成的。服装用合成革主要采用由聚氨酯溶液形成的涂层,此涂层厚度可在0.12～0.15mm,并可以使多层涂层成形。

聚氨酯合成革的性能主要取决于聚合物的类型,涂覆涂层的方法,各组分的组成,底布的结构等。其服用性能特别是强度、耐磨性、透水性、耐光老化性等优于聚氯乙烯人造革,且柔软有弹性,表面光滑紧密,可以着多种颜色和进行轧花等表面处理,品种多,仿真皮效果好。

(三)人造麂皮

仿绒面革又称为人造麂皮(仿麂皮)。服装用的人造麂皮要求既有麂皮般细密均匀的绒面外观,又有柔软、透气、耐用的性能。主要有两种生产方法。

1. 聚氨酯合成革进行表面磨毛处理

用超细纤维非织造布时,先用聚氨酯溶液浸渍,然后在底布上涂覆1mm厚的用吸湿性溶剂制备的聚合物和颜料的混合溶液,成膜后再经表面磨毛处理,就得到了具有麂皮外观和手感的人造麂皮。这种人造麂皮具有很好的弹性和透水气性,且易洗涤,是理想的绒面革代用品。

2. 织物植绒

在第四章第三节中"服装材料整理"中已经做了介绍。

第三节 相关标准

一、产品标准

QB/T 1280—2007 羊毛皮

QB/T 1284—2007 兔毛皮

QB/T 1286—2007 羊剪绒毛皮

QB/T 2822—2006 毛皮服装

QB/T 2923—2007 狐狸毛皮

QB/T 2954—2008 毛皮围巾、毛皮披肩

QB/T 2970—2008 毛皮领子

GB/T 13832—2009 安哥拉兔(长毛兔)兔毛

GB/T 14629.1—1993 裘皮 小湖羊皮

GB/T 14629.2—2008 三北羔皮

GB/T 14629.3—2008 滩二毛皮、滩羔皮

GB/T 14629.4—1993 裘皮 猾子皮

GB/T 14787—1993 裘皮 黄鼠皮

GB/T 14788—1993 裘皮 貉皮

GB/T 14789—1993 裘皮 水貂皮

QB/T 1280—2007 羊毛皮

QB/T 1284—2007 兔毛皮

QB/T 1286—2007 羊剪绒毛皮

GH/T 1041—2007 绵羊皮

QB/T 2536—2007 毛革

QB/T 2856—2007 毛革服装

GB/T 14272—2002 羽绒服装

QB/T 1615—2006 皮革服装

QB/T 1872—2004 服装用皮革

FZ/T 72002—2006 毛条喂入式针织人造毛皮

FZ/T 72005—2006 羊毛针织人造毛皮

FZ/T 72006—2006 割圈法针织人造毛皮

FZ/T 72007—2006 经编人造毛皮

FZ/T 73028—2009 针织人造革服装

FZ/T 81009—1994 人造毛皮服装

FZ/T 73028—2009 针织人造革服装

FZ/T 64013—2008 静电植绒毛绒

FZ/T 01065—2008 涂层及涂料染色和印花织物耐有机溶剂性的测定

QB/T 1646—2007 聚氨酯合成革

QB/T 2958—2008 服装用聚氨酯合成革

QB/T 2888—2007 聚氨酯束状超细纤维合成革

GB/T 20463.1—2006 防水用橡胶或塑料涂覆织物 第1部分:聚氯乙烯涂覆织物

GB/T 20463.2—2006 防水用橡胶或塑料涂覆织物 第2部分:防水透湿聚氨酯涂覆织物

二、测试标准

GB/T 8131—2009 生旱獭皮检验方法

GB/T 8132—2009 山羊板皮检验方法

GB/T 8133—2009 生猾皮检验方法

GB/T 8134—2009 生水貂皮检验方法

GB/T 8135—2009 生黄鼠狼皮检验方法

GB/T 9703—2009　生貉子皮检验方法

QB/T 2790—2006　染色毛皮耐摩擦色牢度测试方法

QB/T 2924—2007　毛皮　耐汗渍色牢度试验方法

QB/T 2925—2007　毛皮　耐日晒色牢度试验方法

QB/T 2926—2007　毛皮　耐熨烫色牢度试验方法

QB/T 2973—2008　毛皮　物理和机械试验　阻燃性能的测定

GB/T 19941—2005　皮革和毛皮　化学试验　甲醛含量的测定

GB/T 19942—2005　皮革和毛皮　化学试验　禁用偶氮染料的测定

GB 20400—2006　皮革和毛皮　有害物质限量

GB/T 22807—2008　皮革和毛皮　化学试验　六价铬含量的测定

GB/T 22808—2008　皮革和毛皮　化学试验　五氯苯酚含量的测定

GB/T 22930—2008　皮革和毛皮　化学试验　重金属含量的测定

GB/T 22931—2008　皮革和毛皮　化学试验　增塑剂的测定

GB/T 22932—2008　皮革和毛皮　化学试验　有机锡化合物的测定

GB/T 22933—2008　皮革和毛皮　化学试验　游离脂肪酸的测定

GB/T 22867—2008　皮革　维护性的评估

GB/T 22883—2008　皮革　绵羊蓝湿革　规范

GB/T 22884—2008　皮革　牛蓝湿革　规范

GB/T 22885—2008　皮革　色牢度试验　耐水色牢度

GB/T 22886—2008　皮革　色牢度试验　耐水渍色牢度

GB/T 22887—2008　皮革　山羊蓝湿革　规范

GB/T 22888—2008　皮革　物理和机械试验　表面涂层低温脆裂温度的测定

GB/T 22889—2008　皮革　物理和机械试验　表面涂层厚度的测定

GB/T 22890—2008　皮革　物理和机械试验　柔软皮革防水性能的测定

GB/T 22891—2008　皮革　物理和机械试验　重革防水性能的测定

QB/T 2537—2001　皮革　色牢度试验　往复式摩擦色牢度

QB/T 2464.23—1999　皮革　颜色耐汗牢度测定方法

QB/T 2705—2005　皮革　衣物洗染规范

QB/T 2706—2005　皮革　化学、物理、机械和色牢度试验取样部位

QB/T 2707—2005　皮革　物理和机械试验　试样的准备和调节

QB/T 2708—2005　皮革　取样　批样的取样数量

QB/T 2709—2005　皮革　物理和机械试验　厚度的测定

QB/T 2710—2005　皮革　物理和机械试验　抗张强度和伸长率的测定

QB/T 2711—2005　皮革　物理和机械试验　撕裂力的测定：双边撕裂

QB/T 2712—2005　皮革　物理和机械试验　粒面强度和伸展高度的测定：球形崩裂

试验

QB/T 2713—2005　皮革　物理和机械试验　收缩温度的测定

QB/T 2714—2005　皮革　物理和机械试验　耐折牢度的测定

QB/T 2715—2005　皮革　物理和机械试验　视密度的测定

QB/T 2716—2005　皮革　化学试验样品的准备

QB/T 2717—2005　皮革　化学试验　挥发物的测定

QB/T 2718—2005　皮革　化学试验　二氯甲烷萃取物的测定

QB/T 2719—2005　皮革　化学试验　硫酸盐总灰分和硫酸盐水不溶物灰分的测定

QB/T 2720—2005　皮革　化学试验　氧化铬（Cr_2O_3）的测定

QB/T 2721—2005　皮革　化学试验　水溶物、水溶无机物和水溶有机物的测定

QB/T 2722—2005　皮革　化学试验　含氮量和"皮质"的测定：滴定法

QB/T 2723—2005　皮革　化学试验　鞣透度、革质及结合鞣质的计算

QB/T 2724—2005　皮革　化学试验　pH 的测定

QB/T 2725—2005　皮革　气味的测定

QB/T 2726—2005　皮革　物理和机械试验　耐磨性能的测定

QB/T 2727—2005　皮革　色牢度试验　耐光色牢度：氙弧

QB/T 2728—2005　皮革　物理和机械试验　雾化性能的测定

QB/T 2729—2005　皮革　物理和机械试验　水平燃烧性能的测定

QB/T 2799—2006　皮革　透气性测定方法

QB/T 2800—2006　皮革　成品部位的区分

QB/T 2801—2006　皮革　成品验收规则

GB/T 4689.21—2008　皮革　物理和机械试验　静态吸水性的测定

GB/T 4692—2008　皮革　成品缺陷的测量和计算

FZ/T 01004—2008　涂层织物　抗渗水性的测定

FZ/T 01006—2008　涂层织物　涂层厚度的测定

FZ/T 01007—2008　涂层织物　耐低温性的测定

FZ/T 01008—2008　涂层织物　耐热空气老化性的测定

FZ/T 01063—2008　涂层织物　抗黏连性的测定

FZ/T 01065—2008　涂层及涂料染色和印花织物耐有机溶剂性的测定

HG/T 3047—2004　橡胶或塑料涂覆织物　透气性的测定

GB/T 23317—2009　涂层服装抗湿技术要求

三、标识标准

QB/T 2802—2006　皮革成品包装、标志、运输和保管

思考题

1. 天然皮革如何分类?
2. 天然毛皮有哪几类? 各类主要的毛皮品种有哪些?
3. 天然毛皮与皮革的质量优劣如何评定?
4. 天然毛皮与人造毛皮如何区分?
5. 市场有哪些毛皮与皮革正在被人们消费?

第八章　服装辅料的品种与评价

在服装的构成中,除了面料外,其他用于服装的材料均为辅料。服装辅料的种类繁多,主要包括服装的衬料、垫料、里料、絮填料、缝纫线、纽扣、拉链、花边、珠片、绳带、商标、标示牌、包装材料等。

在服装中,服装辅料与服装面料同等重要。它不仅决定着服装的造型、手感、风格,而且影响着服装的加工性能、服用性能和价格。在服装设计中,往往因服装辅料的选配不当,降低了整件服装的评价效果。服装辅料的种类很多,性能各异,在选用服装辅料时,必须根据服装的种类、穿着环境、款式造型与色彩、质量档次、服用保养方法与性能等因素,在外观、性能、质量和价格等方面与之配伍。服装辅料选配得当,可以提高服装的质量档次,反之,则会影响服装的整体效果与销售。

服装辅料的生产加工历史悠久,但在我国,服装辅料的大规模工业化生产,是在 20 世纪 80 年代才开始的。随着服装业的快速发展,我国大量引进了国外先进的服装辅料生产技术和设备,大大促进和提高了服装辅料的生产规模和品质档次。特别是随着科学技术的发展,服装辅料的产品类别和花色品种也日益增多,同时辅料的质量档次和科技含量也得到不断的提高,它们不但基本满足了国内外服装辅料市场的需求,而且还促进了服装品种、质量、生产工艺和生产效率的改进和提高。

为了在服装设计和生产中正确掌握和选用服装辅料,本章将对服装辅料的品种、性能、作用、选配与评价方法加以介绍。

第一节　服装衬料与垫料

衬料是指用于面料和里料之间、附着或黏合在面料反面的材料。它是服装的骨骼和支撑,对服装有平挺、造型、加固、保暖、稳定结构和便于加工等作用。

一、衬料使用的部位和作用

(一)衬料的使用部位

服装衬料主要用于服装的衣领、驳头、前衣片的止口、过面、胸部、肩部、袖窿、袖山、袖口、下摆及摆衩,衣裤的口袋盖及袋口,裤腰和裤门襟,有时整个前衣片都用衬料。用衬的部位不同,其目的、作用和用衬的种类也不相同,如图8-1所示(阴影部分为服装用衬的主要部位)。

(二)衬料的作用

1. 使服装获得满意的造型

在不影响面料手感、风格的前提下,借助衬的硬挺度和弹性,可使服装平挺或达到预期的造型效果。例如服装竖起的立领可用衬料来达到竖立且平挺的效果,西装的胸衬也可令胸部形态更加饱满,肩袖部用衬料可使服装肩部造型更加立体,同时也可使袖山更为饱满圆顺。

2. 提高服装的抗皱能力和强度

衣领和驳头部位用衬、门襟和前身用衬均可使服装平挺而抗折皱,这对以轻薄型面料制作的服装尤为重要。使用衬料后的服装,因多了一层衬料的保护和固定,使面料(特别在省道和接缝处)不致在缝制和服用过程中被频繁拉伸和磨损,影响服装的外观和穿着时间。

图8-1 服装衬料部位

3. 使服装折边清晰、平直而美观

在服装的折边处,例如止口、袖口及袖口衩、下摆边及下摆衩等处用衬,可使这些部位的折线更加笔直分明,从而有效地增加服装的美观性。

4. 保持服装结构形状和尺寸的稳定

剪裁好的衣片中有些形状弯曲、丝绺倾斜的部位如领窝、袖窿等,在使用牵条衬后,可保证服装结构和尺寸稳定;也有些部位如袋口、纽门襟等处,在穿着时易受力拉伸而变形,使用衬料后可使其不易变形,从而保证了服装的形态稳定性和美观性。

5. 改善服装的加工性

服装面料中薄型而柔软的丝绸和单面薄型针织物等,在缝纫过程中,因不易握持而增加了缝制加工的困难程度,使用衬料后即可改善缝纫过程中的可握持性。另外,在上述轻薄柔软的面料上绣花时,因其加工难度大且绣出的花型极不易平整甚至变形,使用衬料后(一般是用纸衬或水溶性衬)即可解决这一问题。

二、衬料的种类与性能特点

(一)衬的分类方法及其种类名称

衬料的分类方法很多,主要有以下7种分类方法。

1. 按使用的原料分

可分为棉衬、毛衬（黑炭衬、马尾衬）、化学衬（化学硬领衬、树脂衬、黏合衬）和纸衬等。

2. 按使用的对象分

可分为衬衣衬、外衣衬、裘皮衬、鞋靴衬、丝绸衬和绣花衬等。

3. 按使用的方式和部位分

可分为衣衬、胸衬、领衬和领底呢、腰衬、折边衬和牵条衬等。

4. 按厚薄和重量分

可分为厚重型衬（160g/m² 以上）、中型衬（80～160g/m²）、轻薄型衬（80g/m² 以下）。

5. 按加工和使用方式分

可分为黏合衬与非黏合衬。

6. 按底布（基布）分

可分为机织衬、针织衬和非织造衬。

7. 按基布种类及加工方式分

可分为棉麻衬、马尾衬、黑炭衬、树脂衬、黏合衬、腰衬、领带衬及非织造衬八大类，这是常用且能较全面介绍衬类的方法，也是目前我国衬布企业生产的主要品种，其中绝大多数已应用于服装生产中。

（二）常用衬料的性能特点与应用

由于各类衬布使用的原料和加工方法不同，其性能特点亦各异。

1. 棉衬、麻衬

棉衬用纯棉机织本白平布制成。选用中平布和细平布的棉衬，一般不加浆剂处理，手感较柔软，又称软衬，多用于过面、裤（裙）腰或与其他衬搭配使用，以适应服装不同部位用衬的软硬和厚薄变化要求。而棉衬中的硬衬，通常是指经化学浆剂处理的纯棉粗平布，手感较硬挺；这种纯棉硬衬，也被称为"麻衬"，多用于传统制作方法的西服、中山装和大衣。

纯麻麻衬一般选用亚麻制成，而混纺麻衬则是选用棉和黄麻纤维混纺织造而成。麻衬的应用历史悠久，这主要因为麻纤维较为硬挺，可以满足西服等类型服装的造型和抗皱要求，所以麻衬在西服传入中国以来使用十分广泛；麻衬多用于西服等制服类服装的胸衬、男士衬衫领、袖等部位。

2. 马尾衬

马尾衬是以马尾鬃作为纬纱、以棉纱或涤棉混纺纱作经纱织制而成的衬布，因马尾衬主要靠手工或半机械织造，且受马尾长度的限制，故普通马尾衬幅宽一般不超过50cm，产量较低且未经后整理加工。20世纪90年代初解决了马尾衬中马尾的定型问题，随后又研制成功了马尾包芯纱，即将马尾鬃用棉纱包覆并一根根连接纺纱。用马尾包芯纱作纬纱在现代织机上织成的马尾衬，其幅宽不再受马鬃长度的限制，并经后整理（树脂整理）后已成为服装的高档毛衬。由于马鬃的弹性很好，产量小，以及加工费用较高等缘故，因此马尾衬价格较昂贵,所以主要用于高档西服。

用包芯马尾纱作纬纱与棉纱交织而成的马尾衬布,亦称为夹织黑炭衬。它较一般的黑炭衬更富有弹性,使用效果更好。

3. 黑炭衬

黑炭衬是以毛纤维(牦牛毛、山羊毛、人发等)纯纺或混纺纱为纬纱,以棉或棉混纺纱为经纱织制而成的平纹布,再经树脂整理和定型而成的衬布。由于牦牛毛和人发等为黑褐色,故有"黑炭"之称。黑炭衬主要用于大衣、西服、外衣等前衣片胸、肩、袖等部位,使服装丰满、挺括并具有弹性,同时具有较好的尺寸稳定性。

为了适应服装轻、薄、软、挺的时代潮流,近年来研发了轻薄型黑炭衬(约 195g/m² 以下),有的还采用了精梳毛纱(原来的黑炭衬均用粗梳毛纱),使衬布表面的平整度、光洁度以及手感都有了很明显的改进与提升。

原用树脂整理剂(由甲醛缩合而成的 N—羟甲基化合物)加工而成的黑炭衬,由于服装加工和服用过程中湿、热的作用,会释放出一定量的甲醛,对人体和环境都有伤害。现已研发了低甲醛黑炭衬(游离甲醛含量在 300mg/kg 以下),达到了国际生态环保及人体卫生保健的要求。

马尾衬与黑炭衬统称为毛衬,根据其重厚程度可分为四类,详见表 8 – 1。

表 8 – 1 毛衬的分类

类别	超薄型	轻薄型	中厚型	超厚型
重量(g/m²)	≤155	156～195	196～230	>230

4. 树脂衬

树脂衬是用纯棉、涤棉或纯涤纶布(机织平纹织物或针织物),经树脂整理加工而成的衬布。这种衬布的整理剂在 1960 年以前是用赛璐珞涂层,以后随着树脂整理技术的发展,树脂衬是在树脂整理液中加入聚乙烯醇、聚醋酸乙烯等硬挺剂浸轧基布而成,20 世纪 90 年代后,又用改性三聚氰胺树脂为整理剂来生产树脂衬。树脂衬的品种详见表 8 – 2 所示。

表 8 – 2 树脂衬的分类

分类方法	种类名称
按底布分	纯棉树脂衬、麻织衬、混纺树脂衬和纯化学纤维树脂衬
按手感分	软型树脂衬、中型树脂衬、硬型树脂衬
按颜色分	本白树脂衬、半漂白树脂衬和漂白树脂衬

树脂衬由于成本低、硬挺度高、回弹性好、耐水洗、不回潮等特点,被广泛应用于服装的衣领、袖克夫、口袋、腰带等部位。

由于国家对于服装中游离甲醛含量有严格的规定,所以除了对手感、弹性、水洗缩率、吸氯泛黄、和染色牢度等方面的主要质量要求以外,游离甲醛含量已成为树脂衬测试评价的一项重要质量要求。质量好的树脂衬,水洗后手感(用硬挺度表示)和弹性(用折痕回复角表示)变化不大;同时对其水洗缩率而言,纯棉树脂衬经纬向应不大于1.5%,涤棉和纯涤树脂衬经纬向则不大于1.2%;此外,吸氯泛黄是树脂衬的主要缺点之一,优等品衬布要求吸氯泛黄在3~4级以上。鉴于人们对服装舒适健康的普遍要求,应着力提倡使用低甲醛和无甲醛树脂衬。

5. 黏合衬

黏合衬是将热熔胶涂于底布(基布)上制成的衬。使用黏合衬时不需繁复的缝制加工,只需在一定的温度、压力和时间条件下,使黏合衬与面料(或里料)的反面黏合,从而使服装挺括、美观而富有弹性。由于黏合衬的使用简化了服装的加工工艺,同时提高了生产效率,并适用于工业化生产,所以黏合衬被广泛应用于各类服装中,黏合衬已成为现代服装生产的主要用衬,主要分为机织黏合衬,针织黏合衬和非织造布黏合衬。

由于黏合衬的底布(基布)、热熔胶及其涂层加工方法多种多样,且性能各异,因而对其须作全面的了解后才能选用好这一辅料。

(1)黏合衬的主要种类及其性能。黏合衬一般是按底布(基布)种类、热熔胶种类、热熔胶的涂布方式及黏合衬的用途而进行相应的分类。

①按底布(基布)的种类分

Ⅰ.机织黏合衬。此类衬料的底布常选用机织物,其纤维原料一般为纯棉、涤棉混纺、黏胶纤维、涤黏交织等。因平纹织物经纬密度比较接近,各方向受力稳定性和抗皱性能好等优势,机织黏合衬的织物组织大多采用平纹;但如需手感柔软的织物类型,也有少量选用斜纹组织。机织衬因其价格比较针织衬或非织造衬而言较高,故一般用于中高档服装。为配合不同材质和厚薄的面料,常用机织衬底布的纱线线密度、单位重量和用途等详见表8-3。

表8-3 机织黏合衬的主要种类及其用途

纱线线密度(tex)	单位重量(g/m²)	用途
36~97	150~250	腰衬、领衬、胸衬
17~29	120~150	领衬、外衣衬
9~14.5	60~110	轻、薄型服装用衬

此外,机织衬中还有一个特殊品种——分段衬(也称立体衬),它是利用特殊的织造工艺,将前身衬底布按肩、胸、腰等不同部位的用衬要求,分段织成不同的厚薄和稀密程度。因为这种分段衬的品种规格较少,未能按服装号型尺寸相配合,因此使用时应注意对准相应的用衬部位,否则容易影响用衬效果或产生不必要的材料浪费。

Ⅱ.针织黏合衬。针织服装因其弹性较大,也容易产生较明显的变形,故需配用同样弹性与伸长的针织衬。针织衬分为纬编衬和经编衬。纬编衬一般由锦纶长丝织成,多用于女式衬衫和其他薄型针织服装。经编衬包括经编衬和衬纬经编衬,其中衬纬经编衬一般选用 5.56~8.33tex(50~75旦)的锦纶或涤纶长丝,衬纬纱用24.3~36.4tex(16~24英支)纯黏胶或涤黏混纺纱制成。由于短纤纬纱的引入,使衬纬经编衬在保持针织物弹性的同时,又保持了较好的尺寸稳定性,特别是经过衬纬起毛后,不但改善了衬布的手感,还可避免热熔胶的渗透。因此,衬纬经编衬被广泛用于针织外衣的前身衬。

Ⅲ. 非织造黏合衬。非织造衬由于生产简便,价格低廉,品种规格多样,且不缩水、不脱散,使用方便等优势,故而得到快速发展,现已成为量大面广的服装用衬料。

非织造衬通常以涤纶、锦纶、丙纶和黏胶纤维等为原料,将纤维梳理成网后用物理、化学或两者结合的方法制成的衬布。由于其纤维原料和制造方法不同,做成的非织造衬的性能也有明显差异。用不同方法制成的非织造衬的性能和用途详见表8-4。

表8-4 非织造衬的主要种类及其用途

成型方法	性能	用途
化学黏合法	手感较硬,不耐水洗	暂时性网状衬料
针刺法	织物厚重	领底呢、胸绒
热轧法	手感较柔软,较轻薄	高档薄型衬料
水刺法	手感柔软,强力较高,耐洗性好	中厚型衬、领衬、大身衬等
熔喷法	可直接制成热熔纤维网状衬料	双面黏合衬

②按热熔胶的种类分。涂于底布上的热熔胶的种类不同,其性能也不同。因此,黏合衬的工艺条件、服用性能及使用对象亦不相同。常用的热熔胶的种类及其用途详见表8-5。

表8-5 热熔胶衬的主要种类及其性能用途

热熔胶种类名称	性能	用途
聚酰胺(PA)黏合衬	黏合性能和手感良好,耐干洗性好	干洗或水洗外衣
聚酯(PES)黏合衬	耐水洗和耐干洗性较好,黏合强力高	薄型涤纶仿真丝和仿毛面料服装
聚乙烯(PE)黏合衬	高密度聚乙烯耐水洗性好	男衬衫
乙烯—醋酸乙烯共聚物 (EVA))黏合衬	低密度聚乙烯黏合性好熔点低	暂时性黏合衬料
聚氯乙烯(PVC)黏合衬	黏合强度和耐水洗性较好,易渗胶,舒适性较差	低档服装

一般而言,用于黏合衬的热熔胶,要求有较低的熔融温度和较好的黏合能力,以便不损伤面料且有较高的黏合牢度。常用熔融指数来评价热熔胶的性能,熔融指数是指在一定压力下,10min内流经直径2.09mm、长7.09mm玻璃管的热熔胶熔融体克数。熔融指数越高,说明热熔胶的热流动性能越好,有利于热熔胶对织物的扩散和涂布。但是如果该指数过高,

则会产生热熔胶渗透织物的现象。此外,熔点低的热熔胶,可在较低温度下黏合,不会损伤衣料并能减少收缩和变色等问题。

③按热熔胶的涂布方式分。依照这种分类方法可分为撒粉黏合衬、粉点黏合衬、浆点黏合衬、双点黏合衬、薄膜涂布黏合衬等,它们的性能和用途详见表8-6。

表8-6　涂布衬的主要种类及其性能用途

涂布种类名称	性能	用途
撒粉黏合衬	适应性广,涂层不均匀,相同剥离强度下的耗粉量高	低档衬料
粉点黏合衬	质量好,规格多,生产成本高	各种服装的直接黏合衬料
浆点黏合衬	质量好,适应性强,能耗和生产成本高	非织造布和针织底布衬料
双点黏合衬	质量优,适应性强,加工范围广,技术复杂,生产成本高	各类衬料
薄膜涂布黏合衬	质量好,但须制成特殊裂纹薄膜	衬衫黏合衬

虽然对黏合衬的分类有多种方法,但实际上通常是结合应用的。

(2)黏合衬的质量要求。黏合衬的质量直接影响到服装的质量及其服用价值,其质量优劣主要表现于内在质量和外观质量两个方面。其中,内在质量包括剥离强度、水洗和熨烫后的尺寸变化,水洗和干洗后的外观变化等;其外观质量即衬布表面疵点,可分为局部性疵点和散布性疵点两大类。此外,还需掌握其单位面积涂胶量、白度、色牢度、断裂强力、弹性、游离甲醛含量等方面。具体而言,在使用黏合衬时,应注意以下几点。

①黏合衬与衣料黏合要牢固,须达到一定的剥离强度,并在洗涤后不脱胶,不起泡。

②黏合衬缩水率要小,黏合和水洗后的尺寸变化应与面料一致,使服装水洗后外观保持平整。

③黏合衬热缩率要小,经压烫黏合和服装熨烫后,其热缩率应与面料一致,以保证服装的平整和造型。

④黏合衬经压烫后应不损伤面料,保持面料的手感和风格,在面料与衬布表面须无渗胶现象。

⑤黏合衬的游离甲醛含量要符合质量要求,并有较好的透气性,以保证服装的舒适卫生性能。

⑥黏合衬应具有抗老化性能,无吸氯泛黄现象,在黏合衬布的使用和存放期应无老化泛黄现象,且黏合强度保持不变。

⑦黏合衬须有良好的可缝性与剪切性,裁剪时不沾污刀片,衬布切边不粘连,缝纫时机针滑动自如,不沾污堵塞针眼。

此外,黏合衬的幅宽、外观疵点等应符合国家标准对黏合衬的规定要求。

(3)黏合衬的压烫方式与压烫工艺

①压烫方式。黏合衬通常黏在面料的反面,但也有黏在里子反面的。用新产品黏合时,

需做试验,以确定合理的黏合方法与黏合工艺参数(压烫温度、压力和时间)。黏合压烫的方式通常有单层压烫、多层压烫和两次黏合压烫三种,如图8-2所示,图中1-黏合衬,2-黏合衬热熔胶,3-面料。

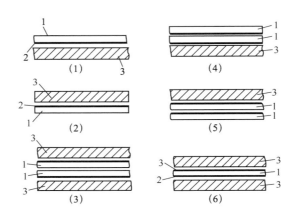

图8-2 压烫方式示意图

Ⅰ. 单层压烫。即一层黏合衬与一层面料衣片黏合。受热熔融的热熔胶,自然地流向热源。因此,这种单层压烫又分两种形式。热源来自下方的黏合机械,宜用黏合衬在上,胶面朝下,面料衣片在下的单层黏合,如图8-2(1)所示。如黏合机械的热源来自上方,则宜用面料在上,黏合衬在下的单层"反面黏合",如图8-2(2)所示。

Ⅱ. 多层压烫。这种压烫黏合的方法有以下三种方式。

ⅰ. 两层正面(无胶面)相对的衬料夹在两层面料之间进行压烫,如图8-2(3)所示。这种方式一般用于服装的对称部位,并适于热源来自上、下方的黏合机械。这种方式生产效率虽高,但定位处理须十分注意。

ⅱ. 两层衬料在面料的上或下方进行压烫,如图8-2(4)、(5)所示。这种压烫方式常用于服装的胸部,以增加服装的强度或刚度。

ⅲ. 一层双面涂胶的黏合衬夹在两层面料之间进行一次压烫,如图8-2(6)所示。

Ⅲ. 两次黏合压烫。一层衬料用单层压烫或反面压烫粘于面料上后,第二层衬料再压烫于第一层衬料上,即两次黏合压烫。这种方式容易操作并且定位准确。但须注意,第二次压烫的温度、压力和时间,应较第一次为低,以防止第一层过度黏合和损伤面料。

②压烫工艺。在拥有了高质量的黏合衬后,还须选择正确的压烫工艺参数和压烫方法,才能达到预期的黏合效果,以充分保证服装的质量。压烫工艺参数主要是指压烫温度、压力和压烫时间的确定及其之间的配合关系。

Ⅰ. 压烫温度。即服装面料与黏合衬结合熔压面的温度(热熔胶表面温度),它对黏合效果和质量起着主要作用。压烫温度的大小,取决于面料与热熔胶的种类与性能。

在压烫机上黏合时,压烫过程中的温度控制可分为三个阶段:即升温(温度升至胶的熔点),黏合(使胶熔融、液化并向面料浸润、渗透),固着(压力消除和温度降低后使胶固着）。黏合衬上的胶随着温度的升高,由固态逐渐熔融为液态,渗入面料后,随温度降低而固着。

值得关注的是黏合衬的剥离强度随压烫温度升高而提高,但是温度越高,热熔胶的流动性越好,熔融黏度越小,不但会产生渗胶现象,也会使剥离强度降低。因此要掌握一个最佳的压烫温度范围,以使剥离强度达到最高值,这个温度范围称胶黏温度。掌握压烫胶黏温度是十分重要的。一般来说,衬布生产厂推荐的压烫温度范围即为胶黏温度。

Ⅱ. 压烫压力。压烫压力的作用不仅可使面料与衬料更加贴紧,且便于热的传导和热熔胶的流动及渗透,以提高剥离强度。压烫压力的大小,取决于热熔胶的流动性能。在一定的温度下,压烫压力与剥离强度成正比。但压力达到一定值后,剥离强度便不再提高。因此,压力过大不仅对黏合无益,而且会影响服装面料的手感,造成表面不自然的极光。

Ⅲ. 压烫时间。如前所述,压烫的过程分为升温、黏合和固着环节,压烫时间就是升温和黏合的时间。在确定压烫工艺前,应先测试所用面料的升温时间,然后确定压烫时间。压烫时间与剥离强度的关系与压烫温度与剥离强度的关系相似。在确定黏合工艺时,压烫时间与温度应结合考虑,并处理好压烫时间与剥离强度的关系以及压烫时间与压烫温度的关系。常见的压烫工艺参数详见表8－7。

表8－7　常见压烫工艺参数

黏合衬种类	温度(℃)	压力 (9.8×10⁴Pa)	时间(s)	手熨斗压烫	蒸汽复合压烫	应用范围
PA	150～170	0.3～0.5	15～20	差	可	男式外衣
PA	140～160	0.3～0.5	15～20	可	可	女式外衣
PA	130～160	0.3～0.5	10～20	可	差	女式衬衣
PA	100～160	0.1～0.4	6～20	好	好	皮衣
PES	140～160	0.3～0.5	10～16	差	差	男、女式衬衣
HDPE	160～170	3.0～4.0	10～15	—	—	男式衬衣
LDPE	120～140	0.6～1.2	10～15	好	可	服装小件
EVA	80～120	0.1～0.3	8～12	好	好	裘皮服装

6. 其他衬料

(1)腰衬。腰衬(图8－3)是用于裤腰和裙腰的衬布,主要起硬挺、保形、防滑和装饰的作用。通常选用涤纶长丝或涤棉混纺纱线,按不同的宽度(腰高)织成带状腰衬,故腰衬具有较大的刚度与弹性,可以保证裤腰(裙腰)不皱并富有弹性。此外,在腰衬上还织有凸起的橡胶织纹,可以增大其摩擦力,能使置于裤腰或裙腰内的衬衣不易滑出。有时也有以商标或其他标志带来代替摩擦凸纹带的腰衬,这种腰衬还可起到装饰和宣传品牌的双重作用。

（2）组合衬。为了达到男、女高档西服前衣片的立体造型丰满效果，要对盖肩衬、主胸衬和驳头衬等进行工艺处理。现由衬布生产厂按照标准的服装号型尺寸，制作各种前衣片用衬的样板，并依样板严格裁制主胸、盖肩等黑炭衬或马尾衬，将胸绒、牵条衬及其他衬布组合并按工艺要求加工而成组合衬。组合衬的使用大大简化了服装加工工艺，既提高了服装生产的工效，又保证了质量，如图8－4所示。

（3）牵条衬。又称嵌条衬（图8－5）。服装上易变形的部位，在制作和使用过程中，因受力变形而影响服装的质量。因此，在手工缝制服装时，常在袖窿、领窝等易变形部位添缝一条牵条衬加以牵制和固定。黏合牵条衬现已广泛用于中高档毛料服装、丝绸服装和裘皮服装的止口、下摆、门襟、袖窿、驳头和接缝等部位，起到了牵制、加固补强、防止脱散和折边清晰的作用。

图8－3　腰衬　　　　　　图8－4　组合衬　　　　　图8－5　牵条衬

牵条衬的品种已日益增多，除机织牵条衬和非织造布牵条衬外，还有用热熔纤维制成的热熔牵条衬，它对双面黏合及薄型面料能起到折边清晰的良好效果。牵条的宽度有1cm、1.5cm、2cm、3cm等多种规格。机织牵条衬还有直条和斜条之分，斜牵条有30°、45°、60°等规格，其归拔效果亦不同。

（4）领底呢。又称底领呢，是高档西服的领底材料，一般由50%～100%的羊毛和黏胶纤维组成，纤维经染色并针刺成呢后加以化学定型整理而成。有的还有锦纶长丝制成的网状夹层。领底呢的刚度与弹性极佳，可使西服领平挺、富有弹性而不变形。领底呢有各种厚薄与颜色，使用时应与面料谐调配伍。

（5）纸衬与绣花衬。过去常用柔韧的纸张作衬，以使摩擦因数大的面料（如人造革等）在缝纫加工中运行通畅光滑。在轻薄柔软、尺寸不稳定的材料上绣花时，也可用纸衬来保证花型的准确和美观。根据这些要求研制了一种在热水中可以迅速溶解而消失的水溶性非织造衬（又名绣花衬），它是由水溶性纤维（主要为聚乙烯醇纤维）和黏合剂制成的特种非织造布，主要用作水溶性绣花衣领和水溶花边等。

三、服装衬料的选择

服装衬料的品种多样，性能各异，在选用服装衬料时应根据下列因素进行综合考虑。

（一）服装的类别与用衬的部位

目前,衬料已有很强的针对性和专用性,例如用于西服前身的组合衬以及领底呢、袖山衬、腰衬等,还有专用于裘皮服装的裘皮衬,上衣下摆和裤脚不需缲边的黏边带。牵条衬在衣片弯曲和需归拔处不宜用直裁牵条而用斜裁的牵条。上衣胸部位置要用较厚而弹性好的衬,而止口中下部应用较软的衬等。这些都说明服装衬料的专用性。

以机织黏合衬为例,机织黏合衬如同机织衬一样,具有方向性,对于服装不同部位的不同要求,其裁剪方向是不同的。如图8-6(1)所示,这块黏合衬方向裁错,结果是容易变形;图8-6(2)在袖窿处是一直料,保证了袖窿不易变形;图8-6(3)衣领衬裁错方向,结果是容易使领圈变形;另外,后袖窿易变形,故加上牵条来增加其牢度。太短了也是不能达到预期目的的。图8-6(4)在衣领斜料处是直料,不会变形。牵条长短适宜,能增加袖窿的牢度。

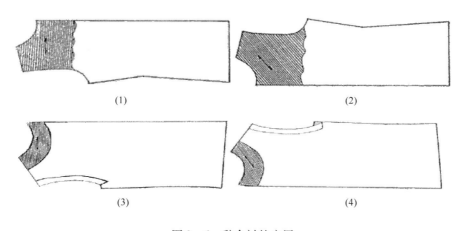

(1)　　　　　　　　　　(2)

(3)　　　　　　　　　　(4)

图8-6　黏合衬的应用

（二）服装面料的特性

衬料与面料的配伍性是选衬的主要依据。衬与面料的颜色应相近,目前国产的衬有漂白、本白、灰和黑色等,特别对薄而透的面料更应注意,以免在服装表面露衬。

此外还应注意为了用衬后不能影响面料的手感、风格和悬垂性,要注意用衬的厚薄、重量和柔软程度。对丝绸服装要用轻柔的丝绸衬;对针织面料和弹性面料,应使用伸缩性好的针织衬;对涤纶绸则须用涤纶衬才能保证黏合质量;对不耐高温的面料(如丙纶面料),则应选择熔点和胶黏温度低的黏合衬;有些面料,如起绒织物,经过防油、防水整理的面料,以及热缩性很高的面料等,由于它们对热和压力较敏感,就应选择非黏合衬。

（三）服装设计与造型

部分服装的造型常用衬料来塑造,如高耸的袖子、宽大而竖立的领子等,特别是舞台服装更是如此。而衬料的选用不当则会影响服装的造型效果,因此,服装设计的造型效果应考虑用相匹配的衬料来辅助完成。

(四)服装的使用和保养

服装衬料要适应着衣环境与使用保养方法。常接触水或需经常水洗的服装,就应选择耐水洗的衬料,而毛料外衣等需干洗的服装,应选择耐干洗的衬料。同时应考虑到服装洗涤及以后的整理熨烫,衬料与服装面料在尺寸稳定性方面都应具备很好的配伍性。

(五)价格与成本

服装衬料是服装材料的重要组成部分,其价格会直接影响到服装成本。因此,在达到服装质量要求的条件下,一般可考虑选择价格相对较低的衬料。与此同时,如果价格稍贵的衬料能够降低劳动强度,并提高质量和工效,则应综合考虑后加以采用。

(六)制衣生产设备条件

目前,上规模的服装企业都有自动化程度较高的大型黏烫设备,可根据面料和衬料的性能设定压烫工艺参数。而较小型的企业在没有大型黏烫设备而须依靠电熨斗压烫时,要注意衬料所对应的压烫工艺参数;例如选择使用胶黏温度高的衬(如 PES 衬),就难以达到预期的效果,所以可选用 PA 衬。同时在选择黏合方式与衬料时,还应考虑黏烫设备的幅宽及加热形式等条件。

四、服装垫料

服装垫料是指在服装的特定部位,利用制成的用以支撑或铺衬的物品,使该特定部位能够按设计要求加高、加厚、平整、修饰等,以使服装穿着达到合体挺拔、美观、加固等的效果的材料。

(一)垫料的主要种类与应用

垫料是用来保证服装的造型和弥补人体体型的不足。就其在服装上使用的部位不同,垫料有肩垫、胸垫(胸绒)、袖山垫、臀垫、兜(袋)垫及其他特殊用垫等。其中肩垫和胸垫是服装用主要的垫料品种。

1. 肩垫

垫肩是随着西装的诞生而产生的。肩垫起源于西欧,之后迅速传遍世界各国,并逐步得到发展。不同的服装面料和款式造型,对肩垫的形状、厚薄和大小的要求也不相同。肩垫的形状受着服装潮流的影响。一般而言,肩垫大致可分为三类。

(1)针刺肩垫。用棉、腈纶或涤纶为原料,用针刺的方法制成的肩垫。也有中间夹黑炭衬,再用针刺方法制成复合的肩垫。这种肩垫弹性和保型性更好,多用于西服、军服、大衣等服装上。

（2）热定型肩垫。用涤纶喷胶棉、海绵、EVA 粉末等材料,利用模具通过加热使之复合定型制成的肩垫。这种肩垫多用于风衣、夹克衫和女套装等服装上。不同的模具形状可制成不同形状的肩垫。

（3）海绵及泡沫塑料肩垫。这种肩垫可以通过切削或用模具注塑而成。其制作方便,价格便宜,但耐洗涤性较差,在包覆针织物后用于一般的女装、女衬衫和羊毛衫上。

不同的服装肩部造型,可选用不同形状的肩垫（平齐形或圆形）,厚重的秋冬服装,选用较大的肩垫,而轻薄面料的夏季服装,宜用较小的肩垫。肩垫可以是固定在服装上（不可任意卸下）,也可以做成活络垫肩,可以用尼龙搭扣、揿钮或无形拉链装于服装肩部,以便随时取下或置换。

2. 胸垫

胸垫也称胸绒,主要用于西服和大衣等服装前胸夹里内,以保证服装的立体感和胸部的饱满度,还可使服装的弹性好、挺括丰满、造型美观以及良好的保型性。在传统的服装缝制工艺中,用棉垫或毛、麻机织衬布,经复合缝制整烫成为立体的胸垫（衬）。20 世纪 80 年代以后,利用针刺技术,将涤纶、黏胶纤维等制成圆形且中间厚、周围薄的胸垫。近年来更是将胸垫、黑炭衬、牵条衬等制成复合的胸衬,广泛用于西服加工中。

在选用毛麻衬、黑炭衬作胸垫的基础上,随着非织造布的发展,人们开始用非织造布制造胸垫,特别是针刺技术的出现和应用,使生产多种规格、多种颜色、性能优越的非织造布胸垫成为现实。非织造布胸垫的优点是重量轻,裁后切口不脱散,保型性良好,洗涤后不收缩,保温性、透气性、耐霉性好,手感好;与机织物相比,对方向性要求低,使用方便;价格低廉,经济实用。此外,在女式文胸内也常用胸垫来塑造良好的胸部形态。

（二）服装垫料的选择

在选配垫料时,主要依据服装设计的造型要求;服装种类;个人体型;服装流行趋势等因素来进行综合分析运用,以达到服装造型的最佳效果。

第二节　服装里料及絮填材料

服装里料是用来部分或全部覆盖服装反面的材料。絮填材料则是填充于服装面料与里料之间的材料。

一、服装里料的作用与种类

（一）里料的作用

服装有无里料以及里料的品种、外观和性能,将对服装的外观、品质和服用性能产生重要的影响。

1. 使服装穿脱方便并舒适美观

大多数的里料材料光滑,特别是两个袖里料及裤子的膝盖绸,可使服装穿脱更加方便。光滑、柔软的里料,穿着舒适度较高,特别是一些合体的服装,在人体走动时因里料的使用可使服装不会因摩擦而随之扭动,可以保持服装挺括自然的形态。

2. 可使服装提高质量档次并获得良好的保型性

里料覆盖了服装的接缝缝头及其他辅料(如衬及口袋布等),可使服装整体外观光滑美观。因此,大多数有里料的服装比无里料的服装档次高。同时,里料能给予服装以附加的支持力,特别是对易拉伸的面料而言,可限制服装的伸长,并减少服装的褶皱,使服装获得良好的保型性。例如在欧洲夏季以纯棉府绸做西服面料时,常配以薄而挺括的里料。

3. 使服装保暖并耐穿

带里料的服装能较好地保护服装面料,使面料(特别是绒类面料)的反面不会因摩擦而受损。同时,外衣里料也保护了内衣的面料。此外,使用里料的服装,其保暖程度较高。

近年来,随着人们对服装品牌的重视,企业注意了辅料的配套。在定织、定染里料的同时,在里料上常采用大提花织制或印制有品牌或商标的图案或文字。这不但可使里料显得美观和提高服装的档次,同时,也起到了很好的服装品牌宣传作用。

(二)里料的种类

里料和其他纺织品一样,可以通过不同的方法进行分类。例如以织物组织而言,可分为平纹、斜纹、缎纹和提花等;以织物染整加工而言,又可分为纯色、印花、色织及其他整理等。现在常用的方法是按照里料使用的原料来进行分类,里料大致可分为以下三类。

1. 天然纤维里料

(1)棉布里料。纯棉机织物和针织物的吸湿性和透气性较好,穿着舒适,有各种重量与色泽,可以手洗、机洗或干洗,也可以通过高温蒸煮进行消毒,且价格适中。该类型里料主要用于婴幼儿服装、中档夹克衫、便服及耐碱性功能服装等。其缺点是不够光滑。

(2)真丝里料。真丝里料光滑柔软,质轻美观,舒适性好,但价格较高,耐磨性和坚牢度较差,较易脱散且加工要求高。因此,真丝里料通常用于高档服装,尤其适用于夏季高档轻薄型服装。

(3)羊毛里料。羊毛里料滑糯挺括、保暖美观,舒适性好,品质优,但价格较高,不够光滑。因此,羊毛里料常用于秋冬季高档皮革服装,尤其适用于冬季高档真皮革服装。

2. 化学纤维里料

(1)黏胶纤维里料。黏胶纤维织物,因其吸湿透气与良好的舒适性,被广泛地用做服装里料。其中,用黏胶短纤纱制成的仿棉布以及短纤、长丝交织的富纤布,价格便宜,是中低档服装的常用里料。用黏胶有光长丝织成的人丝绸、美丽绸等里料,光滑而富丽,易于热定型,是秋冬季中高档服装普遍采用的里料。

（2）醋酯纤维与铜氨纤维里料。用醋酯丝或铜氨丝织成的里料绸,性能与黏胶纤维织物相仿,并拥有良好的光泽度和弹性,可部分应用于针织服装和弹性服装。

值得注意的是以上黏胶纤维、醋酯纤维与铜氨纤维,因同属再生纤维素纤维,其共同的缺点是湿强力较低,缩水率较大,不宜用来制作需经常水洗的服装里料,如果使用必须要充分考虑里料的预缩或裁剪缝制余量。

（3）涤纶与锦纶长丝里料。用涤纶长丝或锦纶长丝织成的平纹素色涤纶绸或锦纶绸、色织条格塔夫绸等,是目前国内外较普遍采用的服装里料。这类里料光泽较好,尺寸较稳定,结实耐用。但是,由于其透湿性和舒适性较差,不适合用于制作夏季服装里料。

3. 混纺和交织里料

（1）涤棉混纺里料。它结合了天然纤维与化学纤维的优点,吸湿、坚牢而挺括、光滑,且价格适中,适用于各种洗涤方法,常用做羽绒服、夹克衫和风衣的里料。

（2）黏胶长丝与棉纱交织里料。以黏胶有光长丝为经纱与棉纱为纬纱而交织成的斜纹织物被称为羽纱,其正面光滑如绸,反面如布。羽纱既具有天然纤维的优点,也比美丽绸结实耐穿,但不如美丽绸光滑。羽纱缝制加工方便,适用于各类秋冬季服装里料。

此外,棉/毛混纺纱与棉纱织成的驼绒,用化学纤维与毛混纺纱制成的人造毛皮、长毛绒或簇绒织物,也常用做冬季服装的里料。

二、服装里料的选择

在为服装选配里料时,应注意以下方面。

（一）里料的质量应与服装的质量相配伍

里料应光滑、耐用,并有好的色牢度。易产生静电的面料,要选择易导电的里料与其相配伍。高档服装里料,应进行抗静电处理,否则服装里料在穿着中会起皱甚至缠身,以致影响服装的平整和外观。一般而言,里料应较面料轻薄和柔软一些。夏季服装的里料要注意透气性和透湿性,而冬季服装的里料应侧重其保暖性。

（二）里料的性能应与面料的性能相配伍

里料的性能主要指里料的缩率（缩水率、热缩率）、耐热性、耐洗涤性、强度以及重量等性能应与面料相似。对于特殊环境中穿着的功能服装,更要注意里料的功能性应与面料相配伍,例如防火服、耐酸或耐碱服装等。此外,里料的防护性能与面料同等重要。

（三）里料的颜色应与面料的颜色相谐调

一般情况下,男装里料的颜色与面料相同,或在同类色中颜色稍浅。而女装里料的颜色亦应与面料谐调,但与男装相比,变化可稍大一些。除此之外,里料的颜色可根据服用环境和服装种类而采用灵活多变的设计思路,例如户外运动装可选用与面料相匹配的鲜艳的颜色。需要注意的是,通常里料的颜色不能深于面料,以免在因穿着过程中的摩擦和洗涤而使面料沾色。

(四)里料的价格是服装的成本重要组成部分

选配里料时,既要注意美观、实用,又要兼顾经济的原则,以降低服装总体成本,要注意确保里料与面料的质量、档次相匹配。

三、服装的絮填材料

在服装面料与里料间填充的材料称絮填材料。日常生活服装中絮填材料的目的和作用主要是为了保暖。但随着科学技术与服装品种的发展,不同目的和作用的絮填材料种类也日益增多。在此主要介绍的是保暖作用的絮填料。

(一)纤维材料

1. 棉花

由于静止空气的热传导率很低,因此静止空气是最保暖的物质;新采摘的棉花和曝晒后的蓬松棉花因其充满静止空气而十分保暖。此外,由于棉花价格适中,且十分舒适,所以常被用于婴幼、儿童服装等中档服装。但是,由于棉花弹性较差,受压后弹性回复性与保暖性都有所降低,且不宜水洗,所以棉花的应用受到一定程度的影响。

2. 动物毛绒

(1)羊毛和骆驼绒的保暖性好,已成为高档的保暖填充材料。此外,由羊毛或毛与化学纤维混纺制成的人造毛皮(长毛绒、驼绒等)也都是很好的高档保暖絮填材料,由它们制成的防寒服装挺括而不臃肿。

(2)羽绒,主要是鸭绒,也有鹅、鸡、雁等毛绒。羽绒由于很轻而且导热系数很小,蓬松性好;是人们喜爱的防寒絮填料之一。含绒率是衡量羽绒材料质量和档次的指标之一,含绒率高,其保暖性好。用羽绒絮料时要注意羽绒的洗净与消毒处理,同时服装面料、里料及羽绒的包覆材料要紧密,以防羽绒毛梗外扎。在设计和加工时须防止羽绒下坠而影响服装的造型和使用。

3. 丝绵

由蚕茧直接缫出的丝绵是冬季丝绸服装的高档絮填料。由于丝绵光滑而柔软,质量轻而保暖,因而用于服装时穿着舒适,但由于其价格较高,一般常用于高档丝绸服装。丝绵也有向服装面料或里料外扎的问题,因而在絮填丝绵时,应在面和里内加一层纱布。

4. 化学纤维絮填料

随着化学纤维的发展,用作服装絮填材料的品种也日益增多。腈纶因其轻而保暖,已被广泛用作絮填材料。此外,中空涤纶以其优良的手感、弹性和保暖性而受到广大服装消费者的青睐。

以丙纶与中空涤纶或腈纶混合制成的絮片，经加热后丙纶会熔融并黏结周围的涤纶或腈纶，从而做成厚薄均匀，不用绗缝也不会松散的絮片；这种絮片能水洗易于保养，并可根据服装尺寸任意裁剪，加工便捷，是冬季服装中物美价廉的絮填材料。随着细旦涤纶纤维的品种开发，服装絮填料也有了新的发展。

(二)天然毛皮与人造毛皮

1. 天然毛皮

天然毛皮主要有毛被和皮板部分构成，其中皮板密实挡风，而其毛被的粗毛弯曲蓬松，同时绒毛中都贮有大量相对静止的空气层，所以保暖性能非常优越。高档的天然毛皮大多用作裘皮服装的面料，而其中较中低档的毛皮(例如山羊毛皮、绵羊毛皮等)则在高寒地区常被制成皮袄，一般皮袄有面有里，这些毛皮可以起到絮填料的作用。

2. 人造毛皮

人造毛皮主要包括机织类的长毛绒和针织类的驼绒，经割绒、拉绒等方式织制而成；因其织物丰厚且保暖性好的特性而被广泛用作为服装的絮填料，通常将它们置于保暖服装的面料与里料之间，有时也可直接用作具备保暖功能的里料或服装开口部位的装饰沿边设计，同时它们在服装缝制时也较方便。

(三)其他絮填料

1. 泡沫塑料

泡沫塑料有许多储存空气的微孔，膨松、轻而保暖。用泡沫塑料作絮填料的服装，挺括而富有弹性，裁剪加工也较简便，价格便宜。但由于它不透气不透湿，穿着舒适性很差，且较容易老化发脆，故未被广泛采用。

2. 混合絮填料

由于羽绒用量大，成本较高；经实验研究表明，以50%的羽绒和50%的0.03~0.056tex涤纶混合使用较好。这种使用方法如同在羽绒中加入"骨架"，可使其更加蓬松，提高保暖性，并降低成本。亦有采用70%的驼绒和30%的腈纶混合的絮填料，可使两种纤维的优势得到充分发挥。混合絮填料有利于材料特性的充分利用，降低成本和提高保暖性。

(四)服装絮填料的选择

选配絮填料的基本原则在选配絮填料时，主要依据服装穿着的低温环境条件与保暖程度来进行相应的选配，需考虑的因素主要包括服装档次、款式造型、服装种类、服装流行趋势等，总之要对服装的保温性和美观性进行最佳的设计，同时保证服装的保暖效果。

第三节　服装的紧固材料

用于服装扣紧的材料有纽扣、拉链、钩环、尼龙搭扣及绳带等。扣紧材料看起来虽小,且成本不大,但是,如果对这些辅料选配得当,不但可使它们充分发挥其功能性和装饰性,而且还会对整体服装起到锦上添花、画龙点睛的作用,提高服装的品质档次。如果巧妙地运用辅料进行材料再塑,还会提升服装的视觉美感效果,使服装身价倍增。下面就其中的主要种类加以介绍。

一、纽扣

(一)纽扣的种类与特点

纽扣的大小、形状、花色、材质多种多样,因而纽扣种类繁多。现就其结构与材料分类简介如下。

1. 按纽扣的结构分

(1)有眼纽扣[图8-7(1)]。在纽扣的表面中央有四个或两个等距离的眼孔,以便用线手缝或钉扣机缝在服装上。有眼扣由不同的材料制成,其颜色、形状、大小和厚度各异,以满足不同服装的需要。其中正圆形纽扣量大面广。四眼扣多用于男装,两眼扣多用于女装。

(2)有脚(柄)纽扣[图8-7(2)]。在扣子的背面有凸出的扣脚(柄),其上有孔眼,或者在金属纽扣的背面有一金属环,以便将扣子缝在服装上。扣脚(扣柄)的高度,是用于厚型、起毛和蓬松面料服装,能使纽扣在扣紧后保持平整。纽扣表面雕花或制作有标志图案时,亦需有柄的结构。

(3)编结纽扣[图8-7(3)]。用服装面料缝制布带或用其他材料的绳、带经手工缠绕编结而制成的纽扣。这种编结扣,有很强的装饰性和民族性,多用于中式服装和女时装。

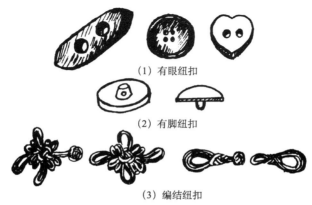

(1) 有眼纽扣

(2) 有脚纽扣

(3) 编结纽扣

图8-7　不同结构的纽扣

（4）揿钮（按扣）。广泛使用的四合扣（图8-8）是用压扣机铆钉在服装上的。揿钮一般由金属（铜、钢、合金等）制成，亦有用合成材料（聚酯、塑料等）制成的。揿钮是强度较高的扣紧件，容易开启和关闭。金属揿钮具有耐热、耐洗、耐压等性能，所以广泛应用于厚重布料的牛仔服、工作服、运动服以及不宜锁扣眼的皮革服装上。非金属的揿钮也常用在儿童服装与休闲服装上。

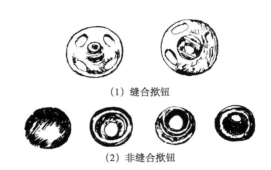

（1）缝合揿钮

（2）非缝合揿钮

图8-8　揿钮（按扣）

2. 按纽扣的材料分

用于制造纽扣的材料有很多种，归纳起来有天然材料纽扣（金属、竹木、贝、骨、革等），化学材料纽扣（树脂、塑料、有机玻璃等），以及天然材料与化学材料结合的纽扣。现介绍几种纽扣。

（1）树脂扣。树脂扣用不饱和聚酯为原料，加颜色制成板材或棒材，再经冲压、切削、打眼及磨光而成。树脂扣因有良好的染色性，故色泽鲜艳。同时，它能耐高温（180℃）熨烫，并可在100℃热水中洗涤1h以上，其耐化学品性及耐磨性均好，所以树脂扣被广泛应用于中高档服装。不饱和聚酯还可以制成珠光扣和仿贝、仿珍珠、仿玉石等纽扣和服饰品，在当今纽扣珠宝化的潮流中，其制品深受欢迎。

（2）ABS注塑及电镀纽扣。ABS为丙烯酸酯—丁二烯—苯乙烯共聚塑料的简称。这是一种热塑性塑料，具有良好的成型性和电镀性能。在塑料表面镀金属（16K金、银和合金）制成的电镀纽扣，美观高雅，有极强的装饰性。

（3）电玉扣。电玉扣是用尿醛树脂加纤维素冲压而成。这种纽扣历史悠久，特别是由于它硬度高，结实耐磨，又有较好的耐热性（100~120℃），耐干洗，不易变形和损坏，价格便宜。所以它虽然装饰性不强，但仍被广泛地应用于中低档服装上。

（4）胶木扣。胶木扣是用酚醛树脂加木粉冲压而成，价格低廉，而且耐热性好，但光泽差，是目前低档服装用扣。

（5）金属扣。金属扣是由铜、铁、钢、铝、镍、合金等金属材料冲压而成。金属扣耐用，价格低，装钉方便，所以被广泛采用。如四合扣、大白扣、揿钮等，用在牛仔服、羽绒服、夹克衫等服装上，极具粗犷、自然和富有时代气息；军服上使用的铜包铝有脚扣，由于扣面可以制作不同的花纹和标志，也很适用于职业服装用扣，特别是用于厚重料服装上的铆钉扣，更能衬托出服装的青春气息和时代气息。但金属扣不宜用于轻薄的服装。

（6）有机玻璃扣。用聚甲基丙烯酸甲酯加入珠光颜料，制成棒材或板材，经切削加工，即可制成有机玻璃扣。它具有晶莹闪亮的珠光和艳丽的色泽，极富装饰性，但其表面不耐磨，很易划伤，而且不耐高温和不耐有机溶剂。因此，它多用于女时装上，但不宜用于高档耐用服装上。

（7）塑料扣。用聚苯乙烯注塑而成，可以制成各种形状和颜色，但是易脆而不耐高温，不耐有机溶剂。因其价格便宜并有多种颜色可选用，故多用于低档女装和童装。

（8）木扣和竹扣。木扣耐热，耐洗涤，符合天然、环保要求。所以多用于环保服装、休闲服装和麻类服装上。木扣的缺点是吸水膨胀后再晒干时，可能出现变形与裂损。竹扣与木扣的性能相似，但其吸水变形情况要好些。

（9）贝壳扣。用各类贝壳制成的纽扣，有珍珠般的光泽，并有隐约的花纹。它坚硬、耐高温、耐洗涤，也是天然、环保型的纽扣。小形贝扣广泛用于男女衬衫和内衣，经染色的贝扣已经广泛用于高档时装。

（10）织物包覆扣与编结扣。用服装面料（各种纺织品，人造革与天然皮革）包覆而成的包覆扣，可使服装高雅而谐调，常用于流行女装或皮装。编结扣则可使服装具有工艺性和民族性。

（11）组合扣。用两种材料组合起来的纽扣，在市面上也不少见。如用 ABS 与人造玉石、人造珍珠组合，金属件与树脂组合，以及树脂与 ABS 组合等。这些组合通常是以仿金件配上其他颜色的树脂等，依靠机械镶嵌或黏合。这些组合扣高雅富丽，常用于男衬衫袖扣和高档西服及女时装。

（12）其他纽扣。在纽扣的新产品开发中，亦有少量具有特殊性能，如有香味、夜光等纽扣等。

（二）纽扣的选配

选配纽扣与选配其他辅料一样，要求它们在颜色、造型、重量、大小、性能和价格等，应与服装面料相配伍。

（1）在设计服装时应一并考虑选用纽扣。扣子的颜色要与面料颜色（或其主要色彩）统一谐调。有时在休闲或运动服装上也用与面料颜色对比强烈的纽扣，但这是为了与服装某个部位（如领、袖或袋口等）的颜色相呼应。纽扣的形状也要与服装款式相谐调。

（2）纽扣的大小尺寸和重量应与面料配伍。金属扣用在厚重面料和休闲的服装上。轻薄面料要用轻薄的纽扣，否则不仅会使服装穿着不平整，而且容易使面料损坏。

树脂扣、有机玻璃扣等纽扣的直径，是按照纽扣的型号来表示的，国际上通用的型号以莱尼（LINE）表示（1 莱尼 = 1/40 英寸或 1 英寸 = 40 莱尼）。因此，纽扣的外径尺寸为：型号 ×0.635mm。树脂扣的型号有 14、16、18、24、28、32、34、36、40、44、54 等。准确测量纽扣的直径（如不是正圆形，则按最大尺寸）是为了严格控制扣眼的准确尺寸，以便正确调整锁眼机。在一件服装上纽扣的形状要统一，大小要主次有序。

金属扣（按扣、四合扣、大白扣等）目前尚无统一的型号标准，其基本尺寸见表8－8。

表8－8　金属扣的基本尺寸

扣类别	按扣	四合扣	大白扣
基本尺寸（φmm）	6、7、8.5、10、12、14	8.5、10、12、14	13、15、17

（3）纽扣的性能应与服装穿着保管条件相配伍。高档的毛料服装，因要干洗并高温整烫，所配用的纽扣不但要耐高温并要耐有机溶剂（干洗剂）；衬衫、内衣及儿童服装要用耐水洗的纽扣，而且这些纽扣宜轻薄，以保证穿着的舒适。

（4）垫扣与备用扣的选配。钉扣时在服装背面垫扣（垫以直径小于10mm而且很薄的纽扣），这不但可保证钉扣部位平整，也能以其做工精细而提高服装质量。在里料上缀以备用扣，也是设计高档服装时所应注意的。

（5）纽扣的品种不同，价格各异。选用纽扣应与服装面料的价格相匹配。在一件服装上，纽扣用量不宜太多。单纯靠多用纽扣来取得装饰效果而忽略经济的原则是不提倡的。

二、拉链

拉链用作服装的扣紧件时，既操作方便，又简化了服装加工工艺，因而使用广泛。

（一）拉链的结构

如图8－9（1）所示，拉链由底带1、边绳2、头掣3、拉链牙4、拉链头5、把柄6和尾掣7构成。在开尾拉链中，还有插针8、针片9和针盒10等，如图8－9（2）所示。

拉链牙是形成拉链闭合的部件，其材质决定着拉链的形状和性能。头掣和尾掣用以防止拉链头、拉链牙从头端和尾端脱落。边绳织于拉链底带的边缘，作为拉链牙的依托。而底带衬托拉链牙并借以与服装缝合。底带由纯棉、涤棉或纯涤纶等纤维原料织成并经定型整理，其宽度则随拉链号数的增大而加宽。

拉链头用以控制拉链的开启与闭合，其上的把柄形状多样而精美，既可作为服装的装饰，又可作为商标标识。拉链是否能锁紧，则靠拉链头上的小掣子来决定。插针、针片和针盒

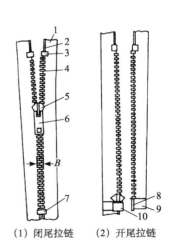

（1）闭尾拉链　　（2）开尾拉链

图8－9　拉链结构图

用于开尾拉链。在闭合拉链前，靠针片与针盒的配合将两边的带子对齐，以对准拉链牙和保证服装的平整定位。而针片用以增加底带尾部的硬度，以便针片插入针盒时配合准确与操作方便。

拉链的号数由拉链牙齿闭合后的宽度 B 的毫米数而定，如图8－9（1）所示。如拉链闭

合后 $B = 5mm$,则该拉链为 5 号。号数越大,说明拉链牙越粗,扣紧力越大。

(二)拉链的种类

拉链可按其结构形态和构成拉链牙的材料进行分类。

1. 按拉链的结构形态分

(1)闭尾拉链(常规拉链):有一端或两端闭合。一端闭合用于裤子、裙子和领口等,两端闭合拉链则用于口袋等,如图 8 - 10(1)所示。

(2)开尾拉链(分离拉链):主要用于前襟全开的服装(如滑雪服、夹克衫及外套等)和可装卸衣里的服装,如图 8 - 10(2)所示。

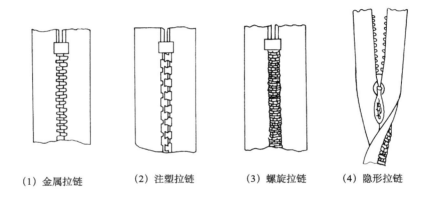

(1)金属拉链　　(2)注塑拉链　　(3)螺旋拉链　　(4)隐形拉链

图 8 - 10　拉链种类

2. 按拉链的加工工艺分

(1)金属拉链。如图 8 - 10(1)所示,用金属压制成牙以后,经过喷镀处理,再连续排装于布带上。金属(铜、铝等)拉链用此法。

(2)注塑拉链。如图 8 - 10(2)所示,用熔融状态的树脂或尼龙注入模内,使之在布带上定型成牙而制成拉链。由于这些树脂(聚甲醛等)或尼龙可染色,所以可制成牙与布带同色的拉链以适应不同颜色的服装。这种拉链较金属拉链手感柔软,耐水洗且牙不易脱落,运动服、羽绒服、夹克衫和针织外衣等普遍采用。

(3)螺旋拉链(圈状拉链)。如图 8 - 10(3)所示,这种拉链是用聚酯或锦纶丝呈螺旋线状缝织于布带上。拉链表面圈状牙明显的为螺旋拉链。

(4)隐形拉链。将圈状牙隐蔽起来的即为隐形拉链,如图 8 - 10(4)所示,这种拉链轻巧、耐磨而富有弹性,也可染色,普遍用于女装、童装、裤子、裙装及 T 恤衫等服装上。特别是尼龙丝易定型,可制成小号码的细拉链,用于轻薄的服装上。

3. 按拉链的材料分

拉链按拉链牙的材料,又可分为金属拉链(铜、铝、锌等)、树脂(塑胶)拉链、聚酯(聚甲醛、聚酯等)、尼龙拉链等。拉链布带的材料亦有纯涤、棉与涤混纺或纯棉等。

(三)拉链的选择

1. 通过外观和功能的质量选择拉链

拉链应色泽纯净,无色斑、污垢,无折皱和扭曲,手感柔和并啮合良好。针片插入、拔出及开闭拉动应灵活自如,商标要清晰,自锁性能可靠。

2. 拉链应依据以下情况选择

根据服装的用途、使用保养方式、服装厚薄、面料的颜色以及使用拉链的部位来选择拉链。

常水洗的服装最好不用金属拉链,需高温处理的服装宜用金属拉链。拉链的颜色(包括布带与拉链牙)应与服装面料颜色相同或相谐调。牛仔服要用金属拉链,连衣裙、旗袍及裙子以用隐形拉链为好。色彩鲜艳的运动服装最好用颜色相同或对比强烈的大牙塑胶拉链。轻薄的服装以及袋口、袖口等处的拉链亦选择号数小一些的。拉链号数的选用详见表8-9与表8-10。

表8-9　闭尾拉链的选用

原料	号数	应用服装类别
金属	2	女装、童装、T恤、裙、衬衫、手袋
	3、4、5	牛仔裤、西裤、大衣口袋、浴袍、鞋靴
	7、8、10	行李袋、皮手袋、工业物件
树脂	3、4、5	衫袋、袖口、手袋
	8、10	行李袋、晨楼袋口
尼龙、聚酯	1、2、3	女装、童装、T恤、裙、衬衫、女裤、套装、袋口、袖口
	4、5	浴袍、手袋、鞋靴、背包、行李袋
	8、10	行李袋、柜架及工业用途

表8-10　开尾拉链的选用

原料	号数	应用服装类别
金属	2、4、5	男装、T恤、大衣、夹克衫、运动服、风雨衣
	7、8、10	大衣、睡袋
树脂	3、4、5	夹克衫、大衣、罩衣、风雨衣
	8、10	大衣、晨楼、劳保服装
尼龙、聚酯	2	T恤、衬衫、罩衣
	4、5	夹克衫、大衣、套装、劳保服装
	8、10	大衣、睡袋、劳保服装

3. 拉链的底带是不可忽视的因素

底带采用不同的材料。全棉带柔软但不够坚牢,此外还有涤棉混纺带和纯涤纶带,其中纯涤纶带虽然结实,但较硬,不宜用于柔软轻薄的服装,因它会影响服装的平整。底带也有机织和针织之分,其宽度、厚度和拉伸强度都随拉链的号数增大而增大。

三、绳带、尼龙搭扣和钩环

(一)绳带

通常服装辅料中的绳带是指纺织绳带,是绳子和织带的统称。通常服装上的绳带既用于服装固紧,也有很好的装饰作用。如连衣帽带、时装腰带及女胸衣的扣带和吊带等,如图8－11所示。

按照材料分绳带主要包括棉织带(棉人字带、棉平纹带、棉腰带、裤头绳带等)、尼龙绳带、涤纶绳带、人造丝绳带、文胸用丝绒带,按弹性分主要有丝光橡筋、松紧带、针织(平面)橡筋、圆橡筋绳、丝绒松紧带等。

图8－11　服装用绳带

高档的服装(如丝绸、毛料服装)宜用丝绳带或有光的化学纤维长丝绳带,因这些绳带较为耐磨。必要时可以定制或自制花色别致的绳带(如长丝与金银丝并捻,丝织带与纱线并捻等)。总之,应根据服装的档次、风格、颜色、厚薄等来确定绳带的材料、花色和粗细,并要注意配以相应的饰物。应指出的是,儿童服装不宜多用绳带以免影响活动和安全。松紧带比较适用于童装、运动装、孕妇装及女内衣等。

棉布窄带常用于服装易变形部位的固定和牵引,如羊毛衫和针织衫的肩宽部位,以及用于裘皮服装内的上下牵引和固定等。

(二)尼龙搭扣

尼龙搭扣是由尼龙钩带和尼龙绒带两部分组成的连接用带织物。钩带和绒带复合起来略加轻压,就能产生较大的扣合力和撕揭力,广泛应用于服装、背包、篷帐、降落伞、窗帘、沙发套等。

常见的尼龙搭扣(黏扣带)的宽度规格包括16mm、20mm 、25mm、38mm、50mm及100mm等,其中一条表面呈圈形,一条表面有钩,当这两条带子相向接触并压紧时,圈钩扣紧,从而使服装或附件扣紧。

(三)钩和环

钩与环是服装中比较常见的紧固辅件之一,它们由一对紧固件的两个部分组成,一般由金属加工而成,也有用树脂或塑料等材料制作的。这些辅料主要用于可调节的裙腰、裤腰、女式文胸、腰封等不宜钉纽扣和开扣眼的服装部位。

这些辅料虽貌似不起眼,但其对服装独特的可调节紧固作用和灵活性是无可取代的,选用得当会给服装产生独特的效果。

四、紧固材料的选择

服装的紧固材料是服装重要的组成部分,我们应从以下方面来选择合适的紧固方式。

(一)服装的种类

婴幼儿装和童装的紧固件要简单而安全,一般采用尼龙拉链或搭扣是合适的,因它们柔软舒适并易于穿脱。男装的紧固材料要选重厚和宽大一些的,而女装上的紧固材料要在实用的基础上注意其装饰性。

(二)服装的用途和保养方式

要根据服装的用途来选用合适的紧固材料。如风雨衣、游泳装的扣紧材料要能防水,并且耐用,因此,用塑胶制品是合适的。女内衣的扣紧件要小而薄、重量轻,但要牢固。裤门襟和裙装后背的拉链一定要自锁。如果服装是需要经常水洗的,应少用或不用金属紧固材料,以防金属生锈而沾污服装。

(三)服装的材料

一般厚重和起毛的面料应用大号的紧固材料,轻而柔软的衣料应选用小而轻的扣紧材料,松结构的衣料,不宜用钩、袢和环,以免损伤衣料,牛仔和灯芯绒面料宜选择金属紧固材料。

(四)紧固件的位置和服装开启形式

如紧固部位在后背,应注意服装穿着时操作简便性。如果服装扣紧处无搭门,则不宜钉纽扣和开扣眼,而宜使用拉链和钩袢,例如在侧缝处的拉链宜选用隐形拉链。

(五)紧固件的缝合方式

有脚纽扣是需要手工缝合的,而有眼纽扣和揿扣则可用钉扣机来缝钉。手钉的成本绝对比机钉要高,但亦需考虑本单位的设备条件与使用扣紧材料的可行性与成本。扣紧件的质量与成本应和服装档次相匹配。

第四节　缝纫线等线材

众所周知,大多数情况下服装衣片的缝合离不开缝纫线,缝纫线是服装的主要辅料之一。我们在关注缝纫线的缝合功能时,也不能忽视其装饰功能。虽然缝纫线的用量和成本占整体服装的比例不大,但占用工时的比重却较大,而且它的种类与品质直接影响着缝纫效率,也影响着服装和其他缝制品的外观质量、内在品质以及生产成本。

一、缝纫线的种类与特点

缝纫线有多种分类方法,最常用的是按其所用的纤维原料进行分类,以及按照缝纫线的卷装形式分。

(一)按缝纫线原料分

缝纫线可分为天然纤维缝纫线、合成纤维缝纫线、天然纤维与合成纤维混合缝纫线三类。

1. 天然纤维缝纫线

(1)棉缝纫线。具有较高的拉伸强力,尺寸稳定性好,线缝不易变形,并有优良的耐热性,能承受200℃以上的高温,适于高速缝纫与耐久压烫。但其弹性与耐磨性较差,容易受到潮湿与细菌的影响。棉缝纫线的主要种类特点及其用途详见表8-11所示。

表8-11　棉缝纫线的主要种类特点及其用途

类型	特点	用途
软线	光滑、柔软	适用于棉织物等纤维素织物,一般用于手缝、包缝、线钉、扎衣样、缝皮子等
丝光棉线	丰满、富有光泽	适于棉织物缝纫以及与软线类似的用途
蜡光线	光滑而硬挺,捻度稳定且强度和耐磨性好	适用于硬挺材料、皮革或需高温整烫衣物的缝纫

(2)丝线。可以是长丝或绢丝线,具有极好的光泽,其强度、弹性和耐磨性能均优于棉线,适用于丝及其他高档服装的缝纫,是缉明线的理想用线;但桑蚕丝价高,因而被涤纶长丝线逐步替代。

2. 合成纤维缝纫线

合成纤维线的主要特点是拉伸强度大,水洗缩率小,耐磨,并对潮湿与细菌有较好的抵抗性。由于其原料充足,价格较低,可缝性好,是目前主要的缝纫用线。

(1)涤纶线。由于涤纶强度高、耐磨、耐化学品性能好,加之近年采用硅蜡处理效果好,天然纤维价格上涨,而涤纶线价格相对较低,因此涤纶缝纫线已占主导地位。

①涤纶长丝线:涤纶长丝线的规格较多,应用广泛。其特点是含油率较高,一般为4% ~ 6%,均经硅蜡处理,可缝性好,强力高,比涤纶短纤维线高50%;结头少、大包装,可提高缝制效率,多为10000 ~ 50000m包装,每万米结头不超过1.2个。涤纶长丝线与蚕丝线相似,缝纫线外观光泽与色牢度均较好,可满足皮革制品和毛料服装的缝纫要求。涤纶长丝线的常用规格及用途详见表8 – 12。

表8 – 12　涤纶长丝线的主要规格及其用途

类型	用途	类型	用途
8.33tex×2 8.33tex×3	衬衣、内衣、雨衣、夹克衫	7.78tex×2 高强有光 7.78tex×3	绗缝
13.9tex×3 高强有光	夹克衫、皮鞋、皮革制品	2.78tex×3 高强有光	运动鞋、帐篷、皮带

②涤纶长丝弹力缝纫线:目前市场上弹力织物的服装比较流行,如针织服装、运动服、健美裤、女内衣、紧身衣等发展迅速,但此类服装的缝纫用线必须要求具有与之相匹配的弹性。我国研发的弹性回复率在90%以上,伸长率分别为15%和30%以上的改性涤纶长丝弹力缝纫线,均可用于弹性织物的缝纫。

③涤纶短纤维缝纫线:目前市售的涤纶短纤维缝纫线有两种。一种是以涤纶长丝切断后纺制而成,一种是由涤纶短纤维纺制而成,在使用性能上,前者优于后者。由于涤纶纤维具有耐磨性好、强度高、缩水率低、抗潮湿、抗腐蚀、抗蛀等优点,所以涤纶短纤维缝纫线是目前缝制业的主要用线,而且特殊功能用线(如阻燃、防水等)也常以涤纶线进行处理加工而成,用于点缀装饰的金银线,亦可以涤纶线特殊加工而成。

(2)锦纶线。锦纶缝纫线主要有长丝线、短纤维线和弹力变形线三种。一般用于缝制化学纤维面料、呢绒面料。它与涤纶线相比,具有强伸度大、弹性好的特点,且更轻,但其耐磨和耐光性不及涤纶。锦纶弹力缝纫线通常采用锦纶6或锦纶66的变形弹力长丝制作而成,主要用于缝制弹性较大的针织物(如游泳衣)和内衣等。锦纶透明缝纫线由于能透射被线遮挡的各种面料的颜色,可使线迹不明显,从而有利于解决缝纫配线的困难,简化了操作。国外的透明缝纫线多用锦纶66或锦纶6,加入柔软剂和透明剂而制成。由于锦纶的熔融温度较低,故用它缝制成的服装的热定型温度受到一定限制,其柔软度也有待于进一步完善,但透明缝纫线仍具有良好的开发前景。我国已研制开发出锦纶单丝透明缝纫线,其规格与技术条件详见表8 – 13。

表8 – 13　锦纶单丝透明缝纫线规格与技术条件

技术条件 织物类别	线密度(tex)	强力(dN/tex)	伸长(%)	熨烫温度(℃)	服装及面料
薄型织物	11.1 ~ 13.3	> 4.4	20	140 ~ 150	仿真丝绸
细特棉型织物	13.3 ~ 16.7	> 4.4	20	140 ~ 160	防雨府绸
粗特棉型织物	16.7 ~ 22.2	> 4.0	20 ~ 30	150 ~ 160	牛仔布

技术条件 织物类别	线密度(tex)	强力(dN/tex)	伸长(%)	熨烫温度(℃)	服装及面料
针织物	13.3 ~ 16.7	> 4.0	20 ~ 40	150 ~ 160	扣子衫
精纺毛料	13.3 ~ 16.7	> 4.0	20 ~ 40	160	花呢
粗纺毛料、薄皮革	16.7 ~ 22.2	> 4.0	20 ~ 40	160	粗花呢
棉衣类	16.7 ~ 22.2	> 4.0	20 ~ 40	150 ~ 160	羽绒服

（3）腈纶线与维纶缝纫线：腈纶由于有较好的耐光性且染色鲜艳，适用于装饰缝纫线和绣花线（绣花线比缝纫线捻度约低20%）。维纶线由于其强度好，化学稳定性好，一般用于缝制厚实的帆布、家具布等，但由于其热湿缩率大，缝制品一般不喷水熨烫。

3. 天然纤维与合成纤维混合缝纫线

（1）涤棉混纺缝纫线。常用65%的涤纶短纤维与35%的优质棉混纺而成，既能保证强度、耐磨、缩水率的要求，也能弥补涤纶不耐热的缺陷，适用于各类服装。

（2）包芯缝纫线。以合成纤维长丝（锦纶或涤纶，通常是涤纶）为芯线，以天然纤维（棉）为包覆纱纺制而成，其涤纶芯线提供了强度、弹性和耐磨性，而外层的棉纤维可提高线对针眼摩擦、高温及热定型温度的耐受能力。包芯线由于其成本高，多用于出口衬衫的缝纫加工，以及高速缝纫并需缝迹高强的服装加工。

（二）按缝纫线的卷装形式分

1. 木芯线（木纱团）

木芯上下有边盘，可防止线从木芯脱下，但其线卷绕长度较短，一般在200 ~ 500m，故适用于手缝和家用缝纫机。为了节省木材，木芯已逐步为纸芯或塑芯取代。

2. 纤子线（纸管线）

卷装有200m以内及500 ~ 1000m的，适于家用或用线量较少的场合。

3. 锥形管缝纫线（宝塔线）

卷装容量大，为3000 ~ 20000m及以上，适合于线在高速缝纫时使用，有利于提高缝纫效率，是服装工业化生产用线的主要卷装形式。

4. 梯形一面坡宝塔管

主要用于光滑的涤纶长丝，容量为20000m以上。为防止宝塔成型造成脱落滑边，常采用一面坡宝塔管。此外，还有软线球及绞线等。

二、缝纫线的质量与可缝性

（一）缝纫线的质量要求与评定

优质缝纫线应具有足够的拉伸强度和光滑无疵的表面，条干均匀，弹性好，缩率小，染色牢度好,耐化学品性能好,以及具有优良的可缝性。为此,国家标准对缝纫线的技术指标有严格的规定与要求。其项目包括线密度、股数、捻度、单纱强力及强力变异系数、染色牢度(特别是耐洗与耐摩擦色牢度)、沸水缩率、长度及允许公差、结头允许数,以及外观疵点(表面接头、油污渍、色差、色花、麻檞线、珠网等)。其成品质量评定是按国家标准中的技术要求对成品进行测试,以其中最低项作为评定缝纫线等级的依据,可分为一等品、二等品和等外品。

(二)缝纫线的可缝性

缝纫线可缝性是缝纫线质量的综合评价指标。它表示在规定条件下,缝纫线能顺利缝纫和形成良好的线迹,并在线迹中保持一定的机械性能。由此可见,缝纫线可缝性的优劣,将对服装生产效率、缝制质量及服装的服用性能产生直接的影响。

值得注意的是,缝纫过程中缝纫线的断头,并非都是线的质量问题。引起缝纫线断头的原因很多,归纳起来有以下几点:缝纫线质量差(条干不匀,毛羽过多,耐高温性差,结头多等);成缝机构不良;缝纫参数调节不良等。

1. 缝纫线可缝性的计量

(1)定长制。在规定的车速、针号、针距和缝料上进行缝纫时,以在一定缝纫线长度内的断头次数或所能缝制的试样米数来表示。断线次数越少(即缝制长度越长),则缝纫线的可缝性越好。

(2)定时制。在规定车速、针号、针距和缝料等条件下,以一定时间内的断线次数来表示,即用不断线时间的长短来表示缝线的可缝性。

(3)层数制。将试料做成一层、二层、三层至十层的试料组,在规定的条件下,看缝纫能通过哪个组。通过层数多的缝线,其可缝性好。

(4)张力法。在规定条件下(一定的车速、针号、针密、缝料),通过缝纫机的面线张力调节装置,逐步增加张力,直至缝纫线断头。可缝性是以某张力值为标准。在规定的缝纫张力下,缝纫线的断裂次数越少,其可缝性就越好。

中国、法国、罗马尼亚、日本、德国采用第1种方法,美国不同公司分别采用第2和第3种方法,英国则用第4种方法。以上各法虽各有特点,但前三种方法对缝纫张力没有要求,是值得探讨的。现在日本、英国的研究表明,已经注意到缝纫张力的影响及分析。

2. 缝纫张力与缝纫线可缝性的关系

实验表明,缝纫张力(面线张力与底线张力)对缝纫线可缝性有着显著的影响(表8-14)。由表中数据分析可知:随着缝纫张力的增大,缝纫线连续缝纫长度减少,即缝纫线断头频率增高,可缝性下降。不同品种的缝纫线,所能施加的缝纫张力也不同。此外,面线张力和底线张力,在形成正常线迹的配合调节中,呈明显的线性关系。

表 8 – 14　缝纫张力对缝纫线可缝性的影响

序号	缝纫线	底线张力（cN）	面线张力（cN）	最大缝纫长度（cm）					平均值
				1	2	3	4	5	
1	14.8tex×2（H牌）	4.9	470.7	124	600	455	128	538	371
		14.7	530.1	529	87	59	168	77	184
		24.5	575.8	3	4	19	3.5	9	8
2	14.8tex×2（M牌）	4.9	297.1	184	215	170	189	109	173
		14.7	361.0	140	61	140	133	80	111
		24.5	416.6	70	52	41	48	74	57
		34.3	516.4	42	27	30	20	25	29
3	9.8tex×2（H牌）	14.7	393.0	1000	1000	1000	1000	1000	1000
		24.5	479.9	176	232	1000	517	299	445
		34.3	556.7	19	19	29	3	20	18
4	9.8tex×2（F牌）	34.3	502.7	1000	1000	1000	1000	1000	1000
		44.1	644.4	29	44	40	44	33	38
5	11.8tex×2（Y牌）	14.7	306.2	1000	1000	1000	1000	1000	1000
		24.5	415.9	342	136	98	230	30	167
		34.3	457.0	14	7.5	6	5	11	9
6	9.8tex×2（Y牌）	14.7	306.2	1000	1000	1000	1000	1000	1000
		24.5	374.7	29	27	28	64	130	56
		34.3	434.2	36	29	27	30	30	30

三、缝纫线的选择

缝纫线的种类繁多,性能特征、质量和价格也各不相同。为了使缝纫线在服装加工中实现最佳的可缝性,并使服装具有良好的外观和内在质量,正确地选择缝纫线十分重要。缝纫线选择的原则是与服装面料有良好的配伍性。

(一)缝纫线的选择依据

市场上的缝纫线种类很多,且性能各异。为了使缝纫线在生产中有良好的可缝性,满足服装加工及穿着的需要并体现经济合理性,正确地选择和使用缝纫线是十分重要的。其选择的依据有下述几方面。

1. 面料种类与性能

缝纫线与面料的原料相同或相近,才能保证其缩率、耐化学品性、耐热性以及使用寿命等相配伍,以避免由于线与面料性能差异而引起的外观皱缩弊病。缝线的粗细应取决于织物的厚度和重量。在接缝强度足够的情况下,缝线不宜粗,因粗线要使用大号针,易造成织物损伤。高强度的缝线对强度小的面料来说是没有意义的。当然,颜色、回潮率应力求与面料织物相配。缝纫线与服装面料的合理配伍选择详见表8－15。

表8－15 各类面料所用的缝纫线

缝纫线 面料		缝线	包缝线	扣眼线	缝纫线	唛线	钉扣线	针迹密度(针/3cm)	机针(号)
棉	薄	蜡光线 丝光线 涤纶线 (短纤、绢线) 14.8～ 9.8tex×2～3 (40～60英支)	软线 丝光线 14.8～ 9.8tex×3～6 (40～60英支)	丝光线 涤纶线 14.8～ 9.8tex×3	同缝线 丝线 透明线 (纱线较缝线稍粗)	软线 19.7～ 7.5tex×2～3 (30～80英支)	丝光线 涤纶线 14.8～ 9.8tex×2～3 (40～60英支)	16～18	9～11
	中厚	蜡光线 丝光线 涤纶线 14.8～ 9.8tex×2～3 (40～60英支)	软线 19.7～ 9.8tex×3～6 (30～60英支)	涤纶线 29.5～ 19.7tex×3 (20～30英支)	同缝线 丝线 透明线 (纱线较缝线稍粗)	软线 19.7～ 7.5tex×2～3 (30～80英支)	丝光线 涤纶线 29.5～ 14.8tex×3～6 (20～40英支)	15～17	12～14
毛	薄	丝线 涤纶线 14.8～ 9.8tex×2～3 (40～60英支)	丝光线 14.8～ 9.8tex×3～6 (40～60英支)	丝线 涤纶线 14.8～ 9.8tex×3 (40～60英支)	同缝线 丝线 透明线 (纱线较缝线稍粗)	软线 19.7～ 7.5tex×2～3 (30～80英支)	丝线 涤纶线 19.7～ 11.8tex×2～3 (30～50英支)	16～18	9～11
	中厚	丝线 涤纶线 14.8～ 9.8tex×2～3 (40～60英支)	丝光线 软线 19.7～ 9.8tex×3～6 (30～60英支)	丝线 涤纶线 29.5～ 19.7tex×3 (20～30英支)	同缝线 丝线 透明线 (纱线较缝线稍粗)	软线 19.7～ 7.5tex×2～3 (30～80英支)	丝线 涤纶线 丝光线 锦纶线 29.5～ 14.8tex×3～6 (20～40英支)	15～17	12～14
	厚	丝线 涤纶线 19.7～ 11.8tex×2～3 (30～50英支)	丝光线 软线 19.7～ 9.8tex×3～6 (30～60英支)	丝线 涤纶线 29.5～ 19.7tex×3 (20～30英支)	同缝线 丝线 透明线 (纱线较缝线稍粗)	软线 19.7～ 7.5tex×2～3 (30～80英支)	丝线 涤纶线 丝光线 锦纶线 29.5～ 14.8tex×3～6 (20～40英支)	14～16	14～16

续表

缝纫线＼面料		缝线	包缝线	扣眼线	缝纫线	唛线	钉扣线	针迹密度(针/3cm)	机针(号)
化学纤维	薄	涤纶线 14.8~9.8tex×2~3 (40~60英支)	软线 涤纶线 14.8~9.8tex×2~3 (40~60英支)	涤纶线 14.8~9.8tex×3 (40~60英支)	同缝线 丝线 透明线 (纱线较缝线稍粗)	软线 19.7~7.5tex×2~3 (30~80英支)	涤纶线 锦纶线 14.8~9.8tex×2~3 (40~60英支)	16~18	9~11
	中厚	涤纶线 14.8~9.8tex×2~3 (40~60英支)	软线 涤纶线 19.7~9.8tex×3~6 (30~60英支)	涤纶线 29.5~19.7tex×3 (20~30英支)	同缝线 丝线 透明线 (纱线较缝线稍粗)	软线 19.7~7.5tex×2~3 (30~80英支)	涤纶线 锦纶线 29.5~14.8tex×3~6 (20~40英支)	15~17	12~14
	厚	涤纶线 19.7~11.8tex×2~3 (30~50英支)	软线 涤纶线 19.7~9.8tex×3~6 (30~60英支)	涤纶线 29.5~19.7tex×3 (20~30英支)	同缝线 丝线 透明线 (纱线较缝线稍粗)	软线 19.7~7.5tex×2~3 (30~80英支)	涤纶线 锦纶线 29.5~14.8tex×3~6 (20~40英支)	14~16	14~16
丝绸	薄	丝线 丝光线 涤纶线 14.8~9.8tex×2~3 (40~60英支)	丝光线 14.8~9.8tex×2~3 (40~60英支)	丝线 丝光线 14.8~9.8tex×3 (40~60英支)	同缝线 丝线 透明线 (纱线较缝线稍粗)	软线 19.7~7.5tex×2~3 (30~80英支)	涤纶线 丝光线 丝线 14.8~9.8tex×3 (40~60英支)	16~18	9~11
	厚	丝线 丝光线 涤纶线 14.8~9.8tex×2~3 (40~60英支)	丝光线 19.7~9.8tex×3~6 (30~60英支)	丝线 丝光线 29.5~11.8tex×3 (20~50英支)	同缝线 丝线 透明线 (纱线较缝线稍粗)	软线 19.7~7.5tex×2~3 (30~80英支)	涤纶线 丝光线 丝线 29.5~11.8tex×3~6 (20~50英支)	15~17	12~14

缝纫线 面料		缝线	包缝线	扣眼线	缝纫线	唛线	钉扣线	针迹密度(针/3cm)	机针(号)
裘皮	薄	锦纶线 涤纶线 19.7～ 8.4tex×2～3 (30～70英支)	—	丝线 涤纶线 锦纶线 29.5～ 19.7tex×3 (20～30英支)	—	软线 19.7～ 14.8tex×2～3 (30～40英支)	涤纶线 锦纶线 29.5～ 14.8tex×3～6 (20～40英支)	6～10 (皮)	12～14 (皮)
	厚	锦纶线 涤纶线 29.5～ 11.8tex×2～3 (20～50英支)	—	涤纶线 锦纶线 29.5～ 19.7tex×3 (20～30英支)	—	软线 19.7～ 14.8tex×2～3 (30～40英支)	涤纶线 锦纶线 29.5～ 14.8tex×3～6 (20～40英支)	—	14～16

2. 服装种类和用途

选择缝纫线时应考虑服装的用途、穿着环境和保养方式。如弹力服装需用富有弹性的缝纫线；而对一些特殊功能服装而言，就需要经特殊处理的缝线，例如消防服的缝纫线及其缝合的服装必须满足耐高温、阻燃和防水的服用要求。

3. 接缝与线迹的种类

多根线的包缝，需用蓬松的线或变形线，而对于400类双线线迹，则应选择延伸性较大的线。现代服装工业生产中的专用设备种类繁多，可分别用于服装不同部位的缝合，这为合理用线创造了十分有利的条件。例如缲边机，应选用细线或透明线，裆缝、肩缝应考虑线的坚牢度，而扣眼线则需耐磨等。

4. 缝纫线的价格与质量

虽然缝纫线占整体服装的成本比例较低，但是若只顾价格低廉而忽视了质量，就会造成频繁停车等问题，既影响了缝纫产量，又影响了缝纫质量。因此，合理选择缝纫线的价格与质量也是在选择缝纫线时不可忽视的因素。

(二)缝纫线用量计算

服装的成本核算，主要包括各种材料的用量。缝纫线用量受线迹种类、接缝形式、衣料厚薄、缝口厚度、缝线特数、缝线张力等多种因素的影响，很难作精确计算，因而常用估算的办法。下面就介绍三种常用的估算方法。

1. 实测估算

先进行实际缝纫，测出单位接缝长度所需线量，再估算一件服装的缝纫总长度，最后根据服装件数并考虑估算的差异与耗损而制定用线定额。

2. 经验估算

按以往生产中实际耗线量(5000m长的宝塔线可缝制成的服装件数),再根据服装材料与缝线特数改变后的变化情况,得出经验规律,进行估算。例如,在同样缝纫长度下,粗线比细线耗用量大;针织物比机织物用线多(线迹松)。在实际生产中必须注意积累经验。

3. 几何运算

利用线迹的几何图形,结合缝料厚度、针密、缝线等条件,进行几何运算,求单位缝纫长度的用线量。

在实际生产中估算用线量时,还应考虑车间生产组织、各台车用线个数、宝塔线长度、用线颜色、换线次数以及共用机台(包边、锁钉机等)用线个数等因素,要较实际用量多10% ~ 15%进行估算。否则,将会影响正常的生产。

第五节　其他辅料

除了上述介绍的服装辅料之外,还有一些服装装饰材料(如花边、珠片等)、标识材料(如商标、尺码带以及示明牌等)和包装材料(如纸袋、布袋等)。这些辅料虽小,但是材料和形式多样,不可忽视。

一、服装装饰材料

(一)花边

花边是当今女装和童装中常被采纳的流行时尚元素之一,常用于女时装、裙装、内衣、童装、女衬衫以及羊毛衫等,花边的使用可以提高服装的装饰性和档次。花边分为编织花边、针织花边、刺绣花边和机织花边四大类。

1. 编织花边

如图8 - 12所示,用5.8 ~ 13.9tex(42 ~ 100英支)棉纱为经纱,用棉纱、化学纤维丝或金银丝为纬纱,交织成1 ~ 6cm宽的各种色彩的花边。可以根据用户的需要改变花型、规格和牙边的形状,这种花边在各式女装、童装、内衣、睡衣及羊毛衫上应用较多。

2. 针织花边

如图8 - 13所示,该类型花边用经编机织制,故亦称经编花边。其原料多为锦纶丝、涤纶丝。由于它轻盈、透明,有很好的装饰性,多用于内衣及装饰物。但锦纶和涤纶丝花边质感较硬,不宜使用于与皮肤直接接触的部位,特别对儿童服装尤应注意。

图8 - 12　编织花边

3. 刺绣花边

如图 8 - 14 所示,有些高档刺绣花边是绣于带织物上,然后将刺绣花边装饰于服装上。而目前应用较多的是用化学纤维丝绣花线绣在水溶性非织造底布上,然后将底布溶化,留下绣花花边。这种花边亦称水溶花边,常用于高档女时装或衬衫衣领。

4. 机织花边

如图 8 - 15 所示,该类型花边用机织提花机织制,使用原料有棉纱线、真丝、锦纶丝、涤纶丝及金银丝等。机织花边质地紧密,立体感强。

图 8 - 13　针织花边　　　　　　图 8 - 14　刺绣花边　　　　　　图 8 - 15　机织花边

(二)珠片

近年来,珠片(图 8 - 16)在服装应用非常广泛,尤其在礼服、表演装、女装和童装中表现尤为抢眼。珠片是由 PVC 软胶合成树脂作原材料制成,这些 PVC 原材料必须先加工成为不同类型的薄片,薄片经过加工(例如电镀水银、磨砂、七彩、印刷及合成等工序)后产生各式各样的效果。

为了服装生产便捷有效,现在市场上的珠片大都被再次设计加工成了各种珠片链、珠片花、珠片衣领、珠片亮片匹布等,大大节省了生产周期,提高了生产效率。

 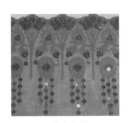 

珠片花边带　　　　　　　　珠片花边　　　　　　　　珠片匹布

图 8 - 16　各种珠片

二、服装标识材料

服装标识是服装企业品牌和产品说明的另一种信息载体和说明方式,它主要包括服装的商标、规格标识、洗涤保养标识、吊牌标识等,是非常重要且不能缺少的服装辅料种类。

服装的商标是企业用以与其他企业生产的服装相区别的标记,通常这些标记用文字和图形来表示。商标设计和材料的使用,在当今社会重视服装品牌的情况下尤为重要。服装商标的种类很多,根据所用材料看,主要有胶纸、塑料、织物(包括棉布、绸缎等)、皮革和金属等,其制作的方法有印刷、提花、植绒等。商标的大小、厚薄、色彩及价值等应与服装相配伍。

服装的规格标识即服装号型尺码带,是服装的重要标识之一。我国对服装有统一的号型规格标准,它既是服装设计生产的依据标准,也是消费者购买服装时的重要参考。服装的规格标识一般用棉织带或化学纤维丝缎带制成,说明服装的号型、规格、款式、颜色等。

服装的洗涤保养标识是消费者在穿着后对服装进行洗涤保养的重要参考依据,它不仅关系到服装正确的保养方法,还可有效地提高服装的持久可穿性,有效地降低因洗涤保养不当而造成的投诉和纠纷,为服装营造一个良好的服用环境。

服装的吊牌标识是企业形象的另一系列名片,因为在服装的吊牌上印刷有企业名称、地址、电话、邮编、注册 LOGO、面辅料小样等重要信息。吊牌的材料大都采用纸质、塑料、金属、织物等。

三、服装包装材料

服装包装是服装整体形象的一个重要环节。在过去,服装包装主要是为了便于清点服装号型数量和质量的完整性,便于消费者的携带等。现在,服装包装已成为服装品牌宣传和推广的重要手段之一,也直接影响了服装的价值、销路和企业形象,因此服装包装是服装材料中不可缺少的必要组成部分。根据不同的服装种类与特点,服装包装主要分为衬衫包装、服饰包装、内衣包装、T 恤包装等。

一般情况下,服装包装可分为内层包装、外层包装和终端包装。

1. 内层包装

主要作用是保持服装数量便于清点和运输,是服装贮存、运输的重要保障。这类包装材料上多采用 opp 或 cpp 透明塑料,一部分知名品牌会在透明塑料袋上印刷品牌名称、LOGO 和专属图案,以维持良好的品牌形象,有些服装的内层包装直接采用没有任何品牌说明的透明塑料袋。

2. 外层包装

一般采用瓦楞纸箱、木箱、塑料编织袋等三种方式,这主要是为了便于运输、贮存,此外还要采取相应的防潮措施,以防服装受潮而影响质量。通常服装外层包装印刷比较简单,只要可以完整准确地反映内容物的基本信息即可。

3. 终端包装

是指服饰用环保购物袋,主要用于展示服装品牌和形象宣传,同时便于消费者买后携带。由此可见,服装的终端包装必须重视,印刷的图案和工艺应相当精美和精良,很多服装企业已将服装的终端包装纳入企业 VI 设计的重要组成部分,并且聘请专业设计队伍从包装材料、印刷内容、表现形式等多方面进行策划实施,以期提升服装品牌的形象和知名度,达到良好的服装品牌宣传效果。本着低碳环保的理念,服装终端包装的常用材料多为纸质、可降解塑料和布质三类,常见的包装形式主要包括吊卡袋、拉链袋(三封边)、手提式等。

综上所述,服装辅料关系着服装的整体形象,设计使用得当,将十分有利于提高服装的档次并利于终端销售。

第六节 相关标准

一、产品标准

FZ/T 64001—2003　机织树脂黑炭衬布

FZ/T 64007—2000　机织树脂衬布

FZ/T 64008—2000　机织热熔黏合衬布

FZ/T 64009—2009　非织造热熔黏合衬布

GB/T 23327—2009　机织热熔黏合衬

GB/T 17685—2003　羽绒羽毛

FZ/T 81002—2002　水洗羽毛羽绒

FZ/T 64006—1996　复合保温材料　毛型复合絮片

FZ/T 64002—1993　金属镀膜复合絮片

FZ/T 64003—1993　喷胶棉絮片

FZ/T 52004—2007　充填用中空涤纶短纤维

GB 18383—2007　絮用纤维制品通用技术要求

QB/T 18746—2002　拉链术语

QB/T 2172—2001　注塑拉链

QB/T 2173—2001　尼龙拉链

QB/T 2171—2001　金属拉链

QB/T 2173—1995　螺旋拉链

QB/T 1142—1991　按扣

QB/T 3637—1999　不饱和聚酯树脂钮扣

FZ/T 63005—2010　机织腰带

FZ/T 63006—2010　松紧带

GB/T 6836—1997　涤纶缝纫线

FZ/T 12002—2006　精梳棉本色缝纫专用纱线

FZ/T 60028—2007　缝纫线可缝性试验专用棉带

FZ/T 63001—2006　涤纶本色缝纫用纱线

FZ/T 63002—2009　黏胶长丝绣花线

FZ/T 80003—2006　纺织品与服装　缝纫型式　分类和术语

FZ/T 63007—2007　棉绣花线

FZ/T 63008—2009　锦纶长丝缝纫线

FZ/T 63009—2009　涤棉包芯缝纫线

FZ/T 63010—2007　涤纶长丝绣花线

FZ/T 63011—2009　锦纶长丝民用丝带

FZ/T 63012—2009　涤纶长丝高强缝纫线

FZ/T 73027—2008　针织经编花边

二、测试标准

FZ/T 01075—2000　服装衬布外观质量局部性疵点结辫和放尺规定

FZ/T 01076—2000　服装用热熔黏合衬组合试样制作方法

FZ/T 01081—2000　热熔黏合衬热熔胶涂布量和涂布均匀性的测定

FZ/T 01082—2000　服装面料和热熔黏合衬干热尺寸变化的测定

FZ/T 01083—2000　热熔黏合衬布干洗后的外观及尺寸变化的测定

FZ/T 01084—2000　热熔黏合衬布水洗后的外观及尺寸变化的测定

FZ/T 01085—2000　热熔黏合衬布剥离强力试验方法

FZ/T 80007.1—2006　使用黏合衬服装剥离强力测试方法

FZ/T 80007.2—2006　使用黏合衬服装耐水洗测试方法

FZ/T 80007.3—2006　使用黏合衬服装耐干洗测试方法

JIS L1085—1998　非织造衬布的试验方法

FZ/T 80001—2002　水洗羽毛羽绒试验方法

GB/T 12705.1—2009　纺织品　织物防钻绒性试验方法　第1部分:摩擦法

GB/T 12705.2—2009　纺织品　织物防钻绒性试验方法　第2部分:转箱法

FZ/T 60001—2007　缝纫线含油率测定方法

FZ/T 60027—2007　缝纫线可缝性测定方法

FZ/T 60028—2007　缝纫线可缝性试验专用棉带

三、标识标准

FZ/T 01074—2000　服装用热熔黏合衬布产品标记及质量标识的规定

GB/T 21302—2007　包装用复合膜、袋通则

思考题

1. 服装辅料有哪些主要种类？它们在服装中有何作用？应该如何合理地选择这些辅料？

2. 分别阐述服装衬料和里料的种类、特点及其适用性。

3. 收集具有代表性的服装紧固件，说明它们的区别、特点及适用的服装和部位。

4. 在你自己的服装上统计一下都有哪些服装辅料？并评述它们在服装穿用过程中的作用及优缺点。

5. 请收集 10 个以上服装商标、标志和示明牌，并加以评论。

6. 以秋冬季服装为例，根据服装面料选配与之相匹配的辅料。

第九章　服装典型品种的选材

由于穿着者,穿着环境和穿着目的的不同,服装的种类和材料选择要求也不相同。

本章主要从典型服装品类入手,分别从穿着需要、社会语义表达的角度进行材料选择的阐述。

第一节　外衣

一、外衣类别

外衣类服装主要指穿着在内衣之外的外穿服装,根据穿着季节不同,所使用面料厚度也不同,因此,可以分为轻薄型外衣、中厚型外衣和厚重型外衣。轻薄型外衣主要指在夏季外穿的衬衫、T恤、连衣裙等。中厚型外衣类主要指春秋季外穿的夹克、西装、风衣等。厚重型外衣类主要指在冬季外穿的短大衣、中长大衣和长大衣。

二、服装社会中的语义

人们穿着服装,主要是为了满足人们日常生活、工作和学习的各种穿着需要。因此,外衣类服装在社会中的语义表达具有重要的作用。这里仅从个体着装的角度进行阐述(有关群体着装的阐述可参见职业装的相关章节)。

从个体着装的角度来看,外衣类服装可以凭借其挺括的造型感传达给人们以不同的外观感受,或端庄沉稳、含蓄内敛,或阳刚帅气、硬朗张扬,或温婉柔美、轻盈性感。而色彩、图案纹样的选择,可以体现穿着者的个性气质、职业特色、身份地位、穿着功能、穿着场合等不同语义,同时还可以反映出特定历史时期的时代背景。

三、材料选用

针对穿着季节、气候、舒适性、功能性等不同的需求,不同厚度的外衣类服装需要进行相应的材料选用。

对于轻薄型外衣而言,主要在春末、秋初以及夏季穿用,因服装贴近人体的皮肤,所以选材需要和内衣接近。因此,这类服装对舒适性要求较高,纯棉、纯麻、丝绸等材料因其具有很好的吸湿、干爽等特性而受到人们的喜爱。而一些纯化纤材料,由于在长时间穿着后会起毛、起球,而大大影响其穿着的舒适性。轻薄型外衣的塑型性要求不是很高,通常可根据款式的悬垂飘逸或宽松肥大等不同需要选择相应材料。相比较而言,丝绸面料的悬垂感较好,棉、麻材料略显硬挺,可用于一些塑型性要求较高的样式,但是保型性较差,极易起皱。

对于中厚型外衣而言,主要在春秋季穿用,穿着于衬衣、针织衫等品类之外,舒适性要求降低一些,但是功能性和塑型性要求大大提高,不仅要满足一定的保暖、挡风需求,还要求能通过挺括的造型感带给人们不同的外观感受。棉、麻、丝绸等天然纤维材质略显轻薄松软、易于起皱,不能满足硬朗、挺括等塑型性的要求,因此,选择精纺毛料或者含有一定比例化纤的混纺材料,可以使服装获得较为强烈的廓形感,并具有较好的保型性。

对于厚重型外衣而言主要在冬季穿着,挡风、保暖等功能性需求大大增强,造型方面则可以塑造的空间就变得较为有限,总体呈现圆润厚重的感觉。因此,在这类服装面料选择方面可以选择密实的粗纺呢料、皮革皮草类材料,或在服装材料上增加涂层、填充絮料、绗缝等工艺增强保暖层的保暖效果。

四、日常生活服装

日常生活服装包括居家服装和外出服装。

外出休闲服均可选用真丝绸、丝光棉、细特棉府绸、印花布、人造棉布、涤纶绸以及绢丝纺等材料。

外出服装,要具有流行时尚性,可选用氨纶与棉或化学纤维混纺的弹性织物或化学纤维绉布,亦可用毛纱或腈纶膨体纱的针织物或编织物,此外,绢纺绸、天丝混纺材料等均可用于这类服装。

男式风衣和夹大衣,可以用纯毛华达呢、毛涤或化学纤维仿毛华达呢、花呢,也可用涤棉卡其磨毛帆布、超细涤纶磨毛织物或涂层织物,它们兼有防雨功能。

女士外出和社交服装,在材料的选择上,要注意审美时尚、舒适及具有个性。可选用重磅真丝绸、柞丝绢纺绸、涤麻混纺花呢、毛/黏/莱卡花呢、仿麂皮以及涤纶仿毛、仿丝及仿麻织物等。

女士大衣,高档的可用羊绒大衣呢或羊驼大衣呢,中档的可用纯毛、毛/黏、毛/腈大衣呢,或者选用价格低廉的黏/毛或腈纶针织拉绒面料。

居家休闲服装,要求轻便而舒适,可选用纯棉印花布、色织布、针织布,也可用绒布、人造棉布等。

第二节 内衣

一、内衣类别

内衣,广义上可以泛指一切外衣之内的内穿服装;狭义上,则主要指在居家环境和睡眠状态下穿着的贴体服装。

内衣包括文胸、底裤、背心、睡衣、居家服等;根据内衣的功能可分为基础内衣、装饰内衣、美体矫型内衣等。

其中,基础内衣主要指具有基本保暖、保健功能的内衣,包括文胸、三角裤、丁字裤以及棉毛衫、棉毛裤等;装饰内衣主要指穿着在基础内衣外、外衣内,强调装饰效果的内衣,例如吊带背心、吊带裙、衬裙、打底裤等;美体矫型内衣主要指具有承托、聚拢、收缩、填充作用的内衣,其中除了罩杯式文胸以外,还有收腹束裤、束腰、束身衣等。

二、服装社会中的语义

在中国和西方的服饰发展史中,都形成了各具特色的内衣样式。在中国传统文化中,内衣主要扮演了保健、保暖的基础内衣的作用,样式有肚兜儿、掛衫、内裤等,都是以平面结构为主要特色,不夸张人体的结构特征。在民间,肚兜儿充当了年轻女性表现自己的女红手艺,抒发少女情思的重要载体。因此,各地的肚兜儿都具有不同地域特色,总体呈现出色彩鲜艳、纹样生动、工艺精湛等特色。女性穿着这样独具特色的内衣,彰显了中国含蓄内敛的传统美学观。这是西式内衣所无法比拟的。

在西方,西式内衣的形成经历了较为漫长的演进与变迁。从中世纪时期划时代裁剪——省道的出现与应用,使得男女装可以获得极好的收身塑型的效果。在文艺复兴时期,女性穿着紧身胸衣几乎是一件极为痛苦的事情,因为,当时制作紧身胸衣的材料是金属。人体被这样的"桎梏"束缚着,随着紧身胸衣和裙撑制作技术的成熟,较为轻便、适于人体活动的结构和材料运用而生,使得内衣形式逐渐成为女性日常着装的必备。

对于如今的大多数人来说,内衣主要穿用于居家环境中。因此,内衣所显现出来的社会语义,则更多地与家庭氛围、亲情的营造密不可分,传达出家庭和睦、温馨浪漫等社会语义。例如,家居型内衣中的母子装、亲子装、情侣装等,家庭成员可以通过穿着系列化内衣,对内而言,可以体现出彼此之间的亲密关系;对外而言,则会营造出和睦温馨的家庭氛围。

对于女性的文胸、底裤以及男士的内衣来说,仅仅满足穿着者的舒适性、功能性需求已经远远不够,其中所蕴含的情感性表达大大增强。情侣之间可以通过内衣表达出对彼此的爱意及吸引力。内衣对于女性,可以体现出女性的细腻、精致、性感的阴柔之美;内衣对于男性,可以体现出男性的强健、粗犷、雄浑的阳刚之美。很多美体矫型内衣尊崇的人体美的标准,实际上都与男性、女性的性别魅力的塑造有着必然的联系,因此,女性内衣可以通过各种各样的工艺、材料力求达到"丰胸"、"细腰"等理想的人体效果,从而获得更具魅力的女性形象。

三、材料选用

不同的内衣类别,在穿着需求方面存在较大的差异,因此在材料选择上也差别极大。

对于居家内衣而言,应该满足人们外出归来之后,上床睡觉之前居家的一切活动,人们希望通过穿着居家内衣获得松弛、闲适、自然的感觉,因此,材料选用主要以棉质、丝质的面料为主,以满足亲肤、舒适的感觉。现在,很多居家内衣都通过舒适的材料、亮丽的色彩和趣味十足的装饰图案,成为人们家居生活当中必不可少的一道亮丽的风景线。

对于具有美体矫型功能的文胸、底裤、束腰等功能型内衣而言,舒适性不再是材料选用的主要依据,选用材料主要考虑更多地集中在承托和聚拢胸部、收紧和挤压脂肪等塑型功能。因此,在文胸、束腰及收腹底裤中,除了贴近皮肤的纯棉材质之外,还要用到很多装饰性材料,例如蕾丝、纱、丝带,以及胶条、钢圈、模杯、海绵等支撑性材料。当然,含有氨纶的高弹性材料,也成为获得收身美体效果的必选材料。对于这类矫型、美体的功能型内衣而言,在需要透气的部位适当选择网眼材料可以起到透气、调节内环境的作用。

如今,在内衣的面料设计中,也融入了很多高科技技术,例如采用织可穿技术一次成型的针织内衣,采用防菌除臭材料及保健养生功能的面料制作。

四、内衣分为卫生、装饰和矫形等

人们常用的以卫生为目的的内衣,如汗衫、棉毛衫、背心和衬裤等。这些内衣的材料要求柔软、吸汗、透气,不但使人穿着后感到舒适,并应能吸附皮肤上的污垢,吸汗后不黏身,衣料上的染化料应对身体无刺激,并具有耐洗、耐晒、防霉、防菌等功能。以选择纯棉布、棉绒布、棉针织汗布、棉毛布以及针织拉毛薄绒布等为佳。近年,竹纤维、天丝纤维等被用于此领域。作为贴身之物一定要注意选用环保面料。

作为内衣衬裙。这种内衣常有装饰性的花边或绣花。在较薄的或半透明的外衣内,仍会隐约现出其花边;同时,由于衬裙较光滑,使外边的衣服不黏不缠身,显得美观。此外,这种内衣也可作为居家睡前服装之用。这种内衣的材料要求轻薄、柔软、光滑,最好吸湿性、透气性良好。以丝织物特别是蚕丝或柞蚕丝织物为首选。

以矫形为目的的内衣。此类内衣起到了抬胸、束腰和收腹的作用,可用来矫正妇女体型,使其更具有曲线感。其材料多为弹力锦纶、涤纶针织物和氨纶混纺织物。以棉氨纶包芯纱织物为优,主要体现在穿着时的吸湿透气性方面。

裙装造型的内衣,起裙撑的作用。在裙摆及裙中间用细钢丝或硬锦纶丝穿入,起支撑作用,也可以用硬挺的尼龙丝网制成短裙,以起裙撑的作用。

第三节　职业装

一、职业装类别

职业装主要指以适应不同行业、工种、职位等工作需要为目的,在统一着装环境中穿着的服装,并满足一定的特殊服用功能,起到一定的标识作用的服装类别。

职业装可以大致分为工作服(如宾馆、酒店工作服)、办公服(职业时装)、制服(如军服、校服、警察制服、民航制服等)、特种功能的劳动服(机修工、冶炼工等),如图9-1所示。

(1) 学生装

(2) 制服

(3) 职业装

(4) 劳保服

图 9-1 各类职业装

二、服装社会中的语义

职业装主要以一定的社会群体为主要穿着对象,大到国家企事业单位、公检法等各级行政管理部门和职能部门,以及各大酒店、饭店、航空、铁路等服务行业,小到私营企业、学校等。

职业装的社会语义表达,可以从以下几个方面来看:

(一)从群体着装的角度来看

职业装需要彰显不同行业、工种、职位的特色;职业装可以凸显不同职业、行业、岗位的工作特点及精神特质,因此对于不同角色的诠释与扮演起到了重要的促进和规范作用。因此,职业装的标识作用,一方面可以促使其在特定群体中提高工作效率,另一方面,也可以使其更好地开展工作并服务于他人。

中国自建国以来,邮政行业的标志色是墨绿色,从邮政局的门头,到邮递员的服装、自行车等都是墨绿色,这种统一的形象在很长时间内给人们留下了极其深刻的印象。每当人们看到穿着墨绿色制服的人,就会自然而然地联想起邮递员。

(二)职业装要彰显出企业文化和精神内涵

从群体着装的角度来看,每个人在社会中都会扮演特定的角色,例如公检法等社会职能部门、政府官员、公司企业职员、酒店员工、学校教师或学生。不同的机构都有其各自的职业装、校服、团队服,通过特定的色彩、徽标、刺绣图案等,将企业性质、文化、经营理念、视觉识别系统(企业的标志、标准字体、标准色彩等)、工种、级别等重要信息装饰于服装之上,可以彰显不同地域、不同企业独特的企业文化和精神内涵。

(三)职业装需满足穿着者的舒适性、功能性、防护性

在满足美观性、标识性的基础上,职业装还必须满足不同行业、职业、工种在舒适性、功能性、防护性方面的需求。例如,对于具有特殊功能的劳动防护服来说,需增加防静电、防污、防油、拒水、阻燃等功能需求,因此,在面料选择方面,不能只重视外观美感,还应加强舒适性、防护性等的检测。

三、材料选用

针对职业装的材料选择,必须满足标识性、功能性、舒适性和美观性。

1. 标识性

标识性主要指职业装表明行业特色、身份地位、岗位职责、工作性质的作用。因此,一些刺绣图案、金属徽章、织带缎带、铆钉气眼等装饰性材料可以满足一定的标识性需求。

2. 功能性

职业装除了要具有易清洁、易打理、结实耐用的特点,还要针对不同工作的需要,在选料方面考虑防静电、防辐射、防污、拒水等特种功能。因此,针对不同工种的特殊需求选择合适的面料,是非常重要的,如果使用不当,就会降低职业装的使用寿命,严重时还会为穿着者带来生命危险。

3. 舒适性

主要指个体穿着者在穿着职业装时,要适应其运动、吸湿、透气等穿着需要。职业装的材料选择更多地以易于打理的化纤或混纺材料为主。

4. 美观性需求

由于职业装是以群体穿着对象为主,因此,美观性需求,一方面来自于国家形象、企业形象等整体形象塑造的需求,另一方面则来自于职业装服务于大众,为人们带来赏心悦目的形象需求。美观性需求的满足可以使职业装的穿着者大大提高工作效率、更好地服务于人们。

第四节　礼服

一、礼服类别

礼服主要指在社交礼仪场合中穿着的、符合一定礼仪规范的服装,也称为社交服。礼服可以涵盖从婚礼、葬礼、祭礼等仪式所穿着的服装,到参加典礼、节庆日、宴会等社交活动时所穿着的服装。

二、服装社会中的语义

特定的社交礼仪场合和礼仪规范决定了礼服的程式化特色。因此,礼服的穿着必须符合一定地域、国家、种族的礼仪规范、民俗文化。

在中国传统文化中,自古以来,就逐渐形成了以儒家思想为核心内容的礼仪文化制度。意识到尊崇"礼"的重要性。中国传统礼仪包括古代帝王的冕服,祭天、祭地、宗庙之祭等。而日常生活中的礼仪有诞生礼、成年礼、婚礼、葬礼等。各种礼仪的服装从形制、色彩、纹样、质地都有非常严格的规定。这也构成了中国传统礼仪文化的重要特色。

在近现代的西方,也逐渐形成了在全世界范围内穿着普遍的礼仪着装规范。从形式上看,有正式礼服和非正式礼服两类;从穿着时间来看,可以分为昼礼服和晚礼服。例如,在西方礼仪规范中,男士有晨礼服、小礼服(又称晚餐礼服或便礼服)、大礼服(或称燕尾服)等。

在中西方文化不断交融的今天,中国人在继承和传承中国传统礼仪文化的基础上,大量地吸收借鉴了西方礼仪文化,逐渐形成了中西交融的礼仪文化。例如,在如今的婚庆典礼上,新郎新娘的礼服就是很好的例证。通常,在举行婚礼仪式时,新娘装主要以西式经典的白色纱裙为首选款式,新郎装则主要以西装为首选款式;进入到与亲朋好友敬酒、庆贺时,新娘就会换上以红色为基调的旗袍款礼服,体现出中国传统婚礼中"红色"体现喜庆、吉祥之用意。

三、材料选用

从以上论述可以看出,为了符合一定地域、国家、民族、种族的礼仪规范要求,会根据其各自的礼仪服饰的要求进行礼服材料的选择。

中国古代皇帝大臣的服装,不仅在色彩、纹样上有大量的规定,在材质上更做出了极为严格的规定。例如,黄色只为皇帝专用,红色、紫色、绿色等多用于大臣、王公贵族,而蓝色、灰色等多为平民所用。丝绸、上好棉质材料多为皇帝、大臣、贵族所用,而普通百姓只有粗质的棉布和麻布可用。因此,在中国古代礼仪文化中,材料的选用可以表明一个人的身份、地位。

现代社会中,中国人的服饰礼仪已经从过往的等级森严中走出来,在与西方礼仪文化碰撞之后,很快形成融合中西文化的礼仪服饰。在重大的礼仪场合中,无论是影视明星的红地毯礼服还是普通人婚礼、葬礼所穿着的礼服,都越来越讲究材料的质地、花色、纹样和精工细制。因此,在礼服的选料中,富有光泽、手感滑糯的丝绸类面料成为首选;对于很多女明星的红地毯礼服长裙而言,纱质材料可以营造轻盈曼妙、高贵华丽的感觉。

当然,除了服装用材料之外,为了能够突出礼服的亮丽、高贵,常常会辅助以大量的刺绣(丝线绣、盘金绣、贴布绣和镂空绣等)、钉珠(钉或熨烫假钻石、珍珠、亮片等)、蕾丝等复杂工艺。所以,这些辅料的运用可以起到画龙点睛的作用。

图9-2(1)为大礼服,用于晚礼服、婚礼及音乐指挥等。大礼服穿着上有严格的方式,如需穿紧腰而袒胸的黑色背心,小方领并翻角的白色且有装饰的衬衫,不用领带而用黑色或白色的领结,胸袋饰有装饰手帕,袜子也须用黑色,以及使用黑而宽的腰带。这种礼服多用黑色的精纺毛料(如礼服呢、华达呢等),领子则用光泽反差大的黑缎。礼服常用的衣料是真丝为经、毛纱为纬的丝毛交织物,高级仿毛材料也是可选的。

图9-2(2)为男士准礼服,即戗驳领男西服,一般为黑色,也可以用深灰或藏蓝色,少数用白色。其材料为精纺毛织物及毛混纺织物,如礼服呢、贡呢、驼丝锦、华达呢、单面花呢等。

图9-2(3)为平驳领男西服,是男士普通的社交服装,但作为礼服,要整套穿着,一般为深色,但对颜色的要求不像上两类礼服那样严格。所用材料范围较宽。

图9-2(4)(5)为女士晚礼服,图9-2(5)为旗袍,图9-2(6)常用作婚礼服。其材料可选范围视其着装场所而定。

(1)   (2)   (3)

(4)   (5)   (6)

图 9 - 2　礼服

第五节　运动服

一、运动服类别

仅就字面意义理解,运动服主要适合于从事户外体育运动和专业的体育运动、竞赛及训练时所穿着的服装。但是,现在越来越多的年轻人穿着运动服,不仅可以获得服装的舒适性,同时还可以体现人们的活力与时尚。

二、服装社会中的语义

从传统意义上来看,运动服主要针对的人群是专业运动员。在国内外重大赛事中,中国运动员穿着的运动服从色彩和图案上都与国旗相近,形成鲜明的中国印象。各类运动项目也对服装提出不同的要求,从细节到造型设计,都和国际运动项目中的服装规范统一,既满足不同运动项目的穿着需要,同时还可以展现运动员的风采。

然而,在现代社会中,越来越多的年轻人把运动服当做休闲服装来穿用。有时,配合一些运动品牌的经典鞋款,例如耐克的"空军一号(Air Force One)"、匡威的 All Star 系列鞋款,甚至包括中国七、八十年代时期的回力、飞跃等运动鞋,都成为越来越多年轻人追捧的"潮流配饰"。因此,在当代社会的语义表达中,运动服越来越具有丰富的内涵色彩,与年轻人的潮流文化走得越来越近。

三、材料选用

对于专业的运动员来说,运动服不仅要满足运动员大幅度的伸展跑跳等动作,还要在大量运动过后满足吸湿、吸汗、快干、透气、散热、保暖等功能,有些运动服还要求在户外具有防风、防寒、弹性和柔韧性的需求。因此,运动服的选料不仅因人体不同部位的运动量不同,选择不同组织的材料,以满足拉伸、透气等功能;除了常用的棉、针织材料之外,还会通过采用独特的高科技材料,可以使其减少在水中、空气中的阻力。由此可见,运动服的选料要在满足运动员的生理和心理需求的基础上,才能使运动员很快进入到最佳的竞技状态。

除了专业运动员的运动服以外,对于越来越多的年轻人来说,实际具有强大吸引力的是运动时尚便服,兼具了运动、休闲和时尚的特性。款式上通常以 T 恤、夹克、外套、运动裤、运动裙等品类为主。因此,在面料选择上,多倾向于弹性、耐磨、吸湿、快干、轻便、触感好的材料。在装饰手法上,也趋于多元混搭,运用镶、拼、滚、嵌等工艺。随着潮流文化的愈演愈烈,运动服和运动鞋中也逐渐引入了大量的新型时尚材料,如呈现荧光色的材料、漆皮面料等,图 9 - 3 为运动服装举例。

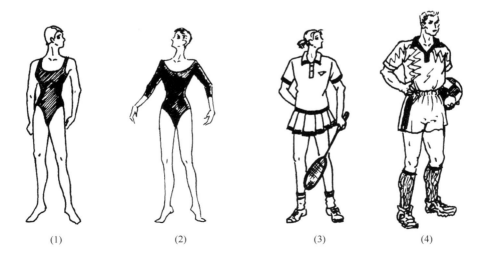

(1)　　　　　(2)　　　　　(3)　　　　　(4)

图 9 - 3　运动服

图9-3(1)为泳装,图9-3(2)为体操服,这两类运动服需要选择具有弹性的材料。图9-3(3)为网球女运动服,图9-3(4)为足球运动服。这些服装需要十分注意吸汗透气,宜用棉针织物之类,目前人们常用服装的结构即多层服装,每层服装选用不同的材料达到此目的。

第六节　休闲装

一、休闲装类别

休闲装可以说是服装中能够涵盖最广泛意义上的服装类别,是人们在工作、居家、运动状态之外所穿着的服装。但从另外的角度来看,休闲装则主要指非正式场合中人们处于放松状态时所穿着的服装。总体来说,可以包含郊游装、旅行度假装、钓鱼装等户外装,以及和朋友聚会时的派对服装、商务休闲服装、乡村休闲服装等。

二、服装社会中的语义

正因为休闲装穿着的广泛性,所以,休闲装在人们的生活中扮演着重要的角色。伴随着人们越来越丰富的文化娱乐活动,人们会选择合适的服装和装备。例如很多旅游者,会选择高纯度的色彩、夸张的纹样来表达放松的心境,或者穿着具有当地民俗风情的服饰,可以很好地融入当地文化。休闲服装的穿着,可以使人们在工作、居家之余扮演更多的角色。

三、材料选用

休闲装的穿着场合大多是非正式场合,因此人们对于穿着休闲装的舒适性、功能性提出了较高的要求。休闲装的面料主要以棉、麻为主,宽松、垂坠的廓形可以使穿着者感到放松、自然、不受约束,可以不考虑面料的皱褶会影响穿着效果。很多户外休闲服装,例如登山装、钓鱼装等,还会设计有很多个大大小小不同的口袋,以配备各种必要的求生工具和装备,而且,在选料方面,密实度、耐磨度都有较高的要求。

日本设计师三宅一生曾经在1980年开发了以"一生褶"为主要面料的系列服装,该面料主要是通过对涤纶聚酯纤维进行高温定型,形成细密的褶皱,有时会根据人体部位、款式造型等进行褶皱方向的改变,进而在人体周围形成极富立体感的造型。而这种服装由于随意缠裹、褶皱保存且快洗易干等特性,使得这种采用"一生褶"面料的服装大受欢迎,彻底颠覆了人们穿着正规服装出游、不便熨烫打理的老观念,为西方时装界带来了前所未有的革命。这可以理解为是在休闲装的面料方面所做的、具有里程碑意义的创举。

不同类别的休闲装,使用的面料是有区别的,图9-4(1)为夹克衫,其面料一般采用纯棉或涤棉斜纹布、灯芯绒、牛仔布、金属涂层布、PV 涂层布、PV 涂层磨毛布以及精纺或粗纺毛花呢等;图9-4(2)为休闲西服,宽松自然,不必像礼仪用西服那样扎领带并整套穿着,可以随意而自然地单件穿着,其面料一般为全毛精纺条、格花呢,粗纺花呢,钢花呢(火姆司本),海力斯,棉灯芯绒等;图9-4(3)中的 T 恤可选用纯棉针织物、涤棉针织物、涤麻混纺针织物等;图9-4(4)为都市女休闲装,轻松、洒脱,面料采用。图9-4(5)为旅游服装,轻便、鲜艳、防撕裂等的材料;图9-4(6)为风衣,图9-4(7)为上装,可用天然皮革、仿麂皮、涤纶涂层等面料等。

图9-4　休闲服装

第七节　童装

一、童装类别

童装主要指的是儿童在居家、上学、郊游、典礼等各种场合所穿着服装的统称。按照年龄段,可以将儿童划分为婴幼儿、学龄前儿童、学龄儿童以及青少年四个阶段。

二、服装社会中的语义

儿童在不同的年龄段呈现出不同的形态风貌,也是成长变化最快的时期。因此,这一时期的穿着的服装,一方面要符合不同年龄段的生理、心理特点,不要过于超前或过于滞后,另一方面又因年龄段的不同要求,而表达出极为迥异的社会语义。

对于,婴幼儿来说,服装的色彩、样式、图案等都是由大人确定购买的,表达的往往是大人们的意愿。进入学龄前时期以后,儿童的自我意识有所萌动,因此,在穿衣方面会作出自己的选择,总体而言,男孩子好动,喜欢硬朗的图案和装饰,喜欢蓝、绿、灰等暗色,女孩子好静,则喜欢卡通、可爱的图案和装饰,喜欢粉、紫、桃红等亮色。进入学龄期的男童,一般穿着朴素的校服,因此,除了延续各自的色彩偏好以外,还会有所发展。对于处于青春期的青少年来说,生理方面的变化极大地影响了他们对于服装款式、色彩的选择,有时会有过早"成人化"的倾向。

三、材料选用

针对以上不同年龄段的儿童着装需要总体来说具有以下几点共性:

对于缺乏体温调节能力的婴幼儿来说,易出汗、排泄次数多,皮肤娇嫩,在服装款式方面要求穿脱容易、款式简洁,以柔软的天然纤维为宜。对于学龄前儿童的好动特点,在童装设计中,要注意选料的结实、耐用、耐磨损。童装上的装饰不要过多、过于复杂,减少易脱散的辅料配件,减少对儿童造成生命威胁。

面料选用要慎重

童装的选料要求尤为重要,要避免一些过度的印染、过度的刺绣、不健康的涂层,否则,长期服用过程中不仅会对儿童稚嫩的皮肤带来磨损,而且还有可能会出现"慢中毒"的现象。

不同年龄段的服装,使用的面料不相同,图9-5(1)所示为婴儿装,多用弹性好、吸湿透气材料。图9-5(2)、(3)、(4)为幼儿和小童服装,可爱、亲切、萌、帅,面料均可选用。还需要耐洗,耐脏等性能。中童装、青少年装根据不同的年龄段需求,写清楚服装的选用面料。

图 9 – 5　童装

第八节　相关标准

一、产品标准

GB/T 20097—2006　防护服　一般要求

GB/T 13459—2008　劳动防护服　防寒保暖要求

GB 8965.1—2009　防护服装　阻燃防护　第 1 部分:阻燃服

GB 8965.2—2009　防护服装　阻燃防护　第 2 部分:焊接服

GA 634—2006　消防员隔热防护服

GB 12014—2009　防静电服

GB/T 23463—2009　防护服装　微波辐射防护服

GB/T 23464—2009　防护服装　防静电毛针织服

GB/T 6568—2008　带电作业用屏蔽服装

GB/T 22845—2009　防静电手套

GB/T 23464—2009　防护服装　防静电毛针织服

GB/T 23330—2009　服装防雨性能要求

GB 24540—2009　防护服装　酸碱类化学品防护服

AQ/T 6107—2008　化学防护服的选择、使用和维护

GB/T 21980—2008　专业运动服装和防护用品通用技术规范

GB 19082—2009　医用一次性防护服技术要求

GB 24539—2009　防护服装　化学防护服通用技术要求

GB 24540—2009　防护服装　酸碱类化学品防护服

GB/T 24278—2009　摩托车手防护服装

GB/T 22705—2008　童装绳索和拉带安全要求

GB/T 8878—2009　棉针织内衣

GB/T 22849—2009　针织 T 恤

GB/T 22853—2009　针织运动服

GB/T 22854—2009　针织学生服

FZ/T 62017—2009　毛巾浴衣

FZ/T 73002—2006　针织帽

FZ/T 73010—2008　针织工艺衫

FZ/T 73011—2004　针织腹带

FZ/T 73012—2008　文胸

FZ/T 73013—2010　针织泳装

FZ/T 73017—2008　针织家居服

FZ/T 73019.1—2010　针织塑身内衣、弹力型

FZ/T 73019.2—2004　针织塑身内衣、调整型

FZ/T 73020—2004　针织休闲服装

FZ/T 73022—2004　针织保暖内衣

FZ/T 73023—2006　抗菌针织品

FZ/T 73024—2006　化纤针织内衣

FZ/T 73025—2006　婴幼儿针织服饰

FZ/T 73026—2006　针织裙套

FZ/T 73029—2009　针织裤

FZ/T 73032—2009　针织牛仔服装

FZ/T 73033—2009　大豆蛋白复合纤维针织内衣

FZ/T 81001—2007　睡衣套

FZ/T 82002—2006　缝制帽

FZ/T 81003—2003　儿童服装　学生服

FZ/T 81004—2003　连衣裙、裙套

FZ/T 81005—2006　绗缝制品

FZ/T 81006—2007　牛仔服装

FZ/T 81007—2003　单、夹服装

FZ/T 81008—2011　茄克衫

FZ/T 81010—2009　风衣

FZ/T 81011—2008　领带

FZ/T 81012—2006　围巾、披肩

FZ/T 81014—2008　婴幼儿服装

FZ/T 81015—2008　婚纱和礼服

FZ/T 81016—2008　莨绸服装

GB/T 2662—2008　棉服装

GB/T 18132—2008　丝绸服装

GB/T 22852—2009　针织泳装面料

二、测试标准

FZ/T 80004—2006　服装产品出厂检验规则

GB/T 24536—2009　防护服装　化学防护服的选择、使用和维护

GB 24539—2009　防护服装　化学防护服通用技术要求

GB/T 23462—2009　防护服装　化学物质渗透试验方法

GB/T 21294—2007　服装理化性能的检验方法

GB/T 18136—2008　交流高压静电防护服装及试验方法

GB/T 20654—2006　防护服装　机械性能　材料抗刺穿及动态撕裂性的试验方法

GB/T 20655—2006　防护服装　机械性能　抗刺穿性的测定

GB/T 23316—2009　工作服　防静电性能的要求及试验方法

GB/T 22042—2008　服装　防静电性能　表面电阻率试验方法

GB/T 22043—2008　服装防静电性能　通过材料的电阻(垂直电阻)试验方法

GB/T 18398—2001　服装热阻测试方法　暖体假人法

GB/T 23467—2009　用假人评估轰燃条件下服装阻燃性能的测试方法

三、标识标准

FZ/T 70011—2006　针织保暖内衣标志

思考题

1. 根据服装着装场合概括服装需求的内容。
2. 描述外衣需求内容并选择服装材料。
3. 描述童装需求内容并选择服装材料。
4. 描述运动服装的需求内容并选择服装材料。
5. 描述内衣需求的内容并选择服装材料。
6. 描述礼服需求的内容并选择服装材料。

第十章　服装及材料保养和标识

服装的保养是人们经常在从事的服装活动,然而,随着新型的服装材料和新的加工工艺的增多,对服装的使用和保养增加了难度,因此掌握服装材料的知识,才能确保正确的使用和保养服装。

第一节　服装及其材料的洗涤

服装在生产加工、销售和穿着过程中会被污垢沾污,消费者着装后的沾污更复杂。需采用一定的方式才能去除污垢。不同的污垢应使用不同的去污方法。合理的去污方法可以减少服装的变形、变色以及对材料的损伤,保持服装的优良外观和性能,从而延长服装的使用寿命。

一、服装的污垢

(一)污垢的种类

任何物质只要"污染"了服装都可能成为污垢,所以污垢具有复杂性。服装的污垢主要来源于两个方面。一是来自于人体:人体在新陈代谢中不断地向外界排出废物,如皮脂、汗水、唾液等;二是来源于生活环境和工业化产品的污垢,如大气飘尘、花粉、纤维绒毛、菜肴汤汁、饮料、水果、蔬菜、文化用品及油漆、沥青、化学品等。一般可分为三类。

1. 固体污垢

这类污垢主要是空气中的灰尘、沙土、纤维毛等。固体污垢的颗粒很小,在一般情况下不单独存在,而往往与油、水混在一起,黏着或附在服装上。它既不溶于水,也不溶于有机溶剂,但可以被肥皂和洗涤剂等表面活性剂吸附、分散,从而悬浮在水中。

2. 油质污垢

这类污垢是油溶性的液体或半固体,大都是动植物的油脂、矿物油、油漆、树脂、化妆品等,它们对服装的黏附较牢固,不溶于水,可以溶解于某些有机溶剂或通过表面活性剂的乳化作用洗掉污垢。

3. 水溶污垢

这类污垢主要来自食物中的糖、盐、淀粉、果汁和人体分泌物,这类污垢溶于水,可以通过使用洗涤剂洗掉。

以上所述的污垢,往往不是单独存在的,它们互相黏结成一个复合体,随着时间的延长,受空气氧化往往产生更复杂的化合污垢。

(二)服装与污垢的结合方式

图10-1放大显示了污垢附着在服装上的情况。其结合的方式可分为如下几种。

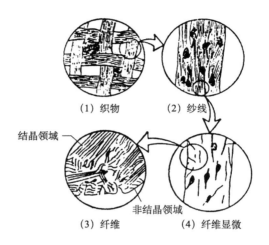

(1) 织物　　　　(2) 纱线

结晶领域

非结晶领域

(3) 纤维　　　　(4) 纤维显微

图10-1　污垢在服装材料上的情况

1. 物理结合

大多数污垢往往都是通过洒落、接触、摩擦等方式沾染到衣物上,使衣物变脏,这是污垢与衣物产生的物理性结合。这类污垢较容易洗净,也是人们泛指的污垢的主体。

大多数衣物都会带有不同的电荷,环境中同时存在着大量的带电粒子。由于带电粒子的吸引作用使外界的物质吸附或沾染到衣物上。这类污垢往往是细微的,其中大多数可以忽略不计。而在一些特殊情况下由此生成的污垢就成为明显的污垢,而且很有可能成为顽固的渍迹。

2. 化学结合

一些酸类、碱类物质以及药剂等与服装的纤维、染料或纺织品后整理剂等的某些基团发生了化学反应,从而生成了一种新的物质,这类污垢一般不易除掉,必须使用氧化剂或还原剂的化学方法进行处理,使污垢变成新的反应生成物,最后通过洗涤才可能脱离衣物。

3. 混合型结合

上述二种污垢的结合方式很少是单独存在的,常常是由不同结合方式的污垢互相混合在一起,成为混合型结合。

二、服装去渍原理

服装上的污垢视污染的面积大小采用不同的去污的方式与方法。日常生活中的服装常常采用水洗与干洗。是采用水洗还是干洗主要由纤维的品种、织物的后整理、污垢的内容而定。特殊的污垢则需要采用特殊去渍方法。

(一)水洗去污的基本原理

水洗技术是洗衣技术的基础,人们使用水洗衣服已经持续了数千年,90%以上的纺织品和服装材料是通过在水中加工之后才成为正式的产品,在国家标准中明确规定,所有纺织品制品都有耐水洗或皂洗的相关质量标准,也就是说,大多数服装材料是可以承受水洗的,服装面料及辅料在研发生产时,都要考虑能否承受水洗的能力,绝大多数衣物的污垢和绝大多数洗涤方法,最后都需要通过水的处理才能真正彻底完成。具体工艺如下。

1. 卷离

污垢从衣物上脱离的过程。污垢的卷离贯穿洗涤的整个过程,任何污垢通过下述各个不同过程作用后,都要经过卷离而进入水中,并通过排水、漂洗,达到分离污垢,洗净衣物的目的。

2. 溶解与增溶

水溶性污垢(如盐类、糖分)在水中溶解是个比较简单的过程,同时洗涤剂中的表面活性剂会使一些污垢成分的溶解范围扩大,使溶解度提高,也是洗涤过程中洗涤液对污垢的增溶作用。

3. 乳化

表面活性剂对油性污垢的分解离析过程。这是水洗洗涤油性污垢的主要过程,油脂经过表面活性剂的乳化才有可能从衣物上分解到水中,从而脱离衣物进入洗涤液,达到洗涤目的。

4. 氧化

利用氧化剂洗涤特定污垢的过程。利用氧化剂处理衣物上的某些颜色污渍是洗衣业的传统手段。正确选择和使用氧化剂可以有效洗净颜色性污垢,提高洗衣质量。

5. 还原

利用还原剂洗涤特定污垢的过程。与氧化的情况类同,利用还原剂处理衣物上的某些颜色污渍,可以有效解决去除色迹的难题,确保洗衣质量。

6. 生物降解

利用生物酶制剂洗掉特定污垢的过程。如淀粉酶、脂肪酶、蛋白酶、纤维素酶等,目前常用的是处理蛋白质类渍迹的蛋白酶。一些洗涤剂或洗涤助剂如加酶洗衣粉、衣领净等都是含有碱性蛋白酶的洗涤剂,它们可以分解人体蛋白质分泌物为主的污垢。

(二)干洗去污的基本原理

干洗的整个过程与水洗十分相似,水洗是以水作为洗涤媒介配以洗涤剂达到去污的目的,而干洗是利用干洗溶剂和干洗助剂在干洗机中洗涤衣物的一种去污方式。其去除污垢的主要原理是利用干洗溶剂溶解服装的油质性污垢,干洗助剂溶解水溶性污垢和固体污垢而达到去污的目的。一般适于毛织物、丝绸织物、毛皮等天然动物纤维材料的去污,不适宜于涂层类织物的洗涤去污。

干洗技术的主要优势是去除油性污垢。在人们衣物上经常沾染的油性污垢包括:人体分泌的各类油脂类分泌物;各种食物类含有的动物油脂、植物油脂;各种日用品(化妆品、润滑油、文化用品等)和工作环境中的烟气性油脂污垢,这些油脂性污垢都会在干洗中得到很好的去除。由于干洗衣物的大环境是干洗溶剂,干洗机内水分非常有限,因此,不会对各种纤维以及面料辅料造成浸润或是溶胀,可以把水对衣物的影响降到最低,所以干洗具有保持衣物形态的优势。

干洗技术仅有一百多年的历史,而国内干洗技术仅有二十多年的历史,所以在人们的认识印象中干洗技术是非常先进的、具有较高科技含量的洗涤技术,而水洗技术低级,技术含量低,技术落后,甚至认为水洗技术不如干洗更科学等,这是对干洗技术认识上的误区。

在实际操作当中,我们应根据服装上的污垢种类、服装面料的组织结构、款式和颜色等来确定正确的洗涤方式。

三、服装的水洗

水洗是以水为载体加以一定的洗涤剂及机械作用力来去除服装上污垢的过程。它能去除服装上的水溶性污垢,简便、快捷、经济,但由于水会使一些服装材料膨胀,加上去污时的机械作用力而导致服装变形、缩水、毡化、褪色或渗色等问题,因此,在水洗前应对服装面料进行甄别。水洗的洗涤条件、方法和步骤如下。

(一)洗涤条件

1. 水

服装水洗的优势在于:水的溶解能力和分散能力强,对无机盐、有机盐都有较强的溶解作用,同时对碳水化合物、蛋白质、低级脂肪酸、醇类等均有良好的溶解、分散能力,使用方便,服装洗后可以较为方便地进行干燥。

2. 洗涤剂

用于水洗的洗涤剂主要指合成洗涤剂,由表面活性剂和助洗剂两部分组成。它的作用使污垢从服装材料上分离出来,而且使污垢悬浮或分散在水溶液,不会再黏着在服装材料上,通过排水、漂洗,达到去除污垢的目的。同时应具有节能和高效的特点,不能损伤服装材料,无毒,对人体没有刺激,生化降解性好,对环境无污染。

(1)表面活性剂。由于表面张力存在于各种液体的表面(或气态与液态的交界面),表面活性剂能够有效地降低表面张力,并可产生润湿、渗透、分散、乳化、增溶等作用,同时具有两亲(亲油、亲水)分子构成。

根据表面活性剂在水中离解出的分子所带有的电荷不同,可分为离子型和非离子型两种,其中离子型表面活性剂又可分成阴离子、阳离子和两性型表面活性剂。在洗衣业,除了两性型表面活性剂不使用,其他三种表面活性剂都在不同工序和不同要求中使用。

①阴离子表面活性剂:阴离子表面活性剂大量应用于服装的洗涤技术,如肥皂、洗衣粉、各种洗衣液、去渍剂、干洗助剂等。

②阳离子表面活性剂:阳离子表面活性剂主要应用于服装洗涤的后整理。如柔软整理、防水拒水整理、固色整理等。

③非离子表面活性剂:非离子表面活性剂在洗衣业单独使用的机会较少。主要在衣物染色、清洗保养皮革衣物时,会选择不同的非离子表面活性剂作为助剂,如匀染剂、缓染剂、润湿剂、渗透剂等。

（2）助洗剂

①无机助洗剂:这类助洗剂溶于水中并离解为带有电荷的离子,吸附在污垢颗粒或织物的表面,有利于污垢的剥离和分散。常用的无机助洗剂有三聚磷酸钠、水玻璃、碳酸钠、硫酸钠、过硼酸钠等。

②有机助洗剂:常用的为羧甲基纤维素钠盐,它在洗涤剂中具有防止污垢再沉积的作用。此外,还有荧光增白剂,它是一种具有荧光性的无色染料,吸收紫外线后,会发出青蓝色荧光。当这种增白剂吸附在织物上后就可使白色织物洁白,花色织物更为鲜艳。

③其他助剂:如酶制剂、色料及香精等。

3. 机械力

机械力即洗涤衣物时的受力方式和受力强度,不同的洗涤方式采用不同的洗涤方法,有手洗和机洗之分。

4. 洗涤温度

服装洗涤与其他化学或物理的过程一样,加热可以加速物质分子的热运动,提高反应速度。温度对去污作用的影响是非常明显的,随着洗液温度的升高,洗涤剂溶解加快,渗透力增强,促进了对污垢的分解作用,也使水分子运动加快,局部流动加强,使固体脂肪类污垢容易溶解成液体脂肪,便于除去。温度每增加10℃,反应速度将加倍,因此在不损伤被洗服装的情况下,尽可能在其能承受的温度上限进行洗涤。

每种衣料都有其适宜的洗涤温度,如纯棉、纯麻织物服装的洗涤温度高,对去污有明显的帮助,而没有什么不良后果;化学纤维织物服装的洗涤温度最好控制在50℃以下,否则会引起折皱;丝织物、毛织物最好控制在40℃以下。各种织物洗涤的适宜温度见表10-1所示。

表10-1　各种织物洗涤适宜的温度

织物种类	织物情况	洗涤温度	投漂温度
棉、麻	白色、浅色	50~60℃	40~50℃
	印花、深色	45~50℃	40℃
	易褪色的	40℃	微温

续表

织物种类	织物情况	洗涤温度	投漂温度
丝	素色、印花、交织	35℃左右	微温
	绣花、改染	微温或冷水	微温或冷水
毛	一般织物	40℃左右	30℃左右
	拉毛织物	微温	微温
	改染	35℃以下	微温
化学纤维	各类化学纤维纯纺、混纺、交织物	30℃左右	微温或冷水

5. 洗涤时间

洗涤时间根据污垢的情况和衣物的承受能力确定。一般常用的洗涤时间大都设定为 8～15 分钟；采用手工洗涤的一般为 2～5 分钟/单件衣物。

（二）水洗工艺

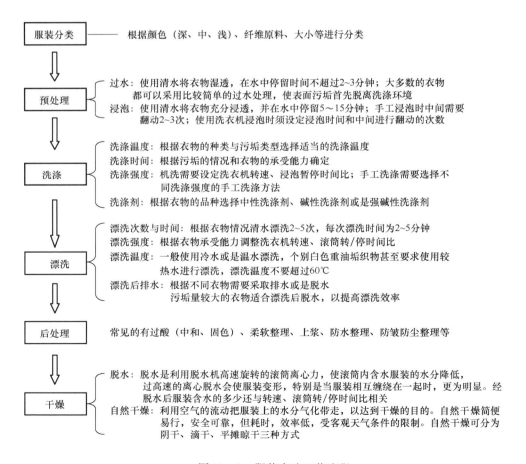

图 10 - 2　服装水选工艺流程

四、服装的干洗

干洗的整个过程与水洗十分相似,只是水洗是以水作为洗涤媒介并配以洗涤剂来达到去污的目的,而干洗是利用干洗剂洗涤衣物的一种去污方式。干洗技术的优势主要能去除服装上的油性污垢,并保持衣物形态或颜色基本不变。

(一)干洗溶剂与助剂

干洗剂种类很多,就外形来看,有膏状与液态两种。膏状多用于局部油污的清洗,而对于整体衣料洗涤需用液体干洗剂。液体干洗剂的基本组分为有机溶剂和干洗助剂两部分。

1. 干洗溶剂

(1)四氯乙烯干洗溶剂。可溶解物质范围比较宽,能够溶解各种油脂、橡胶、聚氯乙烯树脂等。适合洗涤常见油性污垢,干洗洗净度较高,但会对某些织物后整理剂或服装附件造成损伤。其性能稳定,使用过程安全可靠;沸点低,容易蒸馏回收,便于溶剂的更新利用,属于中等毒性有机溶剂,要控制对使用者和使用环境的影响;四氯乙烯在阳光、水分和较高温度条件下,具有酸化倾向,对金属有轻微的腐蚀性。

(2)碳氢干洗溶剂。碳氢干洗溶剂为石油烃产品,是石油烃的混合物。溶解范围相对窄一些,干洗洗净度稍差。对各种织物后整理剂和服装附件没有影响,易燃、易爆,使用中必须严格控制温度、压力,确保使用安全。它中低毒性,在使用环境的气体浓度要严格控制,以防发生工作场地空气污染。

2. 干洗助剂

干洗助剂中主要含有阴离子表面活性剂,非离子表面活性剂,有机溶剂和水。它与干洗溶剂要有一定的兼容性,才能够起到在干洗条件下去除水溶性污垢的作用。

(二)干洗设备

干洗的设备就是干洗机。干洗机利用干洗剂去污能力强、挥发温度低的特点,通过各部件的功能来洗涤衣物、烘干衣物和冷凝回收洗涤剂,使洗涤剂能够循环反复使用。沾污的服装在旋转的流通桶里,经干洗溶剂与污垢进行化学反应,并在机械力的作用下,对衣物表面加以摔打和摩擦,使那些不可溶的污垢脱离服装,然后再经过离心脱油和干燥蒸发。

(三)干洗工艺

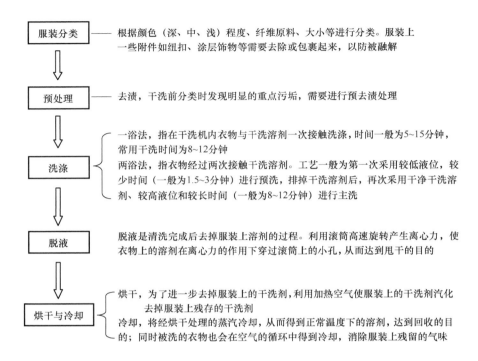

图 10 - 3　服装干洗工艺流程

(四)干洗中易出现的问题

1. 附件溶解或脱落

由于干洗溶剂溶解范围包括一些橡胶、树脂等有机物,所以在干洗时可能把衣物上的纽扣、拉链头、服装标牌、松紧带、小饰物附件溶解。附件溶解后大多数还会造成对衣物的沾染,如珠绣珠子、塑料纽扣、塑料吊牌等附件溶解后把面料沾染上颜色。对于这类衣物的附件,需要在干洗前检查分类时捡出。

2. 带有涂层的面料变硬发脆

在现代流行面料中,有许多带有合成树脂涂层,其中有一些面料的涂层在四氯乙烯干洗过程中会发生部分成分溶解,使得涂层变硬发脆。

3. 抽缩变形、掉色

在一定条件下,干洗后的衣物依然可能出现抽缩变形和掉色的现象。主要原因就是干洗机内水分过多,尤其是干洗机内存有一定数量的游离水时,使某些面料产生抽缩变形。

第二节　服装及其材料的熨烫

　　服装及其材料在加工、穿着使用及洗涤过程中会产生形变(如起拱、皱痕、局部产生极光、褶裥消失、收缩、歪斜等),服装的熨烫是根据织物的热塑性原理,利用熨斗、烫台和一定的工艺手段,对衣料进行热压定型或汽蒸的恢复处理,达到衣身平整,折线分明,外观挺括美观而富有立体感的良好状态。

一、熨烫基本原理

　　熨烫,实际是一种热定型加工,即利用服装材料在热或热湿条件下拆散了分子内部的旧键,使可塑性增加,具有较大的变形能力,经过压烫后冷却,便在新的位置建立平衡,并产生新键,而将形状固定下来。这种定型的持久程度往往是相对的,所谓耐久定型,也只是指在一定条件下,其形状能稳定保持较长时间而已。一般对亲水性纤维来说,热定型的持久性差,往往水洗后便消失,如棉、毛、黏胶纤维等制品。对疏水性纤维来说,热定型处理后,形状稳定性较好,表现出良好的洗可穿性能,如涤纶等。为了达到热定型目的,熨烫时必须具备四个基本要素。

(一)热能

　　加热能使分子活动能力增大,分子间力减小,在外力作用下容易发生形变,并能保持下来,这种性质称为热塑性。一般纤维都有热塑性,只是天然纤维属于非热敏性材料,熨烫时不会发生严重收缩或熔化现象,温度过高,只会变黄变焦;而合成纤维及醋纤属于热敏性材料,温度高了会产生收缩及熔化现象。对亲水的天然纤维来说,被水润湿后,能够增加可塑性。熨烫便是利用其湿热可塑性,通过加热、加湿、加压来完成定型。对疏水的合成纤维来说,水不会增加其热塑性,主要靠热可塑性来加热定型。其变化机理与纤维受热变化情况可参见表5-3各种纤维的热学性能,表5-4各种材料的耐热性,表5-5部分材料的分子结构与老化性能。

(二)水分

　　熨烫可以分为干烫和湿烫两种方法。水分能使分子间以及纤维间、纱线间的摩擦力减小,增加面料的变形能力,即增加可塑性,所以熨烫时经常需要面料上含有一定的水分,例如手工熨烫给湿是垫布喷水或熨斗喷汽,而机械熨烫是经过上下模头喷汽(分别或同时),使面料润湿软化,以便熨烫时推、归、拔。湿度在一定范围内,熨烫定型效果最好,湿度太小或太大都不利于服装的定型。此外,由于各种纤维性能和衣料厚薄、组织等不相同,对熨烫湿度的要求也不同。干烫就是用熨斗直接熨烫,主要用于遇湿易出水印(如柞丝绸)或遇滞湿热会发生高收缩(如维纶布)的服装熨烫,以及薄型面料服装的熨烫。

(三)压力

面料在热能、水分的作用下,拆散了旧的分子间力,甚至使有些纤维分子的微结构发生改变,故容易变形。若在此时加一定压力,就能使面料按人们需要的位置与形状固定下来,达到定型的目的。在手工熨烫时,熨烫压力靠熨斗重量或通过熨斗施加压力;而在机械熨烫中,熨烫压力则是重要的控制参数之一,服装熨烫定型保持率随着熨烫压力的加大而提高很快,服装平整度、褶裥保持性均有增加。压力过大,还会造成服装的极光。因此服装的熨烫压力应根据服装的材料、造型及褶裥等要素确定。

(四)冷却

服装在熨烫过程中经受了热能、水分和压力的作用后,还必须经过冷却,只有冷却干燥后,所建立的分子间力或微结构才能稳定,并在新的平衡位置固定下来。

二、熨烫的分类

服装的熨烫按照使用工具、设备的不同,可以分为手工熨烫和机械熨烫;按熨烫的工序可分为预烫、加工熨烫、成品熨烫和保养熨烫。

(一)按熨烫工具与设备

1. 手工熨烫

手工熨烫是人工操作熨斗,在烫台上通过掌握熨斗的方向、压力大小和时间长短等因素使服装(或材料)平服或形成曲面、褶裥等。熨烫时,常用"推、归、拔"的方法。"推"是通过熨斗的运动力方向,将熨斗由服装的某部位推向另一部位;"归"是将衣料靠熨斗的方向归拢、耸起,形成胖形弧线;"拔"则是将衣料拉伸、拔开。熨烫的图形标记见表 10 – 2 所示。

表 10 – 2　熨烫图形标记及含义

标　记	含　义
	表示这一部位需要经过熨烫处理,即进行热塑定型或热塑变形
	表示熨斗走向是按箭头方向推动或前进,实芯箭头和空芯箭头表示的意思是一致的
	归拢标记,表示衣片在这一部位需要归拢,三线表示略归,四线表示中归,五线表示强归

续表

标　　记	含　　义
	拔开标记,表示衣片在这一部位需要拔开、拉伸,三线表示略拔,四线表示中拔,五线表示强拔
	褶裥标记,表示衣片在这一部位需折褶裥,折褶裥时长线向短线方向折叠
	对合褶裥,表示折褶裥时两边向中间折叠

手工熨烫的基本方法有下列几种。

（1）推烫。推烫是运用熨斗的推动压力对服装进行熨烫的方法。此方法经常被使用,特别是在服装熨烫一开始时使用,适用于服装上需熨烫的部位面积较大而其表面又只是轻微皱褶的情况。

（2）注烫。注烫是利用熨斗的尖端部位对服装上某些狭小的范围进行熨烫的方法。此方法在熨烫纽扣及某些饰品周围时比较有效。操作时,将熨斗后部抬起,使其尖部对着需熨烫的部位加力。

（3）托烫。托烫是指需熨烫的服装部位不能平放在烫台上,而是要用手托起,或用"布馒头"、烫台端部托起进行熨烫的方法。此方法对于服装的肩部、胸部、袖部等部位比较有效。

（4）侧烫。侧烫是利用熨斗的侧边对服装局部进行熨烫的方法。此方法对形成服装的裥、缝等部位的熨烫比较有效,而又不影响其他部位。操作时,将熨斗的一个侧面对着需熨烫的部位施力便可。

（5）压烫。压烫是利用熨斗的重量或加压对服装需熨烫的部位进行往复加压熨烫的方法,有时也称为研磨压烫。此方法适用于服装上需要一定光泽的部位。

（6）焖烫。焖烫也是利用熨斗的重量或加大压力,缓慢地对服装需熨烫的部位进行熨烫的方法。此方法主要适用于领、袖、折边等部位,在不希望此部位产生强烈的光泽时比较有效。操作时,对需熨烫的部位重点加压,但不要往复摩擦。

（7）悬烫。悬烫是利用蒸汽产生的力量对服装需熨烫的部位进行熨烫的方法。此方法在那些不能加压熨烫的服装需要去掉折皱时采用,如起绒类的服装。但操作时应注意绒毛方向,以保持原绒毛的完好状态。

2. 机械熨烫

利用各种机器或设备进行熨烫,比手工熨烫效率高且质量统一。完成服装各部位的造型,需要多种模拟人体部位的"模头",因此整个熨烫工序的熨烫设备台数较多,一般适用于流水线生产的西服、大衣等大型服装厂使用。

整烫机的温度是靠调节蒸汽量与两模头之间的距离来达到的。对蒸汽量有两种调整方法：一是上模头送汽，下模头不送汽；二是上、下模头同时送汽。两模头之间的距离小，则温度上升；两模头之间距离大，则温度下降。因此，当两模头之间距离较大且下模头不送汽时，整烫机的温度最小；当两模头之间紧紧相压且上下模头同时送汽时，整烫机温度最高。蒸汽中同时含有一定的水分（10%～25%），水分的多少可通过控制供给的蒸汽量达到。

整烫机的加压方式有两种：机械式加压与气动式加压，机械式加压是通过调节上模头压力调节器来控制；气动式加压则通过调节上模头压力气动阀来控制。在操作时可用纸张、布试调，同时应考虑到此压力与熨斗加压方式的不同，同样的加压，在硬性物体之间，服装受压力较大，如在软性物体之间或软性与硬性物体之间，其柔软的程度会抵消一部分压力。

服装在熨烫完成后，通过抽湿系统的控制，可使底模形成负压，让空气迅速透过置于其上的服装，从而将服装上的蒸汽热量和水分随空气一起带走。冷却有两种方式：一种是合模冷却，也就是当上下模头仍合在一起时冷却，此方式所需的时间较长，定型效果好；另一种是开模冷却，即将上模头开启冷却，效果比上一种稍差，但时间较短。

（二）依熨烫的工序分

1. 预烫

在裁剪铺布工序之前，要将整匹的面料（尤其是高档的西服面料）在专用的设备上进行蒸汽蒸烫，目的是消除在卷装时的张力和内应力，并消除皱褶，使布面平整，幅宽稳定。即使是手工制作，也应将面料和里料进行预烫，使材料平整后才进行裁剪。

2. 加工熨烫

服装在加工过程中，穿插在缝纫工序之间的局部熨烫，如分缝、翻边、敷衬、烫省缝、口袋盖的定型，以及衣领的归拔、裤子的拔裆等。加工熨烫虽在局部进行，却关系到服装的总体特征。

一件用传统工艺制作的服装，要求造型优美、丰满、挺括、立体感强并耐穿、不走样。这在很大程度上依赖于操作者的"烫功"，即利用熨斗在衣片上进行"推、归、拔"造型的技巧。通过熨烫，可使织物（面料与衬料）产生热塑变形而实现衣片的造型。

3. 成品熨烫

针对缝制完毕的服装进行的熨烫（保养烫整与此相同），又称大烫或整烫。这种熨烫通常是带有成品检验和整理性质能熨烫，可由人工或整烫机完成。对成品服装的胖肚、瘪肚、双肩、门襟、领子、联头、袖窿、袖山、裤子的腰身、下裆等进行最后的处理，不仅可赋予服装平直、挺括、富有立体感的外观，而且能弥补缝制工艺的不足，使服装有良好的保型性和服用性，以保证服装质量和档次。成品整烫工艺（温度、湿度、压力和时间的配合）须依服装材料的种类和性质而定。

三、各种服装材料的熨烫

不同的服装材料,由于纤维原料和织物结构的不同,其熨烫方法和熨烫温度也不同。各种服装材料的熨烫温度,应注意低于其危险温度(分解温度和软化点),以免损伤服装外观和性能。一般来说,棉麻织物的直接熨烫温度控制在200℃以下,毛织物可控制在180℃以下,丝绸和黏胶纤维、腈纶、维纶、锦纶等织物不超过150℃,而涤纶可到170℃,丙纶与氯纶织物则应控制在100℃。如果垫布(特别是垫湿布),熨烫温度可适当升高。各类织物的熨烫温度可参见表5-3常用纤维的热学性能。

除考虑各种纤维的热学性能外,还应结合衣料的颜色、厚薄、组织等因素来决定熨烫温度。有些染料遇到高温时会升华而使原来印染的颜色变浅,所以对颜色鲜艳的衣料在熨烫时,不宜用过高的温度或反复熨烫。绒类和花纹凹凸的织物,熨烫时应熨其反面或者要使用厚而软的垫层。对于含有氨纶的弹力织物,要用较低的温度熨烫或者不熨烫。对不熟悉的衣料应先用小样(或在衣服内不显眼的部位)进行试烫,然后再正式熨烫,以免产生较大变形、变色等问题。

(一)棉织物

棉织物的熨烫效果比较容易达到,但它在穿用过程中保持的时间并不长,受外力后容易再次变形,所以,棉织物需经常熨烫。熨烫温度在180℃左右时可直接熨烫,此时表面平滑且有一定的亮光;可喷水熨烫,熨烫后的服装光泽柔和;对于棉与其他纤维的混纺材料,其熨烫温度应相应降低,特别是氨纶包芯纱织物如弹力牛仔布等,应用蒸汽低温压烫,否则易出现起泡的现象。

有毛绒的棉质衣料(如灯芯绒、平绒等),可先垫湿布熨烫,待湿布接近干燥时,将湿布揭去,用毛刷将毛绒刷顺,再直接在反面熨烫,将衣料烫干,应注意熨烫压力不宜过大。

(二)麻织物

麻织物的熨烫基本上与棉织物相同,也比较容易熨烫,但其褶裥处不宜重压,以免纤维脆断。麻织物的洗可穿性比较差,也需经常熨烫。但这几年仿麻织物较多,有的含少量麻,有的根本不含麻,应分别对待。

(三)丝织物

蚕丝织物比较精细,光泽柔和,一般在熨烫前需均匀喷水,并在水匀开后再在反面熨烫,熨烫温度控制在150℃左右。丝绸织物的褶裥不易保持。对丝绒类织物,不但要熨背面,并且应注意烫台需垫厚,压力要小,最好采用悬烫。柞蚕丝织物不能湿烫,否则会出现水渍。还要注意丝绸织物不一定全是纯蚕丝织物,丝绸织物中还有大量的化学纤维长丝织物,熨烫时应区分对待。

（四）毛织物

毛织物不宜直接在正面熨烫，以免烫出"极光"，应垫湿布（或用喷汽熨斗）先在反而熨烫，烫干烫挺后，再垫干布在正面熨烫整理。绒类织物在熨烫时应注意其绒毛方向和熨烫压力。

（五）黏胶纤维织物

这类织物比较容易定型，烫前可以喷水，也可用喷汽熨斗熨烫，但应注意熨斗走向和用力适当，更不宜用力拉扯服装材料。

（六）合成纤维织物

1. 涤纶织物

由于涤纶有免烫特性，日常服用时一般不必熨烫，或只需稍加轻微熨烫即可，若服装第一次定型，则需注意熨烫温度或褶裥的掌握，最好是一步到位，如需改变已熨好的褶裥造型，则须使用比第一次熨烫时更高的温度。

涤纶织物需要垫布进行湿烫，以免由于温度掌握不好而出现材料的软化或"镜面"。

2. 锦纶织物

锦纶织物稍加熨烫便可平整，但不易保持，因此也需垫布湿烫。由于锦纶的热收缩率比涤纶大，所以应注意温度不宜过高，且用力要适中。

3. 腈纶织物

腈纶织物的熨烫一般与毛织物的熨烫相类似。

4. 维纶织物

维纶在湿热条件下收缩很大，因此这类织物在熨烫时不能用湿烫，可垫干布熨烫，熨斗温度控制在 125～145℃。

5. 丙纶、氯纶织物

这类织物一般不需熨烫，如需要熨烫时，丙纶可喷水在衣料背面熨烫，温度控制在 85～100℃。而氯纶织物的耐热性很差，即使要熨烫也只能控制在 40～60℃ 之间，不能垫湿布。

（七）混纺织物

混纺织物的熨烫，视纤维种类与混纺比例而定。其中哪种纤维的比例大，在熨烫处理时就偏重于哪种纤维。但是，与氨纶混纺制成的弹力织物，虽然其中氨纶的混用量较少，也应采取较低的温度熨烫，或者不熨烫，以免织物有较大的收缩。

第三节　服装上的标识

　　一件服装完成以后,上面应有其服装材料的各类原料及比例说明、生产厂家及地址、洗涤标识等。正确的标识应成为服装的一部分,标识的好坏常常可以从一个侧面反映出服装的档次。标识基本具备永久性保留的性能,其内容应不受外界影响而消失。可以直接印刷或织造在服装材料与服装本身上,也可以用织造、印刷或其他方法制成标签,并根据需要以缝合、悬挂或粘贴的方式附着在服装辅料(包括装饰品、纽扣、拉链、衬里等)及其包装上,或随同产品提供的资料中。因服装各种标识不正确而导致服装损害的投诉越来越多,更应引起大家的注意。

一、主标

　　主标为服装的注册商标与生产企业的名称与地址。无论是国产服装,还是进口服装都必须用中文标明该产品的原产地(国家或地区)以及代理商或者进口商或者销售商在中国依法登记注册的名称和地址。此标多位于上衣领口,下装腰头处,也有的在服装明显位置标上其注册商标,这是一种服装消费现象,厂家进行了合理应用。

二、码标

　　服装尺码或号型标识,其常位于主标下或侧方。尺码的标注,各国、各地区有差异,码标中 XXL、XL、L、M、S、XS 等,其含义分别为加加大、加大、大、中、小、特小等,各自对应的规格尺寸有差异。我国常用号型表示,《服装号型》标准中的"号"是指人体的身高,以厘米为单位表示,"型"是指人体的上体胸围或下体腰围,以厘米为单位表示。"体型"是以人体的胸围与腰围的差数为依据来划分体型的,并将体型分为四类,体型分类代号分别为 Y、A、B、C,见表 10 - 3 所示。

表 10 - 3　体型分类代号　　　　　　　　　　　　　　　　单位:cm

	Y	A	B	C
男子胸腰差	22 ~ 17	16 ~ 12	11 ~ 7	6 ~ 2
女子胸腰差	24 ~ 19	18 ~ 14	13 ~ 9	8 ~ 4

注:儿童不分体型。

　　《服装号型》中规定上、下装应分别标明号型。其表示方法为号与型之间用斜线分开,后接体型分类代号。例:上装 170/88A,其中 170 代表号,88 代表型,A 代表体型分类;下装 170/74A,其中,170 代表号,74 代表型,A 代表体型分类。

三、服装的材料与洗涤的标识

服装的材料与洗涤的标识含有面料、里料、絮填料的成分组成及比例,洗涤、熨烫等方面注意事项。此标常在上衣侧缝或门襟处、裤子袋口内等处。根据前面章节介绍的内容合理制定各类服装洗涤标识。我国服装洗涤使用说明图形符号由五个部分组成,依照水洗、氯漂、熨烫、干洗、水洗后干燥的顺序排列。

1. 原料的成分和含量

服装应标明其采用原料的成分名称及其含量,皮革服装应标明皮革的种类名称,种类名称应符合产品的真实属性。一般可分为六种情况标注。

(1)由一种类型纤维织造的面料加工制成的服装:

①棉:棉纤维含量为100%的产品,标记为100%棉或纯棉。

②麻:麻纤维含量为100%的产品,标记为100%麻或纯麻(必须注明麻纤维种类)。

③蚕丝:蚕丝纤维含量为100%的产品,标明为100%蚕丝或纯蚕丝(必须标明蚕丝种类)。

④羊绒:羊绒含量为100%的产品,标记为100%羊绒;由于山羊绒纤维中的形态变异及非人为混入羊毛的因素,羊绒纤维含量达95%及以上的产品,可标记为100%羊绒。

⑤羊毛:羊毛纤维含量为100%的产品,标记为100%羊毛。

精梳产品:羊毛纤维含量为95%及以上,其余加固纤维为锦纶、涤纶时,可标记为纯毛(其中绒线,20.8tex以上的针织绒线和毛针织品不允许含有非毛纤维);有可见的、起装饰作用的纤维,羊毛纤维含量为93%及以上时,可标为纯毛。

粗梳产品:锦纶、涤纶加固纤维和可见的、起装饰作用的非毛纤维的总含量不超过7%,羊毛纤维含量为93%及以上时,可标为纯毛(其中毛毯除经纱外、驼绒除地纱外不允许含有非毛纤维)。

⑥化学纤维:化学纤维含量为100%的产品,标记为100%化纤或纯化纤(必须注明化学纤维名称)。

(2)由两种及两种以上的纤维织造的面料加工制成的纺织品和服装

①一般情况下,可按照含量比例递减的顺序,列出每种纤维通用名称,并在每种纤维名称前列出该纤维占产品总体含量的百分率。如:65%羊毛、25%涤纶、10%黏胶。

②如果有一种或一种以上纤维的含量不足5%,则按下列方法之一标明其纤维的含量:

A. 列出该纤维的名称和含量;如92%醋酯纤维、4%氨纶、4%黏胶纤维。

B. 集中标明为"其他纤维"字样和这些纤维含量的总量;如:90%羊毛、10%其他纤维。

C. 若这些纤维含量的总量不超过5%,则可不提及。

(3)由地组织和绒毛组成的纺织品和服装。这类产品应标明其所有纤维含量的百分率,或者分别标明绒毛和基布的纤维含量;如60%棉、30%涤纶、10%锦纶或绒毛90%棉、10%锦纶、基布100%锦纶。

（4）有衬里的服装。有衬里的服装应分别标明面料和里料的纤维名称和含量；如：面料纯毛，里料100%涤纶。

（5）含有填充物的纺织品和服装。对于含有填充物的产品应标明填充物的种类和含量。羽绒填充物还应标明含绒量和充绒量；如：套65%涤纶、35%棉、填充物100%木棉；又如：面料65%棉、35%涤，里料100%涤纶，填充物100%灰鸭绒，含绒量80%，充绒量200g。

（6）由两种或两种以上不同质地的面料构成的单件纺织品和服装。对于这类产品应分别标明每一部分面料的纤维名称及其含量；如身100%丙纶、袖100%锦纶。

2. 洗涤方法的标识

国际常用洗涤标记及含义见表10－4所示，我国常用洗涤标记及含义见表10－5所示。

表10－4 国际常用洗涤标记及含义

标　记	含　义	标　记	含　义
	只能用手搓，切勿使用洗衣机		切勿用熨斗烫
	波纹线以上的数字表示洗衣机的速度要求，以下的数字表示水的温度		应使用低温熨斗熨烫（约100℃）
	不可用水洗涤		衣服可以熨烫，两点表示熨斗温度可热至150℃
	不可干洗		熨斗内三点表示熨斗可以十分热（可高至200℃）
	"A"表示所有类型的干洗剂均可使用		不可使用干洗机
	可以放在滚筒式平洗机内处理		可以干洗，"P"表示可以使用多种类的干洗剂
	不可使用含氯成分的漂白剂		可以使用含氯成分的洗涤剂，但须加倍小心

标　记	含　义	标　记	含　义
F（圆圈内）	可以洗涤，"F"表示可用白色酒精和11号洗衣粉洗涤	P（圆圈内）	干洗时需加倍小心（如不宜在普通的洗衣店内洗涤），下面的横线表示，对干洗过的衣服在后处理时需十分小心

表 10 – 5　我国常用洗涤标记及含义

标　记	含　义	标　记	含　义
水盆内30	可以水洗，30表示洗涤水温30℃，其水温分别为30℃、40℃、50℃、60℃、70℃、95℃等	圆圈打叉	不可干洗
水盆内30有横线	可以30℃水洗，但要充分注意	方框内圆圈	可转笼翻转干燥
水盆内手形	只能用手洗，勿用洗衣机	方框内圆圈打叉	不可转笼翻转干燥
水盆打叉	不可用水洗涤	晾晒图	可以晾晒干
拧绞打叉	洗后不可拧绞	滴干图	洗涤后滴干
圆圈　干洗	可以干洗	平铺图	洗后将服装铺平晾晒干
圆圈有横线　干洗	可以干洗，但需加倍小心	阴干图	洗后阴干，不得晾晒
方框打叉（有圈圈o）	切勿用洗衣机洗涤	三角打叉CI	不得用含氯的漂白剂
三角形　CI	可以使用含氯的漂白剂	熨斗　高	可使用高温熨斗熨烫（可高至200℃）

续表

标 记	含 义	标 记	含 义
	可用熨斗熨烫（两点表示熨斗温度可热到150℃）		可用熨斗熨烫,但须垫烫布
	应使用低温熨斗熨烫（100℃左右）		用蒸汽熨斗熨烫
	切勿用熨斗烫		

四、吊牌

吊牌多为纸质材料制成,也有其他材质的。多以塑料钉或细线悬挂于服装上,印有货号、条形码、尺码、价格、耐用期限(有的需要)、使用和贮藏条件及注意事项、产品质量等级等其他需向消费者说明的内容。

第四节 相关标准

一、测试标准

GB/T 22700—2008 水洗整理服装

GB/T 19980—2005 纺织品 经家庭洗涤和干燥后服装及其他纺织最终产品外观的评价方法

GB/T 19981.1—2005 纺织品 织物和服装的专业维护、干洗和湿洗 第1部分:干洗和整烫后性能的评价

GB/T 19981.2—2005 纺织品 织物和服装的专业维护、干洗和湿洗 第2部分:使用四氯乙烯干洗和整烫时性能试验的程序

GB/T 19981.3—2009 纺织品 织物和服装的专业维护、干洗和湿洗 第3部分:使用烃类溶剂干洗和整烫时性能试验的程序

GB/T 19981.4—2009 纺织品 织物和服装的专业维护、干洗和湿洗 第4部分:使用模拟湿清洗和整烫时性能试验的程序

GB/T 24115—2009 纺织品 干洗后四氯乙烯残留量的测定

GB/T 13769—2009 纺织品 评定织物经洗涤后外观平整度的试验方法

GB/T 13770—2009 纺织品 评定织物经洗涤后褶裥外观的试验方法

GB/T 13771—2009　纺织品　评定织物经洗涤后接缝外观平整度的试验方法

GB/T 23319.1—2009　纺织品　洗涤后扭斜的测定　第1部分:针织服装纵行扭斜的变化

GB/T 23319.2—2009　纺织品　洗涤后扭斜的测定　第2部分:机织物和针织物

GB/T 21655.1—2008　纺织品　吸湿速干性的评定　第1部分:单项组合试验法

GB/T 21655.2—2009　纺织品　吸湿速干性的评定　第2部分:动态水分传递法

GB/T 23319.1—2009　纺织品　洗涤后扭斜的测定　第1部分:针织服装纵行扭斜的变化

GB/T 23319.2—2009　纺织品　洗涤后扭斜的测定　第2部分:机织物和针织物

二、标识标准

FZ/T 80002–2008　服装标志、包装、运输和贮存

GB/T 8685—2008　纺织品　维护标签规范　符号法

GB/T 24280—2009　纺织品　维护标签上维护符号选择指南

思考题

1. 植绒材料、塑料材料能否干洗?

2. 干洗是高档的洗涤吗?

3. 熨烫时是不是温度越高越好?

4. 正确的纤维标注应该怎样表达?

5. 洗涤方式选择的依据是什么?

第十一章　服装材料市场

在服装产业中,服装材料占据着重要的地位,服装的面辅料市场与服装业形成上下游相互依存的关系。其市场也非常活跃,网络市场、实体市场及展会都在提供着各类服装材料的信息。经营模式多种多样,有批发零售,有线上、线下的,有专门提供信息的,也有既提供信息又有产品的;服装材料设计、销售、服务一体化随着面辅料市场的不断发展而越来越成熟。国内外面辅料市场的发展趋势主要表现在以下四点。

(1)规模不断扩大。以中国柯桥国际纺织品展览会(春季)为例,展会面积、参展商、参观者及参展品种的百分比总体上呈现持续不断增长的局面。

(2)国际性更加突出。来自世界越来越多的国家面辅料及采购商参加中国的展会。

(3)更专业、更细分。如日本的YKK品牌就专注于做服装辅料拉链,广州新塘国际牛仔服装纺织城则专做牛仔面料。即便在综合市场中,也按品类划分着功能区。

(4)新产品不断开发。更全面、含更多高科技的新产品不断产生。比如第一视觉就是专注于做最具创意的纺织品。

第一节　市场分析和评价

市场分析和评价是专门机构针对市场建设情况开展的研究、分析工作,通过此机构大家可获知如何评判材料市场。在网络信息化迅速发展的时代,想要了解任何问题都可以在网络里找到参考答案。当然服装面辅料市场也一样。我们将其分为三大块:网站、展会和实体市场。

一、网站评价

BizRate以客户需求、客户满意的角度制定了网站评价指标,共有10项:再次光顾网站、订购的方便性、产品选择、产品信息、产品价格、网站外观与表现、物品运输和处理、送货准时性、产品相符性、顾客支持、订购后跟踪。

消费者联盟(CU)网站Consumer Reports Online(www. Consumersunion. org)的评价内容包括以下几方面:网站流量、销售额、网站政策(安全性、个人隐私、装运、退货、顾客服务)、使用方便性(设计、导航、订单及取消、广告)和网站内容(分类深度、产品信息、个性化)。

Jim Kapoun在《网页评价五标准》中提出了专门针对信息内容的五个评价指标:准确

性、权威性、时效性、客观性和全面性。

总体上,对于评价的网站具有鲜明的特点,就是强调实用有效性,重视用户的需求,用科学的方法对网站信息进行评价。他们会研究用户如何在网站和展会获得有效信息,重点在网站的内容、用户可用的有效程度等方面。会针对特定的网站的信息架构指标,对其网址、实体店址、规模、品种、经营模式以及联系方式等进行分析。

二、展会评价

在展会方面,主要的关键指标有:规模、时间、地点、性质等。

展会规模分国际、国内、地区和地方等展会,以及单个公司的独家展;展览时间划分标准比较多,有定期和不定期。定期的有一年四次、一年两次、一年一次、两年一次等,不定期展则是视需要而定;展览性质分贸易和消费两种性质。贸易性质的展览是为产业即制造业、商业等行业举办的展览。展览的主要目的是交流信息、洽谈贸易。消费性质的展览基本上都展出消费品,目的主要是直接销售。对工商办开放的展览是贸易性质的展览,对公众开放的展览是消费性质的展览。具有贸易和消费两种性质的展览被称作是综合性展览。经济越不发达的国家,展览的综合性倾向越重;反之,经济越发达的国家。展览的贸易和消费性质分得越清。

展览内容分综合展览和专业展览两类。综合展览指包括全行业或数个行业的展览会,也被称作横向型展览会,比如工业展、轻工业展;专业展览指展示某一行业甚至某一项产品的展览会,比如钟表展。专业展览会的突出特征之一是常常同时举办讨论会、报告会,用以介绍新产品、新技术等。

参加展会之前要能及时地得知展会的一系列相关的信息。比如展会的时间、地点、参展商、展品及联系方式,展览的内容,即展览的本质特征,包括展览的性质、内容、所属行业等。

三、实体市场评价

在实体市场方面,重点在市场所提供的面辅料的品种、新产品呈现能力、物流等。

第二节　网络市场

随着网络技术的发展,人们停留在网络上的时间越来越长,电子商务成为企业营销的重要平台与渠道。为服装材料的选择提供了便捷。

一、网络市场类别

按不同的内容网络市场有不同的划分。

1. 按国内外划分

国际包括第一视觉、全球纺织网、世界服装网、阿里巴巴纺织频道、海外参展新思维、亚洲纺织联盟、全球订展、国际服装辅料网等。国内主要包括中国面料网、中纺中心信息化服务平台、中国纺织经济信息网、中国针织网等。

2. 按区域划分

中西部纺织网、南方纺织网、上海国际服装网、广东纺织网、山东纺织网等。

3. 按面料、辅料划分

中国纺织面料网、中国针织网、中国棉纺织信息网、国际服装辅料网、中国服装辅料网等。

二、网络市场

1. 全球纺织网（http://www.tnc.com.cn/）

依托中国轻纺城市场，收罗全球最多纺织产品和采购交易信息，覆盖了原料、面料、家纺、服装等17个纺织领域。纺织产品类别：纺织原料、面料（全棉面料、麻面料、丝织面料、色织布、全毛面料、化纤面料、提花布等）、辅料（拉链、纽扣、衬料、工艺饰品、绳带、吊牌、商标、织唛、流苏、穗、花边等）、皮革制品、纱线丝、坯布等。并在全国组建了60多个信息联盟。提供网上、网下多种形式的专业贸易服务。

2. 亚洲纺织联盟（http://www.tex-asia.com/）

亚洲纺织联盟针对亚洲地区开展如下活动。

（1）资讯（行业资讯、商业资讯）、展会信息等；

（2）婴儿护理面料系列（婴儿护理面料、婴儿超柔面料、婴儿爽洁面料、婴儿透气面料等）；

（3）价格行情（国内、国外、面料、里料等）。

3. 国际服装辅料网（http://intaa.cn/）

国际服装辅料网是网上服装辅料市场，专注于包括美国服装辅料市场，欧洲服装辅料市场，香港服装辅料市场等商业信息的整合。发布各种供求信息，其中供求商都留有基本信息（信息主题、有效期、公司名称、所在地区、联系人、联系电话、联系地址、公司主页等）。

4. 中国面料网（http://www.1fabric.com/）

所提供面料的信息按面料的首字母分类：全涤类、全棉类、麻类、混纺类、梭织面料、针织面料、真丝面料、色织/提花/印花布/皮革、新型面料和其他、特种面料等，并提供展会信息。

5. 中国针织服装网（http://www.zhenzhi168.com/）

提供针织服装及其面料的新闻、资讯、商务、企业、技术、品牌、展会等信息。其产品分类有：针织原料类、针织布料类、辅料类、相关纺织类等。

6. 中国棉纺织信息网（http://www.tteb.com/）

中国棉纺织信息网是华瑞集团旗下专业纺织网站，网站涉及棉花价格行情，纱线，坯布面料的行情分析，纺织商务平台以及企业的展馆等栏目。是一个从棉花原料到纺织后市的网站。

第三节　展会市场

展会市场汇集了行业内各方人士与信息。通常利用一次专业的展览会可以接触到本行业的大部分客户,可能会比用常规一年所接触到的客户还多,任何其他的人际交流方式都不可能在如此短的时间内接触如此多的客户。

由于展览会能比较全面地反映某个领域的状态,所以在展会上可以开展多种形式的调研,广泛收集第一手资料。好好的了解一个展会,就等于可以基本了解这个行业和市场的基本情况。但在展会上开发最多的还是对产品的市场进行调查研究。

产品调研的主要内容是生产技术、成交条款和发展流行趋势。专业展览会是了解最新产品与技术的最佳机会。展会展示多家产品,详细地作技术说明和产品介绍。因此,调研者可以了解其设计特色、生产工艺、技术性能、使用范围等,还可以了解产品的价格、包装、交货期、付款条件等成交条款。展会调研具有被调查者数量多和调查直接的大优势,在一般情况下,被调查的范围越广,调查的结果就越可靠。

面对市场的专业化和国际化成为展会发展和升级的重要方向。通过与国际机构的合作,并按照国际惯例和运作方式操作,在广大企业和设计人员的密切合作下,目前我国纺织服装展会市场从内容到形式几乎是与国际同步的,基本上反映了现阶段国内纺织品市场流行的总体特征。

1. 德国法兰克福展(Messe Frankfurt GmbH)

它起源于德国法兰克福城市。在1585年,一小部分商人把"镇议会"用在了建立一个正规的交易方法上,该交易方法是以贸易展销会的形式出现的,并且那些商人把法兰克福当作他们理想的交易地点。此城市处于欧洲的交叉口,位于从巴黎经过法兰克福和莱比锡到诺夫哥罗德的欧洲最重要的商业路途上,如今法兰克福已经是国际贸易的关键处,无论是从纽约、罗马、伦敦、莫斯科、东京还是伊斯坦布尔,也无论选择了汽车、火车还是飞机等交通方式,都能到达法兰克福。

Messe Frankfurt 已经在全球范围内打造出了成功的品牌,比如 Ambiente,Heimtextil,Automechanika,Light + Building and ISH,从而用同一的高质量的标准创建了一个全球的市场营销方法。对于将来,国际化扩张是 Messe Frankfurt 的一部分,它将继续对全球商品交易会行业塑造新的概念,交易理念和市场营销渠道。

法国巴黎国际面料展览会(TEXWORLD)是法国两大国际面料展会之一,由德国法兰克福展览公司主办。展会仅向专业观众开放。每年都聚集了全球重要面料生产商,是各地面料生产商规划下一季流行趋势的重要策源地,也是国际众多服装生产企业寻找原料的重要基地。它为广大业内人士提供了亲身体验最新的技术和产品。主要面向非欧洲国家招展,如印度、韩国、中国、土耳其、日本、泰国等,旨在向欧洲客商展示来自非欧洲国家面料及纺织产品。目标观众主要包括服装制造商,纺织制造商,纺织零售商与批发商,邮购商,零售业,连锁商店,百货公司,贸易公司,代理商,设计师,销售代表等。展品内容有:各种面料辅料,丝绸,羊毛,纤维,印花,粗斜纹棉布,纱线,刺绣品,衬衫衣料与配件等。一年两届,每年二月和九月开展。

法兰克福展览公司于 1994 年 7 月在香港成立。1995 年 10 月于北京举办的 Intertextile 面料展是法兰克福展览公司在中国大陆打响的第一炮,由法兰克福展览公司与中国贸易促进委员会纺织行业分会共同主办。目前,法兰克福展览(香港)有限公司在亚洲九个主要城市(香港、上海、北京、广州、深圳、台北、曼谷、吉隆坡和越南)举办超过 30 个展览会,当中 20 多个展览会在中国内地举行,旨在为全球各地企业提供高质素的贸易平台,以方便拓展中国和亚洲市场。

2. 第一视觉面料展(PV)

作为世界最顶尖面料博览会,法国第一视觉面料博览会(Premiere Vision 简称法国 PV 展),被称为纺织行业的"奥斯卡",是世界顶级和最权威的最新面料和流行趋势的发布展示平台和风向标,其独创性和权威性为业界所公认。其使命是促进服装面料的优质创新。倾听市场,认真对待购买和消费的变化,现已成为服务于纺织品和时装领域专业人士的最佳平台。

第一视觉是法国两大国际面料展会之一。不同于 TEXWORLD,它只接纳欧洲展商,两者相对呼应。它创建于 1973 年,以 800 家欧洲组织商为实体,面向全世界的顶尖面料博览会。它分为春夏及秋冬两届,3 月为春夏面料展,10 月为秋冬面料展,并发布下一年度的流行趋势。第一视觉之所以是有独创性和权威性的,与它极具特点的组织运作方式是不可分的。首先是与会者皆为各国选派的发言人,事先在各自国内召开了汇集众多时装设计行,设计师,风格设计室的全国性研讨会。第二点是 PV 对参展商的挑选非常苛刻。最重要的要求是产品有较高的出新产品的能力。第三点是对流行情报的收集。发布下一年度当季的最新面料及其流行趋势,以及色彩流行趋势,是世界上最具权威的,最精良的面料展。

第一视觉服装面料展的参展商代表了服装纺织业的各个领域,根据产品种类分为不同区域,分别为毛型及其他纤维制面料、亚麻面料、丝绸类面料、牛仔、灯芯绒面料、运动装/休闲装用面料、色织/衬衫面料、蕾丝/刺绣/缎带、印花面料、针织面料。

上海第一视觉面料展依托于享誉全球的巴黎 Premiere Vision 面料展,提倡"为中国服饰界专业人士提供专业服务"的理念。展出地点为巴黎、纽约、圣保罗、上海、北京、莫斯科、日本。

3. 中国柯桥国际纺织品面辅料博览会

中国柯桥国际纺织品面辅料展览会是国内规模最大、影响最广、专业化、国际化、信息化水平最高的纺织品专业盛会之一。每年分春季 5 月和秋季 10 月举行。2011 年纺博会首次设立创意展区,有国内外 38 家纺织创意企业参展。在(柯桥)中国轻纺城国际会展中心。主办单位是中国纺织工业联合会、浙江省绍兴市人民政府、中国国际贸易促进委员会、中国商业联合会。

中国柯桥国际纺织品面辅料博览会,有来自美国、英国、法国、意大利、加拿大、日本、韩国等 81 个国家和地区的境外客商参加展会。依托中国轻纺城的纺织品交易市场"龙头老大"的地位,已经成为国内规模最大、影响最广,专业化、国际化、信息化水平最高的纺织品专业盛会之一,正在成为纺织行业展会的"新航标"。

4. 上海国际皮革、合成革、人造革展览会

上海国际皮革展自 2004 年首届举行以来,展出规模不断扩大,参展企业连年增多,国际化程度逐渐加深,现已成为全行业内较有知名度的盛会之一。展会坚持为买卖双方提供公平、公开的贸易大平台。展会着重对真皮、皮化及皮机等方面的展品加以大力挖掘,以期满足买家不断变化和扩大的需求。展会展示当今最流行的皮革、鞋类等几千种产品,汇聚了韩国、意大利、俄罗斯、法国、日本、美国、英国、中国香港、台湾等国内外的众多知名企业 800 余家。展览地址在上海世博展览馆。1 年 1 届。

5. 中国国际功能性面料及高性能纤维展览会

近年来,随着我国纺织行业的迅速发展,大大激发了全行业科研开发、技术创新热情。我国纺织行业逐步与国际接轨,纺织行业得到突飞猛进的发展。中国乃至亚洲已经成为全球纺织业生产制造中心,尤其是高档功能面料成为发展重点,市场需求潜力巨大,众多国外企业对中国高功能面料市场抱有极大期望。新技术纺织产品随着科技进步和经济发展日益受到关注,市场对各种面料需求量逐步增加。在全球金融海啸中,纺织业竞争更加激烈,采用高新技术武装纺织业是当务之急,在未来中国将成为世界最大的功能性纺织品生产地及应用市场。

此展主办单位是中国纺织科学研究院、纺织行业生产力促进中心、中国阻燃学会。承办单位是中国阻燃学会。受邀请单位有欧洲阻燃协会、韩国纤维产业联合会、全国合成纤维科技信息中心、中国纺织品商业协会、中国纺织工程学会、上海服装行业协会等。展会地址在上海新国际博览中心。每年一届。

展会主要品种有包括高性能纤维、功能性面料、高功能纤维、各种助剂。此外还包括其他配套产品如各种功能性服装、阻燃服、防火服、消防服、运动服、特殊服/军装、防弹服、防寒服、防紫外线/防辐射服装、宇航服、户外服/登山服、防电服、防尘服、潜水服、配套行装及器材、各种服装配饰;纺织新技术:功能性整理技术、绿色纺织技术、等离子处理技术、电纺丝及纳米技术;纺织新标准及检测:功能性纺织品标准、检测仪器及设备;服装加工设备:各种功能性面料新型加工机械及相关辅助材料等。

第四节　实体市场

相对于网络的电子商务,实体市场看得见,摸得着,走得近。相对于展会,实体市场长年驻守。如中国轻纺城,西樵轻纺城,广州新塘国际牛仔服装纺织城等。

1. 浙江柯桥市场

1992年6月,经国家工商局同意,将绍兴轻纺市场更名为浙江绍兴中国轻纺城(简称中国轻纺城)。目前成为全国规模最大,设施齐备,经营品种最多的纺织品集散中心,也是亚洲最大的轻纺专业市场。

中国轻纺城经多次扩建,至1993年占地6.12万平方米,建筑面积21.12万平方米。其中室内市场面积20.9万平方米,办公用房0.225万平方米。营业用房5198间,摊位6466个,其中固定摊位5962个。全城分西、东、中、北4个交易区:

中国轻纺城有3层营业主楼、载人自动扶梯、载货电梯、停车场、服务楼、物品寄存、仓储、信息服务、金融、邮电通讯等服务设施。联托运业极为发达,有货物受理服务点85个,开通货运经营线路125条辐射全国30个省、市、自治区,其中阿图什、喀什、伊宁、黑河、东兴、河口、凭祥、瑞丽、景洪9条边境贸易货运线路,可与邻国俄罗斯、哈萨克斯坦、吉尔吉斯斯坦、越南、缅甸等国相连,从而扩大纺织品边境贸易。

2. 广东西樵轻纺城

广东西樵轻纺城位于广东省佛山市南海区,建成于1997年,投资6亿元,占地1000亩,建筑面积38万平方米。广东西樵轻纺城是华南地区最大的纺织品批发市场之一,是一个面向全国,辐射海外,集纺织品生产、新产品开发和商业贸易为一体的批发市场,又是一个具有深厚地方文化色彩,集消闲、购物于一体的旅游观光景点。集聚了西樵本地和全国各地生产企业和客商。拥有4500多间商铺,分设纺织原料、服装面料、装饰布艺、床上用品、牛仔布棉织品、女装面料专业街、纺织机械、布匹零售和窗帘加工等八大交易区。

其中装饰布艺交易区现有600多家装饰布艺经营店铺,聚集了全国26个省市的装饰布艺生产厂家和经销商在此经营,年销售装饰布5亿多米,并呈现规模大、档次高、品种新的发展趋势,被誉为中国"家纺名城",引导着当今家用纺织品的新时尚。

3. 新塘国际牛仔服装纺织城

新塘国际牛仔服装纺织城位于广东省增城市新塘镇广深公路东华路段,多年牛仔服装产业的发展,使新塘镇集中了世界最丰富的牛仔面料、最先进的生产技术,具有庞大的加工能力,被誉为"中国牛仔之乡"。它是目前中国规模最大,档次最高的牛仔服装商贸城。新塘拥有多家纺织服装及其相关企业,注册的多家牛仔服装制造企业,有多个牛仔品牌远销世界各地。增城年产牛仔服装亿件以上,出口额近亿美元,每天出口牛仔服装万件。集批发零售、服装研发、服装展示、纺织培训、进出口贸易、货物仓储、商务办公多功能于一体,形成一个集交易中心、研发中心、信息中心、培训中心、物流中心和休闲会组成的超大规模服装商贸中心。以科技化、现代化、国际化为起点,立足世界,领航时尚潮流,缔造牛仔服装商业新高度。

目前新塘牛仔服装企业拥有国际最先进的棉纱染色设备、牛仔面料织机以及制衣、水洗、漂染、防缩等最先进的后整理设备,形成了纺纱、染色、织布、整理、印花、制衣等完善的生产系统。新塘被命名为"中国牛仔名镇"。

4. 苏州吴江中国东方丝绸市场

苏州吴江中国东方丝绸市场又名盛泽东方丝绸市场。位于江苏省吴江市盛泽镇。中国东方丝绸市场创办于 1986 年 10 月,是一个丝绸专业大型批发、零售市场。经营方式以批发为主,以"搞活流通、振兴吴江、面向全国、走向世界"为办场宗旨。市场不断地发育、壮大,发展成为集专业性、综合性、技术性、开放性于一体的功能齐全的丝绸贸易中心。市场规划也从原来的一个商区发展到目前的三分场和九个商区,6000 余间经营房。

东方丝绸市场是目前全国薄型织物的集散中心地,经营丝绸仿真丝面料和化纤类织物。其中,99% 是批发,99% 是化纤织物。形成了丝绸织物及饰品交易的大平台。商品辐射全国 31 个省、市、自治区。自 1999 年以来,利用老商区土地存量规划新建闽粤浙商区、温州商区等,扩大了市场规模。经营纺织品达 10 余个大类、3000 多个品种。

思考题

1. 各类市场有何不同?
2. 服装材料市场的功能应该达到哪些目的?